高等职业学校"十四五"规划土建类专业立体化新形态教材

建筑材料
基础知识及能力训练

主　编	赵宇晗	李　文	聂　田	韦柄光
副主编	韩　闯	万海露	黄韵洁	陈　典
	祁桂娟	唐永鑫	白洪彬	杨　帆
参　编	谌国良	张立柱		
主　审	刘　萍			

U0172517

华中科技大学出版社
中国·武汉

内 容 提 要

本书是高等职业学校"十四五"规划土建类专业立体化新形态教材。

全书共分为九个项目,内容包括建筑材料概述、水泥及其应用、混凝土及其应用、建筑砂浆及其应用、建筑钢材及其应用、墙体材料及其应用、合成高分子材料及其应用、建筑功能材料及其应用和无机气硬性胶凝材料及其应用。

全书九个项目分别给出了能力目标、知识目标和素质目标,使学习内容有的放矢。教材编写以国家职业技能标准要求"职业活动为导向、职业能力为核心"为指导思想,突出职业教学改革的核心是课程的能力目标。为此编写时课程的内容以项目和任务为载体。任务描述主要突出职业能力的训练,理论知识的选取也紧紧围绕工作任务的需要来进行。课后配以巩固练习题加强能力训练。通过对本课程工作任务的学习,学生能熟悉常用建筑材料的理论知识和技术标准,能根据标准进行检测,并根据检测结果正确判断材料质量,能正确选用、验收和保管材料,为毕业后胜任岗位工作及通过技能证书的考核起到良好的支撑作用。

全书采用了最新颁布的标准、规范及规程,结合编者在教学及工程实践中遇到的实际问题,强化与工程检测实践环节的结合和技能的培养,从学生好用、实用、够用的角度出发,增强了内容的实用性。

本书除了作为高等职业学校建筑工程技术、工程造价、工程管理、工程监理、市政工程、道路与桥梁工程、地下与隧道工程等土建类专业的教材,还可作为从事建筑生产一线的施工、管理、监理、检测等专业技术人员的培训用书和自考、函授等的参考用书。

图书在版编目(CIP)数据

建筑材料:基础知识及能力训练/赵宇晗等主编.—武汉:华中科技大学出版社,2022.8
ISBN 978-7-5680-8593-9

Ⅰ.①建… Ⅱ.①赵… Ⅲ.①建筑材料-高等学校-教材 Ⅳ.①TU5

中国版本图书馆 CIP 数据核字(2022)第 137486 号

建筑材料:基础知识及能力训练 赵宇晗 李 文 聂 田 韦柄光 主编
Jianzhu Cailiao:Jichu Zhishi ji Nengli Xunlian

策划编辑:王一洁
责任编辑:叶向荣
封面设计:金 刚
责任监印:朱 玢
出版发行:华中科技大学出版社(中国·武汉)　　电话:(027)81321913
　　　　　武汉市东湖新技术开发区华工科技园　　邮编:430223
录　排:华中科技大学惠友文印中心
印　刷:武汉开心印印刷有限公司
开　本:787mm×1092mm 1/16
印　张:17
字　数:403 千字
版　次:2022 年 8 月第 1 版第 1 次印刷
定　价:59.80 元

前　言

为贯彻落实全国职业教育大会和全国教材工作会议精神,根据《"十四五"职业教育规划教材建设实施方案》,我们编写了本书。

教材是教育教学的关键要素、立德树人的基本载体。教材建设要充分体现党和国家意志,坚定文化自信,深入推进习近平新时代中国特色社会主义思想,用中国理论解读中国实践,形成中国特色的话语体系。教材建设事关"为谁培养人、培养什么人、怎样培养人"这个根本问题,是影响人才培养质量的关键因素。这对从事高等职业教育的教师编写教材提出了更高的要求,我们深受鼓舞,深感责任在肩。

为准确把握新时代职业教育的指导方向,教材有必要下大力气推陈出新,本书组织在一线从事教育工作多年的教师,以多年教学和实践经验进行深挖补充,在吸收传统教材优势、遵循新时代职业教育特点进行编写的同时,强化建筑材料试验环节中实践能力的培养。本书打破传统知识本位的束缚,加强与生产岗位的联系,突出应用性和实践性,关注主要建筑材料技术行业最新发展带来的学习内容和教学方式的变化。我们在编写时以满足企业岗位需求为导向,注重对学生实践操作技能的培养,同时将新技术、新工艺、新规范融入教学内容。书中所选工程案例均来自几种重要建筑材料的典型工作过程,且为从业人员日常工作经常接触的,有很强的借鉴意义。全书采用现行最新建筑材料技术标准、规范和规程,如《水泥胶砂强度检验方法(ISO法)》(GB/T 17671—2021)、《蒸压加气混凝土砌块》(GB/T 11968—2020)、《混凝土物理力学性能试验方法标准》(GB/T 50081—2019)、《钢筋混凝土用钢　第2部分:热轧带肋钢筋》(GB/T 1499.2—2018)等。

本书强调以应用为主旨,以特征构建课程体系,适当补充了知识的趣味性,明确新的职业教育改革是以技术应用能力为主线、以素质培养为核心,建立符合新时代职业教育课程的能力目标、知识目标和素质目标。因此在编写时突出以建材试验员岗位的人员培养为主线,强调建筑材料这门课的学习是土建类专业课程学习的一个重要环节。部分内容以典型材料在工程上的应用实例与理论结合进行说明,让初学者认识到"理论是为解决实际问题服务的"这一基本理念,使教材体现改革和创新性。本书将一些实际应用案例及表格穿插于每个项目的内容中,适当安排图示,让学生增加感性认识。在教学方法上,我们建议教师以"行动导向教学法"为主,在真实和仿真的环境中进行教学,实现"做中学,学中做,边做边学,边学边做"。为此我们安排实际岗位作业,并在每个项目课后设计了巩固练习题,有利于加深学生对建筑材料基础知识与实践的理解,着力培养学生实际运用建筑材料的能力。希望本书的出版能为广大读者提供帮助,这也是本书全体编写人员的期望。

本书由赵宇晗、李文、聂田、韦柄光主编,韩闯、万海露、黄韵洁、陈典、祁桂娟、唐永鑫、白洪彬、杨帆为副主编,谌国良、张立柱参与编写了部分内容。全书由辽宁建筑职业学院刘萍教授主审。

本书具体分工为:辽宁建筑职业学院土木工程学院赵宇晗负责编写项目一、项目三和全书的统稿;湖南高速铁路职业技术学院李文编写项目四;广西机电职业技术学院聂田编写项目二任务2.1和任务2.2;广西现代职业技术学院韦柄光编写项目二任务2.3和任务2.4;辽阳市城乡建设发展服务中心韩闯编写项目七;广西机电职业技术学院万海露编写项目五任务5.1和任务5.2;广西现代职业技术学院黄韵洁编写项目五任务5.3和任务5.4;广西培贤国际职业学院陈典编写项目六任务6.1;辽宁建筑职业学院土木工程学院张立柱编写项目六任务6.2和任务6.3,唐永鑫编写项目九,白洪彬编写项目八任务8.1,杨帆编写项目八任务8.2、任务8.3和任务8.4;浦北县第一职业技术学校谌国良编写项目一、二、三、四的巩固练习题;辽宁阜新彰武经济开发区管理委员会祁桂娟编写项目五、六、七、八、九的巩固练习题。

由于当前我国建筑行业发展迅速,尽管编者努力查阅各种资料,但因水平有限,书中难免存在不足之处,敬请有关专家和广大读者批评指正。本书在编写过程中,参阅了同行的多部著作,并从中得到同行们的指导,同时得到了编者所在院校的领导和出版社的大力支持,在此一并表示衷心的感谢!

编　者

2022年5月

目　　录

项目一　建筑材料概述

【能力目标】　能对建筑材料进行分类并识别;能查找建筑材料的技术标准;能对建筑材料基本性质进行应用;能通过建筑材料的物理性质、力学性质、耐久性的考核。

【知识目标】　了解建筑材料在人类社会的发展情况及其在建筑工程中的地位;掌握建筑材料的定义和分类;掌握建筑材料标准化的意义、标准的分级及其表示方法;掌握与建筑材料基本性质有关术语的定义、表达式及单位;熟悉建筑材料课程的研究内容和任务;归纳总结建筑材料课程的学习方法。

【素质目标】　具备正确的理想和坚定的信念;具备良好的职业道德和职业素质;能按时上课、遵守课堂纪律;具备建筑材料职业技能的专业理论知识和技术应用能力;具备解决工作岗位中涉及的建筑材料问题;具备团队合作能力及吃苦耐劳的精神。

任务 1.1　建筑材料的入门

任务描述

1. 本课程的性质、研究内容、就业的岗位范围是什么?

2. 请将建筑材料名称和对应的工程应用用直线连接,并说明选择的理由。

(1) 苯板　　　　　　　　　梁、楼板用结构材料

(2) 水泥混凝土　　　　　　内墙刮大白材料

(3) 建筑石膏粉　　　　　　墙体用材料

(4) 砖和砌块　　　　　　　采光用材料

(5) 玻璃　　　　　　　　　保温隔热材料

3. 请将建筑材料名称和对应的种类用直线连接,并说明选择的依据。

(1) 建筑钢材　　　　　　　有机材料

(2) 塑料、木材　　　　　　金属材料

(3) 水泥　　　　　　　　　复合材料

(4) 石灰　　　　　　　　　水硬性胶凝材料

(5) 混凝土　　　　　　　　气硬性胶凝材料

1.1.1　建筑材料的定义

建筑材料有广义和狭义之分。本书主要介绍狭义的建筑材料。

1. 广义的建筑材料

从广义上说，建筑材料是建筑物和构筑物中所有材料的总称。它具体有三个方面含义。

（1）构成建筑物和构筑物本身的材料。例如建筑物用的水泥、混凝土等材料。

（2）施工过程中所用的材料（在"建筑施工"课程中介绍）。例如脚手架、模板等。

（3）建筑设备所用的材料（在"建筑设备"课程中介绍）。例如建筑水暖电的材料等。

2. 狭义的建筑材料

狭义的建筑材料是指构成建筑物和构筑物本身的材料。

1.1.2　建筑材料的分类

为了研究、应用建筑材料，我们介绍以下三种分类方法。

1. 按化学成分分类

按化学成分划分，建筑材料分为无机材料、有机材料和复合材料三大类，如表 1-1 所示。

表 1-1　建筑材料按化学成分分类

分类	常用种类		典型材料
无机材料	金属材料	黑色金属	铸铁、钢材
		有色金属	铝、铜
	非金属材料	天然石材	卵石、花岗石、大理石
		烧土制品	烧结普通砖、陶瓷
		熔融制品	玻璃
		胶凝材料	石灰、石膏、水泥
		混凝土类	普通混凝土
有机材料	植物材料		木材和竹材类
	沥青材料		石油沥青和煤沥青
	合成高分子材料		塑料、有机涂料
复合材料	非金属-非金属材料		水泥混凝土、石灰砂浆
	金属-非金属材料		钢筋混凝土
	金属-有机材料		铝塑管、塑钢窗
	非金属-有机材料		塑料混凝土

2. 按用途分类

按用途划分,建筑材料分为建筑结构材料、建筑围护材料和建筑功能材料三大类。

(1)建筑结构材料。

在建筑结构中承担各类荷载作用的结构,称为承重结构,主要是梁、板、柱、基础、承重墙和其他受力构件等,构成这些承重结构所用的材料称为建筑结构材料,例如木材、石材、水泥、混凝土、钢筋、烧结普通砖等。

(2)建筑围护材料。

在建筑上用于遮阳、避雨、挡风、分隔房间等的结构称为建筑围护结构,主要是框架结构的外墙、内部填充墙、内隔墙、屋面和其他围护材料等,构成这些围护结构的材料称为建筑围护材料。主要材料有砖和砌块、混凝土、复合板、门窗用的材料等。

(3)建筑功能材料。

建筑功能材料主要指担负各种非承重功能的材料,如装饰材料、防水材料、保温绝热材料、吸声隔声材料、采光材料、防火材料等。建筑功能材料的种类比较多。

3. 按使用部位分类

按使用部位划分,建筑材料分为建筑的梁、板、柱等主体部位材料,地面材料,屋面材料,墙体材料,基础材料和吊顶材料等。

1.1.3 建筑材料在工程中的地位和作用

建筑功能、建筑技术和建筑形象一般称为建筑的三要素。每一个要素都是通过建筑材料来体现的。

1. 建筑材料是发展基本建设的物质基础

材料、结构和施工是工程建设得以实施的物质技术条件,三者密切相关,从根本上说材料是基础。一个优秀的建筑师总是把建筑艺术和以最佳方式选用的建筑材料融合在一起。结构工程师只有很好地了解建筑材料的性能后,才能根据力学计算,准确地确定建筑构件的尺寸和创造出先进的结构形式。建筑经济学家为了降低造价,节省投资,在基本建设中,首先要考虑的是节约和合理地使用建筑材料。而建筑施工和安装的全过程,实质上是按设计要求把建筑材料逐步变成建筑物的过程。建筑材料是一切基本建设的物质基础,要发展基本建设,就必须大力发展建筑材料工业。古人云:"兵马未动,粮草先行。"这就要求从事建筑相关专业的工程技术人员,首先要掌握建筑材料的一些基本知识,这样才能更好地胜任与建筑相关的"粮草"工作。因此作为一名建筑技术人员,无论是从事建筑设计、施工、管理、监理、检测,还是从事工程计量计价等工作,都要学习和掌握建筑材料这门必修课。

2. 建筑材料质量是影响工程质量的质量基础

"百年大计,质量第一"。建筑材料的质量如何,直接影响建筑物的坚固性、适用性和耐久性,因此要求建筑材料必须具有足够的强度以及与使用环境相适应的耐久性,才能使建筑物具有足够的使用寿命,并尽量减少维修费用。为此我国专门成立建筑材料质量检验监督站和建筑材料见证取样制度,对影响工程质量的重要建筑材料必须进行质量检测。例如《房屋建筑工程和市政基础设施工程实行见证取样和送检的规定》中规定:涉及结构安全的试块、试件和材料见证取样和送检的比例不得低于有关技术标准中规定应取样数量的30%。下列试块、试件和材料必须实施见证取样和送检:①用于承重结构的混凝土试块;②用于承重墙体的砌筑砂浆试块;③用于承重结构的钢筋及连接接头试件;④用于承重墙的砖和混凝土小型砌块;⑤用于拌制混凝土和砌筑砂浆的水泥;⑥用于承重结构的混凝土中使用的掺加剂;⑦地下、屋面、厕浴间使用的防水材料;⑧国家规定必须实行见证取样和送检的其他试块、试件和材料。

3. 建筑材料造价直接影响工程造价

建筑材料不仅用量大,而且直接影响整个工程的总造价。材料的价格也直接影响到建筑物的投资。一般住宅建筑中材料费用占总造价50%~70%,在装饰工程中装饰材料费用所占的比例更高。所以在建筑过程中能恰当地选择和合理使用建筑材料不仅能提高建筑物的质量及其寿命,而且对降低工程造价有着重要的意义。同时,建筑材料在工地上的运输、堆放、保管等环节直接影响整个建筑工程的进度和费用。

4. 建筑材料直接影响工程结构形式和施工技术

建筑工程中许多技术的突破,往往依赖于建筑材料性能的改进与提高,而新材料的出现又促进了建筑设计、结构设计和施工技术的发展,也使建筑物的功能、适用性、艺术性、坚固性和耐久性等得到进一步的改善。例如钢材和钢筋混凝土的出现产生了钢结构和钢筋混凝土结构,使得高层建筑和大跨度建筑成为可能;商品混凝土和泵送混凝土的大量使用,大大提高了建筑质量和施工速度,二十世纪九十年代深圳速度是七天一层楼,二十一世纪我国已经实现建筑业三天一层楼的突破。轻质材料和保温材料的出现对减轻建筑物的自重,提高建筑物的抗震能力,改善工作与居住环境条件等起到了十分有益的作用,并推动了节能建筑的发展;新型装饰材料的出现使得建筑物的造型及建筑物的内外装饰焕然一新。

总之,从事建筑领域的技术人员都必须了解和掌握建筑材料有关技术知识,而且应使所用的材料能最大限度地发挥其效能,并合理、经济地满足建筑工程上的各种要求。

1.1.4 我国建筑材料的发展

1. 建筑材料的发展趋势

(1)高性能材料。

(2)复合化、多功能化。

(3)充分利用地方材料和工业废料。

(4)绿色、节能、低碳。

(5)建筑节材。建筑节材是发展"节能、节水、节材、节地和环保"型建筑的重要一环,是材料资源合理利用的重要手段,是建筑业可持续发展的必然道路,也是落实党中央、国务院发展循环经济、建设节约型社会战略决策的具体措施。

2. 建筑材料为"碳达峰、碳中和"贡献行业的力量

习近平总书记在第七十五届联合国大会一般性辩论上宣布我国力争于2030年前二氧化碳排放达到峰值,努力争取2060年前实现碳中和。这既是我国履行大国责任、推动构建人类命运共同体的重大历史担当,也是我国进一步加快形成绿色发展方式和生活方式,大力建设生态文明和美丽中国的新征程的重要标志和重要举措。

建筑材料行业是我国碳排放较大的行业之一,中国建筑材料联合会倡议:"全力推进碳减排,提前实现碳达峰"是建筑材料行业坚决贯彻落实习近平总书记重大宣示的重要举措,是推进行业"宜业尚品、造福人类"新发展目标和安全发展、高质量发展的重要一环,意义十分重大。我们要齐心协力,坚定信心,攻坚克难,举全行业之力,矢志不移地践行、落实好提前实现碳达峰的目标要求,坚定不移地走绿色低碳、可持续健康发展之路,为生态文明建设、为美丽中国作出建材人应有的贡献,为实现我国碳达峰、碳中和目标贡献行业的力量!

1.1.5　建筑材料的性质、研究内容和学习方法

1.　本课程的性质

建筑材料课程的性质是土建类专业基础课,是职业岗位群的证书课程。

2.　研究内容

建筑材料课程主要研究建筑材料的原料、生产、组成、结构、性质、应用、检验与验收、运输与贮存、节能和环境保护等方面的基本知识。通过对本课程的学习,学生能熟悉常用建筑材料的技术标准,能在保证环境和安全的条件下进行质量检测,并根据检测结果正确判断材料质量,能正确选用、验收和保管材料。

本课程以建筑工程施工现场施工员和建筑工程见证取样试验员等的相关从业资格考试大纲为参照,根据岗位能力以及工作过程,设计了9个学习项目。项目主要突出职业能力的训练,理论知识的选取也紧紧围绕工作任务的实际需要来进行。

3.　本课程的学习方法

(1)重视学习方法。

本课程内容庞杂,每章均自成体系,课程内容多是定性的描述或是实践经验的总结,常涉及材料科学与工程专业术语(如胶凝材料学、混凝土学)中的一些概念。需要学生理解概念的含义以及概念之间内在的联系,并归纳总结自己的学习方法。

(2)抓住一个中心。

建筑材料种类繁多,学习本课程应以常用建筑材料为中心,如水泥、混凝土、砂浆、钢材、防水卷材的组成、性质、应用、检验与验收及试验方法等。我们学习建筑材料的根本目的在于能够正确地应用建筑材料,而解决材料应用问题的前提是掌握材料的性质。所以重点材料及其性质是学习本门课程要抓住的中心环节。

(3)运用对比的方法。

不同种类的材料具有不同性质,而同类材料不同品种之间既存在共性,又存在特性。不能逐一死记硬背,而要抓住代表性材料的一般性质,即了解这类材料的共性。然后运用对比的方法,学习同类材料的不同品种,总结它们之间的相同点与不同点,掌握各自的特性。这种方法在学习水泥和混凝土等主要材料时很重要。

(4)勇于实践、不断进取。

建筑材料是一门以生产实践和科学实验为基础的实践性很强的学科。职业教育强调以实践能力为本位的教学模式。实验和实践可以帮助学生巩固所学的理论、丰富学习内

容,还可以使学生初步掌握各种主要建筑材料的检验技术,增强了学生对材料性能的感性认识,也培养了学生科学研究的能力和严谨慎密的科学态度。

1.1.6　与建筑材料相关的就业能力

1. 本课程的定位

建筑材料是土建类专业的一门专业基础课。在此我们强调,本课程在土建类职业教育课程中是培养应用型、技能型专业技术人才的重要的入门课之一。

2. 本课程的岗位就业方向

本课程涉及的就业单位有建筑材料生产、建筑施工、建筑材料检测等企事业单位。学好本课程必需的专业理论知识并具有较强的动手操作能力,可以胜任建材生产企业技术人员、建筑材料见证取样试验员、商品混凝土搅拌站技术人员、施工现场材料员、质检员等从事施工检测、试验等专业技术人员的工作。再经过工程实践锻炼,可担任施工项目、试验室、建筑材料供应等分项工程技术主管。以下是某公司建筑材料试验室办公资料,如图1-1所示。只有掌握了建筑材料相关专业知识,才能胜任此项岗位工作。

图 1-1　建筑材料检测资料展示

在实际工作岗位上,从事设计、结构、施工等专业技术人员都要了解本专业建筑材料的组成、结构、性质,才能发挥材料的性能,做到材尽其用。混凝土工程搅拌、浇筑、结构施工、材料送检、验收工程质量、工程技术资料整理与归档等相关技术人员都需要全面掌握建筑材料的基础知识,以便更好地完成各自的工作。另外,造价员只有在知悉混凝土配合比基础上,才能更好地完成计量与计价任务。对监理技术人员来说,对现场建筑材料的监督管理更是一项非常重要的工作内容。

中共中央总书记、国家主席、中央军委主席习近平2021年4月12日至13日在北京召开的全国职业教育大会上对职业教育工作作出重要指示强调:"在全面建设社会主义现代化国家新征程中,职业教育前途广阔、大有可为。"总书记的重要指示,必将促进职业教育体系更加完善,推动职业教育领域人才发展,播下更多大国工匠的种子,为民族复兴汇聚强大力量。

任务1.2 建筑材料的标准

任务描述

1. 作为工科院校的专业技术人员要明确标准及标准化的意义。
2. 以标准《通用硅酸盐水泥》(GB 175—2007)为例,对此标准进行专业上的解读。
3. 请将工程建设标准和对应的分级用直线连接起来。
(1) 强制性国家标准　　《用于水泥和混凝土中的粉煤灰》(GB/T 1596—2017)
(2) 推荐性国家标准　　《预拌混凝土技术规程》(DB21/T 1304—2012)
(3) 行业标准　　　　　《通用硅酸盐水泥》(GB 175—2007)
(4) 地方标准　　　　　《普通混凝土配合比设计规程》(JGJ 55—2011)

为保证建筑材料的质量,我国采用了标准化管理制度。建筑材料生产企业必须按照标准生产,并控制其质量。建筑材料使用部门则按照标准选用、设计、施工,并按标准检验产品质量,这些措施为保证建筑材料的正确使用具有重要的现实意义。

1.2.1 标准和标准化

1. 标准

标准(含标准样品),是指农业、工业、服务业以及社会事业等领域需要统一的技术要求。标准是为了在一定的范围内获得最佳秩序,经协商一致制定并由公认机构批准,共同使用的和重复使用的一种规范性文件。

2. 标准化

标准化定义为在一定的范围内获得最佳秩序,对实际的或潜在的问题制定共同的和重复使用的规则的活动。即制定、发布及实施标准的过程,称为标准化。标准化工作的任务是制定标准、组织实施标准以及对标准的制定、实施进行监督。

为了加强标准化工作,提升产品和服务质量,促进科学技术进步,保障人身健康和生命财产安全,维护国家安全、生态环境安全,提高经济社会发展水平,2017年第12届全国人大常委会对《中华人民共和国标准化法》进行了修订。

3. 工程建设标准

工程建设标准是指为在工程建设领域内获得最佳秩序,对建设工程的勘察、规划、设计、施工、安装、验收、运营维护及管理活动和结果等需要协调统一的事项所制定的共同的、重复使用的技术依据和准则。

1.2.2 标准的分级及相关规定

1. 标准的分级

我国的标准包括国家标准、行业标准、地方标准和团体标准、企业标准四级。

国家标准根据标准的约束性,可分为强制性标准和推荐性标准。强制性标准是指标准代号后不带"/T"的标准。推荐性标准是指标准代号后带"/T"的标准。

强制性标准必须执行。强制性标准以外的标准是推荐性标准。

行业标准、地方标准是推荐性标准。国家鼓励采用推荐性标准。

2．工程建设标准的审批发布和代号

（1）国家标准。

国家标准是对需要在全国范围内统一的技术要求制定的标准。对保障人身健康和生命财产安全、国家安全、生态环境安全以及满足经济社会管理基本需要的技术要求,应当制定强制性国家标准。对满足基础通用、与强制性国家标准配套、对各有关行业起引领作用等需要的技术要求,可以制定推荐性国家标准。强制性标准一经颁布,必须贯彻执行,否则造成恶劣后果或重大损失的单位和个人,要受到经济制裁或承担法律责任。

强制性国家标准的代号为"GB",例如《通用硅酸盐水泥》(GB 175—2007)。推荐性国家标准代号为"GB/T",如《水泥胶砂强度检验方法(ISO法)》(GB/T 17671—2021)。

（2）行业标准。

行业标准是指对没有国家标准而又需要在全国某个行业范围内统一的技术要求,所制定的标准。行业标准是对国家标准的补充,是专业性、技术性较强的标准。行业标准的制定不得与国家标准相抵触,国家标准公布实施后,相应的行业标准即行废止。各行业有各行业的标准代号,表1-2是我国部分行业的标准代号。《普通混凝土配合比设计规程》(JGJ 55—2011)和《砂浆、混凝土防水剂》(JC 474—2008)等就是行业标准。行业标准在全国某个行业范围内适用。

表1-2 部分行业的标准代号

行业名称	标准代号	行业名称	标准代号
建筑工业建设工程	JGJ	石油化工行业	SH
建筑工业建设产品	JG	机械行业	JB
建材行业	JC	电力行业	DL
能源部、水利部	SD	水利行业	SL
公路水路运输行业	JT	城镇建设行业	CJ

（3）地方标准和团体标准。

地方标准是指对没有国家标准和行业标准而又需要在省、自治区、直辖市范围内统一工业产品的安全、卫生要求所制定的标准,地方标准在本行政区域内适用,不得与国家标准和行业标准相抵触。国家鼓励学会、协会、商会、联合会、产业技术联盟等社会团体协调相关市场主体共同制定满足市场和创新需要的团体标准,由本团体成员约定采用或者按照本团体的规定供社会自愿采用。

地方标准的代号为"DB"。例如《预拌混凝土技术规程》(DB21/T 1304—2012)(注:这里的"21"代表辽宁省地方标准代号。再如,北京市地方标准代号为"11")。

（4）企业标准。

对于没有国家标准、行业标准和地方标准的产品,企业应当制定相应的企业标准。企业标准是企业所制定的产品标准和在企业内需要协调、统一的技术要求和管理、工作要求所制定的标准。企业标准在该企业内部适用。企业标准的代号为"Q"。

国家鼓励社会团体、企业制定高于推荐性标准相关技术要求的团体标准、企业标准。不符合强制性标准的产品、服务,不得生产、销售、进口或者提供。

3. 国家标准的复审与修订

国家标准实施后,应当根据科学技术的发展和工程建设的需要,由该国家标准的管理部门适时组织有关单位进行复审。复审一般在国家标准实施后5年进行1次。

需要说明的是,标准、规范、规程都是标准的表现方式,习惯上统称为标准。当针对产品、方法、符号、概念等基础标准时,一般采用"标准",如《建筑制图标准》等;当针对工程勘察、规划、设计、施工等通用的技术事项作出规定时,一般采用"规范",如《混凝土结构设计规范》《建筑设计防火规范》等;当针对操作、工艺、管理等专用技术要求时,一般采用"规程"等,如《普通混凝土配合比设计规程》(JGJ 55—2011)等。

4. 标准的表示方法

标准的表示方法一般由标准名称、部门代号、编号和批准年份四个部分组成。例如在标准《通用硅酸盐水泥》(GB 175—2007)中,标准名称为《通用硅酸盐水泥》、部门代号为 GB、编号为 175、制定或修订年份为 2007 年。试验室所用标准举例见码 1-1。

码 1-1　试验室所用标准举例

任务 1.3　建筑材料的基本性质

任务描述

1. 掌握建筑材料的基本物理性质的名称、定义、表达式、单位。能够查阅材料这些性质在后续课程中是如何应用的。

2. 掌握建筑材料的力学性质中强度的定义、种类及其计算公式、单位。学完后续课程后能够解释材料的力学性质在实际工作中的应用。

3. 熟悉建筑材料的耐久性定义、内容和影响因素。

材料的性质决定其应用,掌握和了解材料的基本性质,对于认识、研究和应用建筑材料具有极为重要的意义。对于工程技术人员,掌握各种材料的基本性质及其检测,才能更好地材尽其用,物尽其能。本任务主要讲述建筑材料的物理性质、力学性质、耐久性等。

1.3.1　建筑材料的主要物理性质

1. 材料与质量有关的性质

(1)材料在不同结构状态下的密度。

由于材料在自然界中所处的状态不同,所以对应不同的内部结构情况。通常根据这些不同的内部结构情况分为密度、表观密度和堆积密度等。

①密度(也称比重或实际密度)。

密度是指材料在绝对密实状态下,单位体积的质量,按式(1-1)计算。

$$\rho = \frac{m}{V} \tag{1-1}$$

式中:ρ——密度(g/cm^3);

m——材料在干燥状态下的质量(g);

V——材料在绝对密实状态下的体积,即内部不含任何孔隙的体积(cm^3)。

在测定有孔隙的材料密度时,应把材料磨成细粉以排除其内部孔隙,经干燥至恒重后,用密度瓶(李氏瓶)测定其实际体积,该体积即可视为材料绝对密实状态下的体积。材料磨得愈细,测定的密度值愈精确。

②表观密度(也称容重或体积密度)。

表观密度是指材料在自然状态下,单位体积的质量,按式(1-2)计算。

$$\rho_0 = \frac{m}{V_0} \tag{1-2}$$

式中:ρ_0——表观密度(g/cm^3或kg/m^3)(注:$1\ g/cm^3 = 1000\ kg/m^3$);

m——材料的质量(g或kg);

V_0——材料在自然状态下的体积,或称表观体积(cm^3或m^3)。

材料在自然状态下的体积是指材料的实体积与材料内所含全部孔隙体积之和。对于外形规则的材料,其测定很简便,只要测得材料的质量和体积,即可算得表观密度。不规则材料的体积可采用排水法求得,材料表面应预先涂上蜡,以防水分渗入材料内部而影响测定值。

当材料内部的孔隙含有水分时,其质量和体积均要发生变化。故测定表观密度时,应注明含水情况。干表观密度指的是在干燥状态下的表现密度。

③堆积密度。

散粒材料或粉末状材料在自然堆积状态下单位体积的质量称为堆积密度。可用式(1-3)表示。

$$\rho_0' = \frac{m}{V_0'} \tag{1-3}$$

式中:ρ_0'——堆积密度(kg/m^3);

m——材料的质量,一般指材料在干燥状态下的质量(kg);

V_0'——材料的堆积体积(m^3)。

测定散粒材料的堆积密度时,材料的质量是指一定容积的容器内的质量,其堆积体积是指所用容器的容积。若以捣实体积计算,则称紧密堆积密度。

几种常见建筑材料的各种密度及孔隙率如表1-3所示。

表1-3 几种常见建筑材料的密度、表观密度、堆积密度及孔隙率

材料名称	密度/(g/cm^3)	表观密度/(kg/m^3)	堆积密度/(kg/m^3)	孔隙率/(%)
钢材	7.85	7850	—	0

材料名称	密度/(g/cm³)	表观密度/(kg/m³)	堆积密度/(kg/m³)	孔隙率/(%)
花岗岩	2.6~3.0	2500~2900	—	0.5~3.0
碎石(石灰岩)	2.6~2.8	—	1400~1700	—
普通砂	2.5~2.8	—	1400~1700	—
普通混凝土	2.6~2.8	2000~2800	—	5~20
水泥	2.8~3.1	—	1000~1600	—
普通玻璃	2.5~2.6	—	2500~2600	—
烧结普通砖	2.5~2.7	1600~1900	—	20~40
烧结空心砖	2.5~2.7	800~1100	—	—
黏土	2.5~2.7	—	1600~1800	—
木材	1.55	400~800	—	55~75
泡沫塑料	1.0~2.6	—	10~50	—
石膏板	2.60~2.75	—	800~1800	30~70

（2）材料的密实度与孔隙率。

①密实度（D）。

密实度是指材料内部的固体物质部分的体积（V）占总体积（V_0）的百分率。密实度说明材料体积内被固体物质充实的程度，即反映了材料的致密程度，按式（1-4）计算。

$$D = \frac{V}{V_0} \times 100\% = \frac{\rho_0}{\rho} \times 100\% \tag{1-4}$$

②孔隙率（P）。

孔隙率是指材料体积内孔隙体积（V_P）占材料总体积（V_0）的百分率。可用式（1-5）计算。

$$P = \frac{V_P}{V_0} \times 100\% = \frac{V_0 - V}{V_0} \times 100\% = \left(1 - \frac{V}{V_0}\right) \times 100\% = \left(1 - \frac{\rho_0}{\rho}\right) \times 100\% \tag{1-5}$$

所以孔隙率与密实度的关系为：$D + P = 1$。

含孔材料在自然状态下内部结构示意图如图1-2所示。

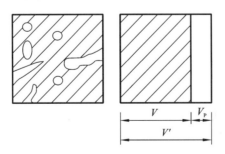

图1-2 含孔材料在自然状态下内部结构示意图

按常压下水能否进入孔隙，材料的孔隙可分为开口孔隙（常压水能进入的孔）和闭口孔隙(常压水不能进入的孔)两种,开口孔隙率和闭口孔隙率之和等于材料的总孔隙率。按孔隙的尺寸大小,又可分为微孔、细孔、小孔及大孔等几种。一般而言,孔隙率较小,且连通孔较少的材料,其吸水性较小,强度较高,抗冻性和抗渗性较好。

（3）材料的填充率与空隙率。

①填充率（D'）。

填充率是指散粒材料或粉末状材料在自然堆积体积内固体物质部分的体积（V_0）占总体积（V'_0）的百分率。填充率说明材料堆积体积内被固体物质填充的程度,按式（1-6）计算。

$$D' = \frac{V_0}{V'_0} \times 100\% = \frac{\rho'_0}{\rho_0} \times 100\% \tag{1-6}$$

②空隙率（P'）。

空隙率是指材料体积内空隙体积（V'_P）占材料总体积（V'_0）的百分率。可用式（1-7）计算。

$$P' = \frac{V'_P}{V'_0} \times 100\% = \frac{V'_0 - V_0}{V'_0} \times 100\% = \left(1 - \frac{V_0}{V'_0}\right) \times 100\% = \left(1 - \frac{\rho'_0}{\rho_0}\right) \times 100\% \tag{1-7}$$

堆积材料在自然状态下内部结构示意图如图 1-3 所示。

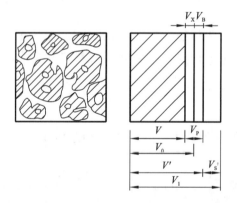

图 1-3 堆积材料在自然状态下内部结构示意图

空隙率的大小反映了散粒材料或粉末状材料的颗粒之间相互填充的致密程度。在配制混凝土、砂浆等材料时,为节约水泥等胶凝材料用量,宜选用空隙率小的砂、石骨料。

2. 材料与水有关的性质

（1）亲水性与憎水性。

与水接触时,有些材料能被水润湿,而有些材料则不能被水润湿,对这两种现象来说,前者为亲水性,后者为憎水性。

材料的亲水性或憎水性用润湿角表示,润湿角是指在材料、水和空气的交点处,沿水滴表面的切线与水和固体接触面所成的夹角。当材料的润湿角 $\theta \leq 90°$ 时,为亲水性材料;当材料的润湿角 $\theta > 90°$ 时,为憎水性材料。材料的润湿角示意图如图 1-4 所示。

在建筑工程中,如无机胶凝材料、砂石、砖瓦、混凝土和砂浆等大部分建筑材料均为亲水性材料。而石油沥青、橡胶、塑料、有机涂料等有机材料多为憎水性材料。

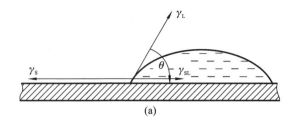

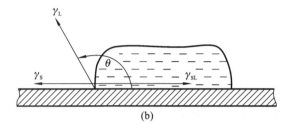

图 1-4　材料的润湿角示意图

（a）亲水性材料　（b）憎水性材料

（2）材料的吸水性与吸湿性。

①材料的吸水性。

材料在水中吸收水分的性质,称为材料的吸水性。

吸水性的大小以吸水率来表示。吸水率常有质量吸水率和体积吸水率两种表达方式。

质量吸水率是指材料在吸水饱和时,所吸入水的质量占材料在干燥状态下的质量百分率,并以 W_m 表示。质量吸水率 W_m 的计算公式为:

$$W_m = \frac{m_1 - m}{m} \times 100\% \tag{1-8}$$

式中:W_m——材料的质量吸水率(%);

　　　m——材料在干燥状态下的质量(g 或 kg);

　　　m_1——材料吸水饱和状态下的质量(g 或 kg)。

体积吸水率是指材料在吸水饱和时,所吸水的体积占材料自然体积的百分率,并以 W_v 表示。体积吸水率 W_v 的计算公式为:

$$W_v = \frac{V_w}{V_0} = \frac{m_1 - m}{V_0} \times \frac{1}{\rho_w} \times 100\% \tag{1-9}$$

式中:W_v——材料的体积吸水率(%);

　　　V_w——材料吸水饱和时,水的体积(cm³ 或 m³);

　　　V_0——材料在自然状态下的体积(cm³ 或 m³);

　　　m——材料在干燥状态下的质量(g 或 kg);

　　　m_1——材料吸水饱和状态下的质量(g 或 kg);

　　　ρ_w——水的密度(g/cm³ 或 kg/m³),常温下取 $\rho_w = 1.0$ g/cm³。

②材料的吸湿性。

材料的吸湿性是指材料在潮湿空气中吸收水分的性质。

材料的吸湿性大小用含水率来表示。一般按式(1-10)进行计算。

$$W_含 = \frac{m_含 - m}{m} \times 100\%$$ (1-10)

式中:$W_含$——材料的含水率(%);

m——材料在干燥状态下的质量(g 或 kg);

$m_含$——材料含水时的质量(g 或 kg)。

(3)材料的耐水性。

材料的耐水性是指材料长期在饱和水的作用下不破坏,强度也不显著降低的性质。材料耐水性用软化系数 $K_软$ 表示,可按下式计算:

$$K_软 = \frac{f_饱}{f_干}$$ (1-11)

式中:$K_软$——材料的软化系数;

$f_饱$——材料在吸水饱和状态下的抗压强度(MPa);

$f_干$——材料在干燥状态下的抗压强度(MPa)。

软化系数值在 0~1 之间,它反映了材料吸水饱和后强度降低的程度,是材料吸水后性质变化的重要特征之一。

工程中通常将软化系数大于 0.85 的材料称为耐水性材料。长期处于水中或潮湿环境的重要建筑物或构筑物,必须选用软化系数大于 0.85 的材料。用于受潮较轻或次要的工程部位时,材料软化系数也不得小于 0.75。

(4)材料的抗渗性。

抗渗性(抗水渗透性)是材料在压力水作用下抵抗水渗透的性能。表示方法有两种。

①渗透系数。材料的渗透系数可通过下式计算:

$$K = \frac{Wd}{AtH}$$ (1-12)

式中:K——渗透系数(mL/(cm² · s));

W——渗水量(mL);

d——试件厚度(cm);

A——透水面积(cm²);

t——透水时间(s);

H——材料两侧的水压差(cm)。

材料的渗透系数越小,说明材料的抗渗性越强。

②抗渗等级。常用于混凝土及砂浆等材料,其抗渗性用抗渗等级表示。抗渗等级的定义及表示方法详见项目三任务 3.5 中抗水渗透性。

(5)材料的抗冻性。

抗冻性是指混凝土在饱和水状态下,能经受多次冻融循环而不破坏,也不严重降低强度的性能。例如普通混凝土的抗冻性用抗冻等级或抗冻标号表示。详见项目三任务 3.5 中抗冻性。

3. 材料与热有关的性质

(1)导热性。

当材料两面存在温度差时,热量从材料一面传导至另一面的性质,称为材料的导热性。导热性说明材料传导热量的能力。

材料的导热性用导热系数 λ(也称热导率)表示。导热系数的计算式如下：

$$\lambda = \frac{Q\delta}{At(T_2 - T_1)}$$ (1-13)

式中：λ——导热系数(W/(m·K))；

Q——传导的热量(J)；

δ——材料厚度(m)；

A——热传导面积(m²)；

t——热传导时间(s)；

$T_2 - T_1$——材料两侧温度差(K)。

在物理意义上，导热系数为单位厚度(1 m)的材料、两面温度差为 1 K 时、在单位时间(1 s)内通过单位面积(1 m²)的热量。导热系数与材料的组成、结构、含水率、温度等因素有关。

材料的导热系数(热导率)越小，材料的保温绝热性能越好。

(2)热容量。

材料在受热时吸收热量，冷却时放出热量的性质称为材料的热容量。

热容量用比热表示。单位质量材料在温度升高或降低 1 K 所吸收或放出的热量称为比热(或比热容)。比热的计算式如下：

$$c = \frac{Q}{m(T_2 - T_1)}$$ (1-14)

式中：c——材料的比热(J/(g·K))；

Q——材料吸收或放出的热量(热容量)(J)；

m——材料质量(g)；

$T_2 - T_1$——材料受热或冷却前后的温差(K)。

比热是反映材料的吸热或放热能力大小的物理量。比热对保持建筑物内部温度稳定有很大意义，比热大的材料，能在热流变动或采暖设备供热不均匀时，缓和室内的温度波动。

几种典型的建筑材料的导热系数和比热如表 1-4 所示(仅供参考)。

表 1-4　几种典型的建筑材料的导热系数和比热

材料名称	钢材	红砖	花岗石	混凝土	松木	空气	水
导热系数/(W/(m·K))	58	0.80	3.49	1.51	1.17~0.35	0.023	0.58
比热/(J/(g·K))	0.48	0.88	0.92	0.84	2.72	1.0	4.18

(3)耐燃性与耐火性。

①耐燃性。

材料抵抗燃烧的性质称为耐燃性。

耐燃性是影响建筑物防火和耐火等级的重要因素,根据《建筑内部装修设计防火规范》(GB 50222—2017)规定,建筑装修材料按其燃烧性能分为四级:A 级材料——不燃性材料;B1 级材料——难燃性材料;B2 级材料——可燃性材料;B3 级材料——易燃性材料。

②耐火性。

耐火性是指材料在火焰或高温作用下保持其不破坏、性能不明显下降的能力。

耐火性用耐火极限来表示,即按规定方法,从材料受到火的作用起,直到材料失去支持能力、完整性被破坏或失去隔火作用止用的时间,称为耐火极限。耐火极限用时间(h)来表示。

1.3.2 建筑材料的力学性质

1. 材料的强度

(1)强度定义。

材料在外力或荷载的作用下抵抗破坏的能力,称为材料的强度。

(2)强度种类。

根据外力作用形式的不同,材料的强度有抗拉强度、抗压强度、抗剪强度及抗弯强度等。

2. 强度的计算公式和单位

表 1-5 列出了材料的抗压、抗拉、抗剪和抗弯(折)强度的受力作用示意图和计算公式。强度的单位:一般常用 N/mm^2 或 MPa 表示。1 MPa=1 N/mm^2。

表 1-5 材料的抗压、抗拉、抗剪、抗弯(折)强度的受力作用示意图和计算公式

强度类别	受力作用示意图	强度计算式	
抗压强度 f_c/MPa		$f_c = \dfrac{F}{A}$	
抗拉强度 f_t/MPa		$f_t = \dfrac{F}{A}$	F——破坏荷载(N); A——受荷面积(mm^2); l——跨度(mm); b——断面宽度(mm); h——断面高度(mm)
抗剪强度 f_v/MPa		$f_v = \dfrac{F}{A}$	
抗弯(折)强度 f_{tm}/MPa		$f_{tm} = \dfrac{3Fl}{2bh^2}$	

3．材料的强度等级

为便于合理使用材料,对于以强度为主要指标的材料,通常按材料强度值的高低划分成若干等级,称为材料的强度等级(或标号)。一般脆性材料主要以抗压强度来划分,塑性材料和韧性材料主要以抗拉强度来划分。

4．比强度

比强度是指材料强度与其表观密度之比。比强度是衡量材料轻质高强性能的重要指标。比强度越大,材料越轻质高强。几种主要材料的表观密度、抗压强度和比强度如表1-6所示。

表 1-6　几种主要材料的表观密度、抗压强度和比强度

材　料	表观密度 ρ_0/(kg/m³)	抗压强度 f_c/MPa	比强度(f_c/ρ_0)/(m²/s²)
低碳钢	7850	420	0.054
普通混凝土	2400	40	0.017
玻璃钢	2000	450	0.225
烧结普通砖	1700	10	0.006
松木(顺纹抗拉)	500	100	0.200
松木(顺纹抗拉)	500	36	0.070

5．材料的弹性与塑性

(1) 材料的弹性。

材料在外力作用下产生变形,当外力取消后,能完全恢复到原来状态的性质,称为材料的弹性。材料的这种当外力取消后瞬间内即可完全消失的变形,称为弹性变形。

弹性变形属可逆变形,其数值大小与外力成正比,其比例系数 E 称为材料的弹性模量。材料在弹性变形范围内,弹性模量 E 为常数,其值等于应力 σ 与应变 ε 的比值,即

$$E = \frac{\sigma}{\varepsilon} \tag{1-15}$$

式中：E——材料的弹性模量(MPa);

σ——材料的应力(MPa);

ε——材料的应变。

弹性模量是衡量材料抵抗变形能力的一个指标。弹性模量也是结构设计时的重要参数。E 值愈大,材料愈不易变形,即刚性好。如钢材弹性模量 $E=(2.0\sim2.1)\times10^5$ MPa。

(2) 材料的塑性。

材料在外力作用下产生变形,当外力取消后,仍保持变形后的形状和尺寸的性质,称为材料的塑性。这种不能恢复的变形称为塑性变形。塑性变形为不可逆变形,是永久变形。

6．材料的脆性与韧性

(1) 材料的脆性。

材料在外力作用下,当外力达到一定限度后,材料发生突然破坏,且破坏前无明显的塑性变形,这种性质称为脆性。具有这种性质的材料称为脆性材料。

脆性材料抵抗冲击荷载或振动荷载作用的能力很差。其抗压强度远大于抗拉强度，可高达数倍甚至数十倍。所以脆性材料不能承受振动和冲击荷载，也不宜用作受拉构件，只适于用作承压构件。建筑材料中大部分无机非金属材料为脆性材料，如天然岩石、陶瓷、玻璃、普通混凝土等。

（2）材料的韧性。

材料在冲击荷载或振动荷载作用下，能吸收较大的能量，产生一定的变形而不破坏，这种性质称为韧性。如建筑钢材、木材等属于韧性较好的材料。

材料的韧性值用冲击韧性指标 α_k 表示。冲击韧性指标系指用带缺口的试件做冲击破坏试验时，断口处单位面积所吸收的功。其计算公式为：

$$\alpha_k = \frac{A_k}{A} \tag{1-16}$$

式中：α_k—— 材料的冲击韧性指标（J/mm^2）；

A_k——试件破坏时所消耗的功（J）；

A——试件受力净截面面积（mm^2）。

7．材料的硬度与耐磨性

（1）硬度。

硬度是材料表面能抵抗其他较硬物体刻划或压入的能力。不同材料的硬度测定方法不同，通常采用刻划法和压入法两种。

刻划法用于测定天然矿物的硬度。矿物硬度分为 10 级（莫氏硬度），其递增顺序为：滑石 1；石膏 2；方解石 3；萤石 4；磷灰石 5；长石 6；石英 7；黄玉 8；刚玉 9；金刚石 10。

钢材、木材及混凝土等的硬度常用钢球压入法测定（布氏硬度 HB）。

（2）耐磨性。

耐磨性是材料表面抵抗磨损的能力。材料耐磨性用磨损率（K_w）表示，其计算公式为

$$K_w = \frac{m_0 - m_1}{A} \tag{1-17}$$

式中：K_w——材料的磨损率（g/cm^2）；

m_0——材料磨损前的质量（g）；

m_1——材料磨损后的质量（g）；

A——试件受磨损的面积（cm^2）。

在建筑工程中，对于用作踏步、台阶、地面、路面等的材料，应具有较高的耐磨性。一般来说，强度较高且密实的材料，其硬度较大，耐磨性较好。

1.3.3　建筑材料的耐久性

1．耐久性定义及内容

材料的耐久性是指材料长期抵抗各种内外破坏因素或腐蚀介质的作用，保持其原有性质的能力。

材料的耐久性是材料的一项综合性质，包括耐水性、抗渗性、抗冻性、耐腐蚀性、抗碳化性、抗老化性、耐热性、耐溶蚀性、耐磨性、耐擦性、耐光性等多项性能。

2. 影响耐久性的因素

影响耐久性的因素有很多方面,一般可分为内部因素和外部因素。

(1)内部因素。

内部因素是造成材料耐久性下降的根本原因。内部因素主要包括材料组成、结构与性质。

(2)外部因素。

外部因素是影响材料耐久性的主要因素。外部因素主要有物理作用、化学作用、生物作用、机械作用等。

①物理作用包括光、热、电、温度差、干湿循环、冻融循环等作用,这些变化可引起材料的收缩和膨胀,长期而反复作用会使材料内部产生微裂纹和孔隙率增加而逐渐破坏。

②化学作用包括各种酸、碱、盐及其水溶液,各种腐蚀性气体,使材料的组成成分发生质的变化,而引起材料的破坏,如水泥石的化学腐蚀,钢材的锈蚀等。

③生物作用包括菌类、昆虫等的侵蚀作用,可使材料产生腐蚀、虫蛀等而破坏,如木材及植物纤维材料的腐蚀等。

④机械作用包括冲击、疲劳荷载,各种气体、液体及固体引起的磨损或磨耗等。

实际工程中,材料因外界因素而破坏往往是两种以上因素同时作用。金属材料常由化学和电化学作用引起腐蚀和破坏;无机非金属材料常由化学作用、溶解、冻融、风蚀、温差、摩擦等,其中某些因素或综合因素作用而引起破坏;有机材料常由生物作用、溶解、化学腐蚀、光、热、电等作用而引起破坏。

在线练习

项目一
巩固练习题

项目二　水泥及其应用

【能力目标】　能够根据工程特点与环境条件合理选择和识别水泥品种；能根据标准操作水泥常规检测仪器设备；能完成通用硅酸盐水泥技术要求的试验和检测；能按标准要求正确处理水泥试验数据并合理判断；具备通用水泥的取样、验收与保管的能力。

【知识目标】　掌握水泥的定义及分类；了解硅酸盐水泥的生产工艺、硅酸盐水泥熟料的矿物组成、水化凝结硬化机理；掌握通用硅酸盐水泥的组成、主要技术性质和应用的基本知识；掌握水泥性能的检测及判定方法。

【素质目标】　具备从事本职业时有关通用硅酸盐水泥的相关理论知识和技能；具备运用水泥相关标准分析问题和解决问题的能力；具备正确的理想和坚定的信念；具备良好的职业道德和职业素质；能按时上课、遵守课堂纪律；具备团队合作能力及吃苦耐劳的精神。

任务2.1　认识水泥

任务描述

1. 水泥属于哪类材料？具有哪些特点？水泥有哪些方面用途？
2. 熟悉新中国成立以来水泥工业的发展，关注水泥的节能趋势。
3. 通用硅酸盐水泥的组成、生产工艺、凝结硬化及影响因素是什么？
4. 根据标准掌握通用硅酸盐水泥的品种、代号和组分等基本知识。

在建筑材料中，经过一系列物理作用、化学作用，能从浆体变成坚固的石状体，并能将其他固体物料胶结成整体而具有一定机械强度的物质，统称为胶凝材料。

胶凝材料根据化学成分分为无机胶凝材料和有机胶凝材料两大类。无机胶凝材料根据其硬化条件不同可分为气硬性胶凝材料和水硬性胶凝材料。

气硬性胶凝材料，只能在空气中硬化，也只能在空气中保持和发展其强度。常用的气硬性胶凝材料有石灰、石膏、水玻璃等。气硬性胶凝材料详见项目九。

水硬性胶凝材料，不仅能在空气中硬化，而且能更好地在水中硬化，在水中保持并发展其强度，如各种水泥等。

胶凝材料分类如下。

$$胶凝材料\begin{cases}无机胶凝材料\begin{cases}气硬性胶凝材料:如石灰、石膏、水玻璃\\水硬性胶凝材料:如各种水泥\end{cases}\\有机胶凝材料:如沥青、树脂\end{cases}$$

2.1.1　水泥定义和分类

1. 水泥的定义

水泥(cement)是一种磨细的粉末状材料,加适量水混合后形成可塑性浆体,经一系列物理、化学作用,由浆体变成坚硬的石状体,具有较高的强度,并且能将散粒状、块状材料黏结成整体。水泥浆体不仅能在空气中凝结硬化,而且能更好地在水中凝结硬化,并保持发展其强度。因此,水泥属于无机水硬性胶凝材料。

2. 中华人民共和国成立以来水泥工业的发展

水泥是国民经济的基础原材料,水泥工业与经济建设密切相关,在未来相当长的时期内,水泥仍将是人类社会的主要建筑材料。水泥也被称为国民经济建设的"粮食"。

目前,我国既是水泥制造大国也是制造强国,水泥装备技术水平居全球前列。1985年,我国水泥总产量达 1.46 亿吨,产量首次位居世界第一。2020 年,我国水泥总产量已达到 23.95 亿吨。通过引进、消化吸收到大规模应用,中国在水泥领域的万吨级成套技术装备制造、低温余热发电、水泥窑协同生活垃圾处理、污染物超低排放等技术在全球处于领先水平。

水泥的用途广泛,如用作结构材料、防水材料、保温材料、砌筑材料、防火耐火材料、抹灰找平材料、装饰材料(如彩色水泥、涂料等)、城市环境材料(如地坪材料)等。

3. 水泥的分类

(1) 按矿物组成或主要水硬性物质,水泥可分为硅酸盐系列水泥、铝酸盐系列水泥、硫铝酸盐系列水泥、铁铝酸盐系列水泥、氟铝酸盐系列水泥等。

(2) 按照用途与性能,水泥可分为通用水泥、专用水泥和特性水泥。

①通用水泥指一般土木工程中使用的水泥。通用水泥有六大品种,即硅酸盐水泥、普通硅酸盐水泥、矿渣硅酸盐水泥、火山灰质硅酸盐水泥、粉煤灰硅酸盐水泥和复合硅酸盐水泥。

②专用水泥指有专门用途的水泥。如油井水泥、大坝水泥、砌筑水泥、道路水泥等。

③特性水泥指某种性能比较突出的水泥。如快硬硅酸盐水泥、低热矿渣硅酸盐水泥、膨胀硫铝酸盐水泥等。

本章以通用硅酸盐水泥作为讲述重点。对专用水泥和特性水泥仅作拓展介绍。

2.1.2　《通用硅酸盐水泥》(GB 175—2007)简介

《通用硅酸盐水泥》(GB 175—2007)标准由中华人民共和国国家质量监督检验检疫总局和中国国家标准化管理委员会于 2007 年 11 月 9 日发布,自 2008 年 6 月 1 日实施。

1. 关于定义、品种、代号与组分

《通用硅酸盐水泥》(GB 175—2007)规定,通用硅酸盐水泥是以硅酸盐水泥熟料、适量石膏和规定混合材料制成的水硬性胶凝材料。

通用硅酸盐水泥按混合材料的品种和掺量分为硅酸盐水泥、普通硅酸盐水泥、矿渣硅酸盐水泥、火山灰质硅酸盐水泥、粉煤灰硅酸盐水泥和复合硅酸盐水泥。

通用硅酸盐水泥的品种、代号和组分应符合表 2-1 的规定。

表 2-1　通用硅酸盐水泥的组分与代号(GB 175—2007)

品种	代号	组分/(%)				
		熟料＋石膏	粒化高炉矿渣	火山灰质混合材料	粉煤灰	石灰石
硅酸盐水泥	P·Ⅰ	100	—	—	—	—
	P·Ⅱ	≥95	≤5	—	—	—
		≥95	—	—	—	≤5
普通硅酸盐水泥	P·O	≥80且<95	>5且≤20			—
矿渣硅酸盐水泥	P·S·A	≥50且<80	>20且≤50	—	—	—
	P·S·B	≥30且<50	>50且≤70	—	—	—
火山灰质硅酸盐水泥	P·P	≥60且<80	—	>20且≤40	—	—
粉煤灰硅酸盐水泥	P·F	≥60且<80	—	—	>20且≤40	—
复合硅酸盐水泥	P·C	≥50且<80	>20且≤50			

本标准的范围:通用硅酸盐水泥的分类、组分与材料、强度等级、技术要求、试验方法、检验规则和包装、标志、运输与贮存等。本标准适用于通用硅酸盐水泥。

码 2-1 摘自 2020 年发布的《通用硅酸盐水泥》(GB 175—20××)征求意见稿。

2. 硅酸盐水泥的定义

由硅酸盐水泥熟料、0%～5%的石灰石或粒化高炉矿渣、适量石膏磨细制成的水硬性胶凝材料,称为硅酸盐水泥。硅酸盐水泥分两种类型,不掺加混合材料的称为Ⅰ型硅酸盐水泥,代号为 P·Ⅰ;掺加不超过水泥质量 5%的混合材料(石灰石或粒化高炉矿渣)的称为Ⅱ型硅酸盐水泥,代号为 P·Ⅱ。

码 2-1
《通用硅酸盐水泥》
(GB 175—20××)
征求意见稿简介

2.1.3　硅酸盐水泥的生产

1. 通用硅酸盐水泥的原材料

通用硅酸盐系列水泥原材料分为生产硅酸盐水泥熟料的原材料、石膏和混合材料三类。

(1)生产硅酸盐水泥熟料的原材料。

生产硅酸盐水泥熟料的原材料主要有石灰质原料和黏土质原料,此外为了满足配料要求,需加入校正原料。

石灰质原料主要提供 CaO,常用的石灰质原料有石灰石、凝灰岩、白垩、贝壳等;黏土质原料主要提供氧化硅(SiO_2)、氧化铝(Al_2O_3)及少量氧化铁(Fe_2O_3),常用的黏土质原料有黏土、黄土、页岩、泥岩、粉砂岩等。当配料中的某种氧化物的量不足时,可加入相应的校正原料,校正原料主要有硅质校正原料、铝质校正原料和铁质校正原料。如原料中 Fe_2O_3 含量不足时可加入铁质校正原料(黄铁矿渣、铁矿粉等);硅质校正原料主要补充 SiO_2,可采用砂岩等。

硅酸盐水泥原材料中各种成分的含量应达到一定的要求,如表 2-2 所示。

表 2-2 硅酸盐水泥原材料中各种成分的含量

化学成分	含量范围/(%)	化学成分	含量范围/(%)
CaO	62~67	Al_2O_3	4~7
SiO_2	20~24	Fe_2O_3	2.5~6.0

(2)石膏。

在生产水泥时,必须掺入适量石膏,以延缓水泥的凝结。一般水泥熟料磨成细粉与水相遇会很快凝结,影响施工。因此,石膏在硅酸盐类水泥中主要起缓凝作用。

(3)混合材料。

混合材料是指在生产水泥及其各种制品和构件时,常掺入的大量天然或人工的矿物材料。水泥掺入混合材料的目的是调整水泥强度等级,扩大使用范围,改善水泥的某些性能,增加水泥的品种和产量,降低水泥成本并且充分利用工业废料,进而达到节能环保的目的。

水泥中常用的混合材料主要有粒化高炉矿渣、火山灰质混合材料和粉煤灰三大类。

混合材料中一般均含有活性氧化硅和活性氧化铝,它们只有在氢氧化钙和石膏存在的条件下才能激发出活性,通常将石灰与石膏称为活性混合材料的"激发剂"。氢氧化钙称为碱性激发剂;石膏为硫酸盐激发剂。氢氧化钙的激发作用如下式:

$$x\text{Ca(OH)}_2 + SiO_2 + m\text{H}_2\text{O} \Longrightarrow x\text{CaO} \cdot SiO_2 \cdot n\text{H}_2\text{O} \tag{2-1}$$

$$y\text{Ca(OH)}_2 + Al_2O_3 + m\text{H}_2\text{O} \Longrightarrow y\text{CaO} \cdot Al_2O_3 \cdot n\text{H}_2\text{O} \tag{2-2}$$

石膏作为激发剂,进一步与水化铝酸钙发生化合反应,从而生成水化硫铝酸钙。其他混合材料还包括慢冷矿渣、磨细石英砂、黏土、磨细石灰石粉及高硅质炉灰等。

2. 硅酸盐水泥的生产工艺

硅酸盐水泥的生产可以概括为"两磨一烧",即石灰质原料和黏土质原料经加工粉碎机粉碎后,再按一定比例混合磨细并调配均匀,制成生料(磨生料);生料在水泥窑中经过高温煅烧发生反应生成以硅酸钙为主要矿物的混合材料,即水泥熟料(生料煅烧熟料);熟料、混合材料、石膏混合均匀后磨细得到水泥成品(磨熟料)。其生产工艺流程如图 2-1 所示。

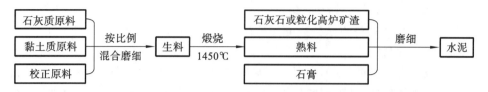

图 2-1 硅酸盐水泥的生产工艺流程示意图

3. 硅酸盐水泥熟料的矿物组成及特性

硅酸盐水泥熟料是生料在高温煅烧时形成的,简称为熟料。石灰质原料和黏土质原料在高温下发生分解反应,生成 CaO、Al_2O_3、SiO_2 和少量 Fe_2O_3,这些氧化物在熟料中相互结合,生产四种主要矿物和少量杂质。四种主要矿物是:硅酸三钙($3CaO \cdot SiO_2$)、硅酸二钙($2CaO \cdot SiO_2$)、铝酸三钙($3CaO \cdot Al_2O_3$)、铁铝酸四钙($4CaO \cdot Al_2O_3 \cdot Fe_2O_3$)。水泥在水化过程中,四种主要矿物表现出不同的反应特性,如表 2-3 所示。

表 2-3 硅酸盐水泥熟料矿物组成特性

特性	硅酸三钙 (简式 C_3S)	硅酸二钙 (简式 C_2S)	铝酸三钙 (简式 C_3A)	铁铝酸四钙 (简式 C_4AF)
与水反应速度	快	慢	最快	适中
水化热	高	低	最高	适中
强度	高	前低后高	低	适中
耐腐蚀性	中	良	差	优
抗干缩变形能力	中	良	差	优

水泥由多种矿物成分组成,不同的矿物组成有不同的特性,改变生料配料及各种矿物组成的含量比例,可以生产出各种性能的水泥。如提高硅酸三钙含量,可制得快硬高强水泥;降低硅酸三钙和铝酸三钙含量并提高硅酸二钙含量,可制得低热水泥;提高铁铝酸四钙含量并降低铝酸三钙含量,可制得道路水泥。

2.1.4 硅酸盐水泥的凝结硬化

硅酸盐水泥加水拌和后,水泥颗粒分散在水中形成水泥浆,并与水发生水化反应,最初形成具有可塑性的浆体,随着水化反应的进行,水泥浆体逐渐变稠失去可塑性而成为水泥石的过程称为水泥的"凝结"。随后凝结了的水泥石开始产生强度,并逐渐发展成为坚硬的水泥石的过程称为"硬化"。实际上,水泥的水化、凝结与硬化过程是一个连续的过程,水化、凝结过程较短暂,一般几小时或十几小时即可完成,硬化过程是一个长期的过程,在一定温度与湿度的条件下可持续几十年之久。

1. 水泥的水化反应

水泥加水后,熟料矿物开始与水发生水化反应,生成水化产物,并放出一定的热量,其反应式如下:

$$2(3CaO \cdot SiO_2) + 6H_2O \Longrightarrow 3CaO \cdot 2SiO_2 \cdot 3H_2O + 3Ca(OH)_2 \tag{2-3}$$

$$2(2CaO \cdot SiO_2) + 4H_2O \xlongequal{\hspace{1cm}} 3CaO \cdot 2SiO_2 \cdot 3H_2O + Ca(OH)_2 \qquad (2\text{-}4)$$

$$3CaO \cdot Al_2O_3 + 6H_2O \xlongequal{\hspace{1cm}} 3CaO \cdot Al_2O_3 \cdot 6H_2O \qquad (2\text{-}5)$$

$$4CaO \cdot Al_2O_3 \cdot Fe_2O_3 + 7H_2O \xlongequal{\hspace{1cm}} 3CaO \cdot Al_2O_3 \cdot 6H_2O + CaO \cdot Fe_2O_3 \cdot H_2O$$

$$(2\text{-}6)$$

在上述反应中,由于铝酸三钙与水反应非常快,使水泥凝结过快,给工程施工带来极大的不便。为了调节水泥的凝结时间,在水泥生产中加入适量石膏作缓凝剂,其机理可解释为:铝酸三钙与水反应生成水化铝酸三钙后,石膏即与水化铝酸三钙反应生成难溶的水化硫铝酸钙晶体(俗称钙矾石)。同时,水化硫铝酸钙晶体覆盖在水泥颗粒表面,在一定程度上阻止了水泥颗粒与水的接触,降低了水泥的水化速度,使水泥的凝结时间得以延缓。其反应式如下:

$$3CaO \cdot Al_2O_3 \cdot 6H_2O + 3(CaSO_4 \cdot 2H_2O) + 19H_2O \xlongequal{\hspace{1cm}}$$
$$3CaO \cdot Al_2O_3 \cdot 3CaSO_4 \cdot 31H_2O \qquad (2\text{-}7)$$

但如果石膏掺量过多,水泥凝结后若仍有一部分石膏与水化铝酸钙继续水化生成钙矾石,则会使水泥体积膨胀、强度降低,严重时还会导致水泥体积安定性不良。因此要严格控制石膏掺量。

综上所述,硅酸盐水泥熟料矿物与水反应后,生成的主要水化产物有水化硅酸钙凝胶、氢氧化钙、水化铁酸钙凝胶、水化铝酸钙和水化硫铝酸钙晶体。

2. 水泥的凝结与硬化

水泥的凝结、硬化是个非常复杂的过程,历史上有过多种关于水泥凝结与硬化的理论。到目前为止,可以认为水泥的凝结、硬化过程分为四个阶段,即初始反应期、潜伏期、凝结期和硬化期。水泥凝结、硬化过程示意图如图 2-2 所示。

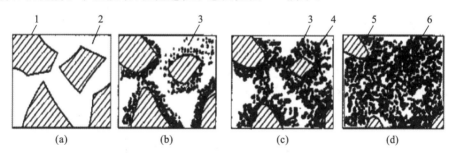

图 2-2　水泥凝结、硬化过程示意图

(a)分散在水中未水化的水泥颗粒;(b)在水泥颗粒表面形成水化物膜层;
(c)膜层长大并相互连接(凝结);(d)水化物进一步发展,填充毛细孔(硬化)
1—水泥颗粒;2—水分;3—凝胶;4—晶体;5—水泥颗粒的未水化内核;6—毛细孔

水泥的凝结、硬化是一个由表及里,由快到慢的过程,较粗颗粒的内部很难完全水化。因此,硬化后水泥石是由晶体、凝胶体、未完全水化的水泥颗粒、游离水及气孔等组成的不匀质结构体。

3. 影响水泥凝结、硬化的主要因素

水泥的凝结、硬化过程,也就是水泥强度发展的过程。影响水泥凝结、硬化的因素如下。

①矿物组成。矿物组成是影响水泥凝结硬化的主要内因。不同的熟料矿物成分单独与水作用时,水化反应的速度、强度的增长、水化放热是不同的。因此改变水泥的矿物组成,其凝结硬化将产生明显的变化。

②水泥的细度。在同等条件下,水泥细度越细,与水接触的表面积越大,水化反应产物增长越快,水化热越多,凝结硬化速度越快。一般认为,水泥颗粒小于 40 μm 时,才有较高的活性,大于 100 μm 活性就很小了,但水泥颗粒过细,在生产过程中消耗的能量越多,机械损耗也越大,生产成本增加,且水泥在硬化时收缩也增大,因而水泥的细度应适中。

③石膏掺量。石膏掺入水泥中的目的是延缓水泥的凝结、硬化速度,其缓凝原理如前所述。石膏的掺量必须严格控制。石膏掺量一般为水泥质量的 3%～5%。

④水灰比。拌和水泥浆时,水与水泥的质量比称为水灰比。拌和水泥浆时,为使浆体具有一定的可塑性和流动性,加入的水量通常要大大超过水泥充分水化时所需用水量,多余的水在硬化的水泥石内形成毛细孔。因此拌和水越多,水泥石中的毛细孔就越多,水灰比为 0.4 时,完全水化后水泥石的总孔隙率约为 30%;水灰比为 0.7 时,水泥石的孔隙率约为 50%。而水泥石的强度随其孔隙率增加呈线性下降趋势。因此,在熟料矿物组成大致相近的情况下,水灰比的大小是影响水泥石强度的主要因素。

⑤环境的温度和湿度。温度对水泥的凝结、硬化影响很大,温度越高,水泥凝结、硬化速度越快,水泥强度增长也越快。而当温度低于 0 ℃时,强度不仅不增长,而且还会因水的结冰而导致水泥石的破坏。水泥的凝结、硬化实质上是水泥的水化过程,湿度是保证水泥水化的一个必备条件。在工程中,保持环境一定的温、湿度,使水泥石强度不断增长的措施称为养护,水泥混凝土在浇筑后的一段时间里应十分注意养护的温、湿度。

⑥养护龄期。水泥水化和养护的时间称为水泥的养护龄期。水泥的凝结、硬化是随龄期的增长而渐进的。在适宜的温、湿度环境中,水泥的强度增长可持续若干年。在水泥和水作用的最初几天龄期内强度增长最为迅速,如水化 7 d 的强度可达到 28 d 强度的 70% 左右;28 d 以后的强度增长明显减缓。影响水泥凝结、硬化的因素除上述主要因素之外,还与水泥的受潮程度及所掺外加剂种类等因素有关。

任务 2.2 水泥的性质和应用

任 务 描 述

1. 查阅《通用硅酸盐水泥》标准,通用硅酸盐水泥的技术要求是什么?

2. 对某地上多层建筑,请根据工程特点选择所用的水泥品种,并说出选择的依据和理由。

3. 请选择 C60 高强混凝土所用水泥品种。

2.2.1 通用硅酸盐水泥的技术要求

1. 化学要求

通用硅酸盐水泥的各项化学指标应符合表 2-4 规定。

表 2-4 水泥中各项化学指标

品种	代号	不溶物 （质量分数） /(%)	烧失量 （质量分数） /(%)	三氧化硫 （质量分数） /(%)	氧化镁 （质量分数） /(%)	氯离子 （质量分数） /(%)
硅酸盐水泥	P·Ⅰ	≤0.75	≤3.0	≤3.5	≤6.0	≤0.10ᵃ
	P·Ⅱ	≤1.50	≤3.5			
普通硅酸盐水泥	P·O	—	≤5.0			
矿渣硅酸盐水泥	P·S·A	—	—	≤4.0	≤6.0	
	P·S·B	—	—		—	
火山灰质硅酸盐水泥	P·P	—	—	≤3.5	≤6.0	
粉煤灰硅酸盐水泥	P·F	—	—			
复合硅酸盐水泥	P·C	—	—			

ᵃ 当有更低要求时，由买卖双方协商确定。

2. 物理要求

（1）凝结时间。

水泥的凝结时间分为初凝时间和终凝时间。初凝时间是从水泥开始加水至水泥浆开始失去可塑性所需的时间；终凝时间是从水泥开始加水至水泥浆完全失去可塑性所需的的时间。水泥终凝后，开始产生强度。水泥凝结时间的规定与工程施工是密切相关的，水泥初凝时间过早，将导致工程施工中没有足够的时间进行施工操作，如混凝土或砂浆的搅拌、运输、浇捣和砌筑等。终凝时间过迟，将影响到模板的周转和下一道工序的进行，最终影响施工工期。凝结时间的测定方法见水泥试验的相关内容。

国家标准规定：硅酸盐水泥初凝不小于 45 min，终凝不大于 390 min(6.5 h)。普通硅酸盐水泥、矿渣硅酸盐水泥、火山灰质硅酸盐水泥、粉煤灰硅酸盐水泥和复合硅酸盐水泥初凝不小于 45 min，终凝不大于 600 min(10 h)。

（2）体积安定性。

水泥体积安定性是指水泥浆体硬化后体积变化的均匀性。安定性不良的水泥在硬化过程中体积产生不均匀变化，导致已硬化的水泥石产生膨胀开裂、翘曲、隆起等破坏，最终导致整个结构的崩溃，引起严重的工程事故。

水泥安定性不良的主要因素是水泥熟料中含有过多的游离氧化钙(f-CaO)和游离氧化镁(f-MgO)或石膏掺量过多。

熟料中存在的游离氧化钙、游离氧化镁都是在水泥高温煅烧时形成的,属于过火石灰,其表面被一层致密的釉状物包裹,在水泥水化时,几乎不与水反应,水泥硬化后才缓慢与水发生反应,且生成产物使已硬化的水泥石体积膨胀,导致开裂。

石膏在水泥中有缓凝作用,但掺量过多时,水泥硬化前石膏没有消耗完,水泥硬化后,残余石膏与固态水化铝酸钙反应生成高硫型水化硫铝酸钙,导致水泥石体积膨胀,从而开裂。其反应式如下:

$$3(CaSO_4 \cdot 2H_2O) + 3CaO \cdot Al_2O_3 \cdot 6H_2O + 19H_2O =\!=\!=\!=$$
$$3CaO \cdot Al_2O_3 \cdot 3CaSO_4 \cdot 31H_2O \tag{2-8}$$

标准规定,水泥的安定性包括沸煮安定性和压蒸安定性。其检测方法见水泥试验相关内容。

(3)强度。

水泥的强度是表征水泥力学性能的重要指标,也是划分水泥强度等级的重要依据。我国采用《水泥胶砂强度检验方法(ISO 法)》(GB/T 17671—2021)的规定进行水泥强度与强度等级的测定。试体由一份水泥,三份标准砂,水灰比为 0.50 的塑性胶砂制成。用标准方法制成 40 mm×40 mm×160 mm 的标准试件,在标准养护条件下养护,测定其达到规定龄期(3 d、28 d)的抗折强度和抗压强度,即为水泥的胶砂强度。

通用硅酸盐水泥按照 3 d、28 d 的抗压强度、抗折强度划分水泥的强度等级。

标准规定:硅酸盐水泥的强度等级划分为 42.5,42.5R,52.5,52.5R,62.5,62.5R。其中 R 型水泥为早强型,其 3 d 强度较同强度等级水泥高,为工程施工提供方便。

普通硅酸盐水泥分为 42.5、42.5R、52.5、52.5R、62.5、62.5R 六个等级。矿渣硅酸盐水泥、火山灰质硅酸盐水泥和粉煤灰硅酸盐水泥分为 32.5、32.5R、42.5、42.5R、52.5、52.5R 六个等级。复合硅酸盐水泥分为 42.5、42.5R、52.5、52.5R 四个等级。各等级、各龄期的强度应符合表 2-5 的规定。

表 2-5 通用硅酸盐水泥各等级、各龄期的强度要求

强度等级	抗压强度/MPa		抗折强度/MPa	
	3 d	28 d	3 d	28 d
32.5	≥12.0	≥32.5	≥3.0	≥6.0
32.5R	≥17.0		≥4.0	
42.5	≥17.0	≥42.5	≥4.0	≥6.5
42.5R	≥22.0		≥4.5	
52.5	≥22.0	≥52.5	≥4.5	≥7.0
52.5R	≥27.0		≥5.0	
62.5	≥27.0	≥62.5	≥5.0	≥8.0
62.5R	≥32.0		≥5.5	

（4）细度。

细度指水泥颗粒的粗细程度,它是影响水泥性能的重要指标。水泥细度应适当。

水泥细度的评定可采用筛析法和比表面积法。筛析法是用方孔边长为 45 μm 的标准筛对水泥试样进行筛析试验,用筛余百分数表示;比表面积是指单位质量的水泥粉末(1 kg 水泥)所具有的总表面积,以 m²/kg 表示。

《通用硅酸盐水泥》(GB 175—2007)规定:硅酸盐水泥和普通硅酸盐水泥以比表面积表示,不小于 300 m²/kg。按 GB/T 8074 进行试验。矿渣硅酸盐水泥、火山灰质硅酸盐水泥、粉煤灰硅酸盐水泥和复合硅酸盐水泥以筛余表示,80 μm 方孔筛筛余不大于 10% 或 45 μm 方孔筛筛余不大于 30%。按 GB/T 1345 进行试验。

（5）水化热。

水泥与水发生水化反应所放出的热量称为水化热,通常用 J/kg 表示。水化热的大小主要与水泥的细度及矿物组成有关。颗粒愈细,水化热愈大;矿物中 C_3S,C_3A 含量愈大,水化放热愈高。大部分的水化热集中在早期 3～7 d 放出,以后逐步减少。

水化热在混凝土工程中,既有有利的影响,也有不利的影响。高水化热的水泥在大体积混凝土工程(如大坝、大型基础、桥墩等)中是非常不利的。水泥水化释放的热量积聚在混凝土内部散发非常缓慢,混凝土表面与内部因温差过大而导致温差应力,致使混凝土受拉而开裂破坏,因此在大体积混凝土工程中,应选择低热水泥。但在混凝土冬期施工时,水化热却有利于水泥的凝结、硬化和防止混凝土受冻。

2.2.2 通用硅酸盐水泥的特性和选用

1. 硅酸盐水泥的特性与应用

（1）凝结时间短、快硬、早强、高强。

硅酸盐水泥不掺加或者掺加很少量的混合材料,遇水后熟料矿物水化速度快,使水泥快硬、早强、高强,因此适用于有早强要求的工程、高强混凝土工程和先张预应力混凝土制品和道路工程。

（2）水化放热集中、水化热大。

硅酸盐水泥水化速度快,水化反应放出的热量集中(主要为硅酸三钙与铝酸三钙),可使混凝土内部温度升高,有利于水化反应的进行,特别适合冬期施工,可避免冻害,可用于低温下施工的工程和一般受热(<250 ℃)的工程。不适用于大体积混凝土工程。

（3）抗冻性好。

硅酸盐水泥拌和物不易发生泌水现象,硬化后的水泥石较密实,孔隙率小,吸水率低,所以抗冻性好。适用于高寒地区的混凝土工程。

（4）碱度高,抗碳化能力强。

碳化是指水泥石中的氢氧化钙与空气中的二氧化碳反应生成碳酸钙的过程。在这一反应中,混凝土中的氢氧化钙随着反应的进行逐渐被消耗,钢筋逐渐失去氢氧化钙的碱性保护而锈蚀,致使混凝土构件破坏。其主要原因为钢筋混凝土中的钢筋如处于碱性环境中,在其表面会形成一层钝化膜,保护钢筋不被锈蚀。

硅酸盐水泥密实度高且水化反应生成氢氧化钙含量高,故其碱性高,抗碳化能力强,特别适用于重要的钢筋混凝土结构、预应力混凝土工程以及二氧化碳浓度高的环境。

（5）耐磨性好。

硅酸盐水泥硬化后的水泥石致密坚硬,强度高,耐磨性好,适用于道路等对耐磨性要求高的工程。

（6）耐热性差。

硅酸盐水泥硬化产物在环境温度升高到 300 ℃ 左右时,开始脱水,体积收缩,当环境温度达到 700 ℃ 以上时,强度降低更多,甚至完全破坏,所以硅酸盐水泥不宜用于耐热混凝土工程,一般也不适用于大体积混凝土和地下工程。

（7）抗腐蚀性差,尤其抗硫酸盐侵蚀能力较差。

硅酸盐水泥水化产物中有较多的氢氧化钙和水化铝酸钙,故其耐软水及耐化学腐蚀能力差,不适用于有化学侵蚀的工程。

2. 普通硅酸盐水泥的特性与应用

普通硅酸盐水泥中绝大部分仍为硅酸盐水泥熟料,由于掺加的混合材料较少,其性质与硅酸盐水泥比较相近,主要表现为:早期强度较硅酸盐水泥略低;水化热较硅酸盐水泥略低;抗冻性、抗碳化能力略有降低;耐腐蚀性略有提高;耐热性稍好;耐磨性略有降低。

在应用方面,普通硅酸盐水泥与硅酸盐水泥基本相同,甚至在一些不能用硅酸盐水泥的地方也可采用普通硅酸盐水泥,使得普通水泥成为建筑行业广泛使用的材料。

3. 矿渣硅酸盐水泥、火山灰质硅酸盐水泥、粉煤灰硅酸盐水泥的特性与应用

矿渣硅酸盐水泥、火山灰质硅酸盐水泥及粉煤灰硅酸盐水泥都是在硅酸盐水泥熟料的基础上加入了大量活性混合材料,因而在性质上存在很多共性。三种水泥与硅酸盐水泥相比,共同特性为:凝结硬化较慢,早期强度较低,后期强度增长较快;水化热较低,放热速度慢;耐软水及耐化学腐蚀性能好;适合蒸汽养护;抗冻性、耐磨性及抗碳化性能较差。

三种水泥的特性如下。

矿渣硅酸盐水泥的抗渗性较差,但耐热性好,可用于无特殊要求的一般结构工程,适用于地下、水利和大体积等混凝土工程,在一般受热工程（<250 ℃）和蒸汽养护构件中可优先采用矿渣硅酸盐水泥,不宜用于需要早期强度高和受冻融循环、干湿交替的工程中。

火山灰质硅酸盐水泥具有抗硫酸盐侵蚀能力较强、保水性好和水化热低的优点,也具有需水量大、低温凝结慢、干缩性大、抗冻性差的缺点。火山灰混合材料含有大量的微细孔隙,使其具有良好的保水性,并且在水化过程中形成大量的水化硅酸钙凝胶,使火山灰质硅酸盐水泥的水泥石结构密实,从而具有较高的抗渗性。但火山灰质硅酸盐水泥干缩较大,由于其水化产物中含有大量胶体,长期处于干燥环境时,胶体会脱水产生严重的收缩,导致干缩裂缝,并且在水泥石的表面产生"起粉"现象。因此火山灰质硅酸盐水泥不宜用于长期处于干燥环境中或水位变化区的混凝土工程。

粉煤灰硅酸盐水泥具有与火山灰质硅酸盐水泥相近的性能,相比火山灰质硅酸盐水泥,其具有需水量小、干缩性小的特点。粉煤灰呈球形颗粒,比表面积小,吸附水的能力小,与其他掺混合材料的水泥相比,标准稠度需水量较小。因而这种水泥的干缩性小,抗裂性高。但致密的球形颗粒保水性差,易泌水。粉煤灰由于表面积小,不易水化,所以活性主要在后期发挥。

火山灰质硅酸盐水泥和粉煤灰硅酸盐水泥可用于一般无特殊要求的结构工程,适用于地下、水利、大体积等混凝土工程及地下和海港工程。不宜用于冻融循环、干湿交替的工程。

4. 复合硅酸盐水泥的性能特点和应用

复合硅酸盐水泥除了具有矿渣硅酸盐水泥、火山灰质硅酸盐水泥、粉煤灰硅酸盐水泥所具有的水化热低、耐蚀性好、韧性好的优点,能通过混合材料的复掺优化水泥的性能,如改善保水性、降低需水性、减少干燥收缩、平衡早期和后期强度发展。

复合硅酸盐水泥可用于无特殊要求的一般结构工程,适用于地下、水利和大体积等混凝土工程,特别是有化学侵蚀的工程,不宜用于需要早期强度高和受冻融循环、干湿交替的工程中。

2.2.3 通用硅酸盐水泥的选用

通用硅酸盐水泥根据混凝土工程特点和环境条件,参考表 2-6 进行选用。

表 2-6 通用硅酸盐水泥的选用

	混凝土工程特点或所处环境	优先选用	可以使用	不得使用
环境条件	在普通气候环境中	普通水泥	矿渣水泥、火山灰水泥、粉煤灰水泥	
	在干燥环境中	普通水泥	矿渣水泥	火山灰水泥、粉煤灰水泥
	在高湿度环境中或在水下	矿渣水泥	普通水泥、火山灰水泥、粉煤灰水泥	
	在严寒地区的露天环境、寒冷地区的处于水位升降变化范围内的混凝土	普通水泥	矿渣水泥	火山灰水泥、粉煤灰水泥
	在严寒地区处于水位升降变化范围内的混凝土	普通水泥		火山灰水泥、粉煤灰水泥、矿渣水泥
	受侵蚀性环境水或侵蚀性气体作用的混凝土	根据侵蚀性介质的种类、浓度等具体条件按专门规定选用		

混凝土工程特点或所处环境		优先选用	可以使用	不得使用
工程特点	厚大体积的混凝土	粉煤灰水泥、矿渣水泥	普通水泥、火山灰水泥	硅酸盐水泥、快硬硅酸盐水泥
	要求快硬的混凝土	硅酸盐水泥、快硬硅酸盐水泥	普通水泥	矿渣水泥、火山灰水泥、粉煤灰水泥
	高强混凝土	硅酸盐水泥	普通水泥、矿渣水泥	火山灰水泥、粉煤灰水泥
	有抗渗性要求的混凝土	普通水泥、火山灰水泥		矿渣水泥
	有耐磨性要求的混凝土	硅酸盐水泥、普通水泥		

注:蒸汽养护时用的水泥品种,应根据具体条件,通过试验确定。

任务2.3　水泥的进场和质量检验

任务描述

1. 掌握《通用硅酸盐水泥》(GB 175—2007)在水泥分类、组分与材料、强度等级、技术要求、试验方法、检验规则和包装、标志、运输与贮存等方面的应用。

2. 掌握对水泥进行检验检测的规定和见证取样和送检制度,并能对"用于拌制混凝土和砌筑砂浆的水泥"进行见证取样和送检;熟练填写水泥见证取样试验委托单。

3. 根据标准,熟悉水泥见证取样的必须检验项目;掌握水泥试验仪器的使用方法。

4. 岗位业务训练:能够填写水泥试验委托单、水泥试验原始记录、水泥试验报告并判断该批水泥样本是否合格。

2.3.1　水泥细度试验

1. 试验目的和依据

试验目的:水泥的细度对水泥的凝结时间与强度都有重要影响,通过筛析法或比表面积法测定水泥的细度,为判定水泥质量提供依据。

试验依据:《水泥细度检验方法 筛析法》(GB/T 1345—2005)和《水泥比表面积测定方

法 勃氏法》(GB/T 8074—2008)。

2. 试验原理

筛析法是用 45 μm 方孔筛或 80 μm 方孔筛对水泥试样进行筛分析试验,用筛余百分数(%)来表示水泥样品的细度。比表面积法是根据一定量的空气通过具有一定空隙率和固定厚度的水泥层时所受阻力不同而引起流速的变化来测定水泥的比表面积。

3. 筛析法主要仪器设备(注:比表面积法请查阅相关标准)

(1) 试验筛:由圆形筛框和筛网组成,分为负压筛、水筛和手工筛三种。以下介绍的内容为筛析法,并以负压筛为例。

(2) 负压筛析仪和负压筛:如图 2-3 和图 2-4 所示。

(3) 天平:最小分度值不大于 0.01 g。

图 2-3 负压筛析仪示意图

图 2-4 负压筛示意图

4. 试验步骤

(1) 试验准备。

试验前所用试验筛应保持清洁,负压筛应保持干燥。试验时,80 μm 筛析试验称取试样 25 g,45 μm 筛析试验称取试样 10 g。

(2) 负压筛析法。

筛析试验前,应把负压筛放在筛座上,盖上筛盖,接通电源,检查控制系统,调节负压至 4000 ～6000 Pa。称取水泥试样,精确至 0.01 g,置于洁净的负压筛中,放在筛座上,盖上筛盖,开动筛析仪连续筛析 2 min,在此期间如有试样附着在筛盖上,可轻轻敲击筛盖使试样落下。筛毕,用天平称量筛余物的质量。当工作负压小于 4000 Pa 时,应清理吸尘器内水泥,使负压恢复正常。

5. 结果评定

(1) 水泥试样筛余百分数按式(2-9)计算(结果精确至 0.1%)

$$F = R_0/W \times 100\%$$ (2-9)

式中:F——水泥试样的筛余百分数,采用质量分数(%);

R_0——水泥筛余物的质量(g);

W——水泥试样的质量(g)。

（2）筛余结果修正,试验筛的筛网会在试验中磨损,因此筛析结果应进行修正。

（3）合格评定时,每个样品应称取两个试样分别筛析,取筛余平均值为筛析结果。若两次筛余结果绝对误差大于0.5%(筛余值大于5.0%时,可放宽至1.0%),应再做一次试验,取两次相近结果的算术平均值作为最终结果。

（4）负压筛析法、水筛法与手工筛析法测定的结果发生争议时,以负压筛析法为准。

2.3.2 水泥标准稠度用水量、凝结时间和安定性试验

依据标准:《水泥标准稠度用水量、凝结时间、安定性检验方法》(GB/T 1346—2011)。

试验要求:试验用水必须是洁净的饮用水,如有争议应以蒸馏水为准。试验室工作时温度为(20±2)℃,相对湿度应不低于50%;标准养护箱的温度为(20±1)℃,相对湿度应不低于90%,试件养护池水温度应在(20±1)℃范围内。水泥试样、标准砂、拌和用水、仪器和用具的温度应与试验室温度一致。

1. 标准稠度用水量试验(标准法)

水泥的标准稠度用水量,是指水泥净浆达到标准稠度时的用水量,以水占水泥质量的百分数表示。

（1）试验目的:测定水泥净浆达到标准稠度时的用水量,为测定水泥的凝结时间和安定性提供依据。

（2）试验原理:水泥标准稠度净浆对标准试杆(或试锥)的沉入具有一定的阻力,通过试验不同含水量的水泥净浆对试杆的阻力不同,以确定达到水泥标准稠度时所需加入的水量。

（3）主要仪器设备:水泥净浆搅拌机、天平、量水器和标准法维卡仪(图2-5)。

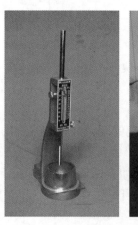

图 2-5 测定水泥标准稠度和凝结时间用的标准法维卡仪

（4）试验步骤。

①试验前必须做到维卡仪的金属棒能自由滑动;调整至试杆接触玻璃板时指针应对准零点;净浆搅拌机能正常运行。

②拌制水泥净浆。用净浆搅拌机搅拌水泥净浆,搅拌锅和搅拌叶片先用湿布擦拭,将拌和水倒入搅拌锅内,然后在5~10 s内小心将称好的500 g水泥加入水中,注意防止水

和水泥溅出;拌和时,先将锅放在搅拌机的锅座上,升至搅拌位置,启动搅拌机,低速搅拌120 s,停15 s,同时将叶片和锅壁上的水泥浆刮入锅中,接着高速搅拌120 s后停机。

③拌和结束后,立即取适量水泥净浆将其一次性装入已置于玻璃底板上的试模中,浆体超过试模上端时,用宽约25 mm的直边刀轻轻拍打超出试模部分的浆体5次,以减少浆体中的孔隙,然后在试模上表面约1/3处,略倾斜于试模分别向外轻轻锯掉多余的净浆;再从试模边沿轻抹顶部一次,使净浆表面光滑。在锯掉多余净浆的操作过程中,注意不要压实净浆;抹平后迅速将试模和底板移到维卡仪上,并将其中心定在试杆下,降低试杆直至与水泥净浆表面接触,拧紧螺丝1～2 s后,突然放松,使试杆垂直自由地沉入水泥净浆中。在试杆停止沉入或释放试杆30 s时记录试杆距底板之间的距离,升起试杆后,立即擦净;整个操作应在搅拌后1.5 min内完成。

(5)结果评定。

以试杆沉入净浆并距底板(6±1) mm的水泥净浆为标准稠度净浆,其拌和水量为该水泥的标准稠度用水量(P),按水泥质量的百分比计。如测试结果不能达到标准稠度,应增减用水量,并重复以上步骤,直至达到标准稠度为止。

2. 凝结时间试验

(1)试验目的:水泥的凝结时间对工程施工具有重要意义,通过试验测定水泥的凝结时间,并确定其能否用于工程中。

(2)试验原理:凝结时间以试针沉入水泥标准稠度净浆至一定深度所需的时间表示。

(3)主要仪器设备。

①水泥净浆搅拌机、试模、量水器和天平等仪器同标准稠度用水量的要求。

②标准法维卡仪:如图2-6所示,测定凝结时间时取下试杆,用试针代替试杆。试针由钢制成的圆柱体,其有效长度初凝针为(50±1) mm、终凝针为(30±1) mm,直径为(1.13±0.05) mm。滑动部分的总质量为(300±1) g。与试杆、试针连接的滑动杆表面应光滑,能靠重力自由下落,不得有紧涩和旷动现象。

图 2-6　标准法维卡仪及水泥凝结时间测定示意图

(4)试验步骤。

①测定前准备工作:调整凝结时间测定仪的试针接触玻璃板时,指针对准零点。

②试件的制备:以标准稠度用水量制成标准稠度水泥净浆,一次装满试模,振动数次

刮平,立即放入标准养护箱中。记录水泥全部加入水中的时间为凝结的起始时间。

③初凝时间的测定:试件在标准养护箱中养护至加水后 30 min 时进行第一次测定。测定时,从养护箱中取出试模放到试针下,降低试针与水泥净浆表面接触,拧紧螺钉 1~2 s后,突然放松,试针垂直自由地沉入水泥净浆。观察试针停止下沉或释放试杆 30 s 时指针的读数。当试针沉至距底板(4±1)mm 时,为水泥达到初凝状态;由水泥全部加入水中至初凝状态的时间为水泥的初凝时间,用"min"表示。

④终凝时间的测定:为了准确观测试针沉入状况,在终凝针上安装了一个环形附件。在完成初凝时间测定后,立即将试模连同浆体以平移方式从玻璃板取下,翻转 180°,直径大端向上,小端向下放在玻璃板上,再放入标准养护箱中继续养护,临近终凝时间时,每隔 15 min 测定一次,当试针沉入试体 0.5 mm 时,即环形附件开始不能在试体上留下痕迹时,为水泥达到终凝状态;由水泥全部加水至终凝状态的时间为水泥的终凝时间,用"min"表示。

⑤测定注意事项:在最初测定的操作时应轻轻扶持金属杆,使其徐徐下降,以防试针撞弯,但结果以自由下降为准;在整个测试过程中试针沉入的位置至少要距试模内壁 10 mm,临近初凝时,每隔 5 min 测定一次,临近终凝时每隔 15 min 测定一次,到达初凝或终凝时应立即重复测一次,当两次结论相同时才能定为到达初凝或终凝状态。每次测定不能让试针落入原针孔,每次测定完毕须将试针擦净并将试模放回标准养护箱内,整个测试过程要防止试模受振。具体操作过程见码 2-2 和码 2-3。

码 2-2　水泥凝结
时间测定视频

码 2-3　水泥初凝
时间测定视频

(5)结果评定。

由水泥全部加入水中,至试针沉至距底板(4±1 mm)时,所需时间为水泥的初凝时间,用"min"表示;至试针沉入试体 0.5 mm 时,所需时间为水泥的终凝时间,用"min"表示。

3. 安定性试验(标准法)

(1)试验目的:通过试验测定水泥的体积安定性,确定其能否用于工程中。

(2)试验原理:通过观测雷氏夹两个试针的相对位移,确定水泥标准稠度净浆体积膨胀的程度。

(3)主要仪器设备:水泥净浆搅拌机,沸煮箱,雷氏夹。雷氏夹由铜质材料制成,其结构如图 2-7 所示。当一根指针的根部先悬挂在一根金属丝或尼龙丝上,另一根指针的根部再挂上 300 g 质量的砝码时,两根指针针尖距离应增加(17.5±2.5) mm,即 $2x=(17.5±2.5)$ mm,如图 2-8 所示,去掉砝码后两根指针针尖的距离能恢复至挂砝码前的状态。

雷氏夹、雷氏夹膨胀值测定仪如图 2-9 和图 2-10 所示,标尺最小刻度为 0.5 mm。量水器和天平同凝结时间试验。

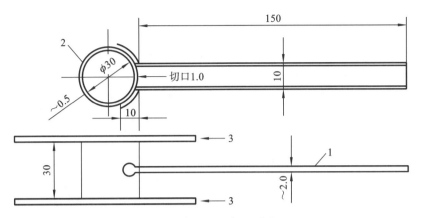

图 2-7　雷氏夹结构示意图(单位:mm)

1—指针;2—环模;3—玻璃板

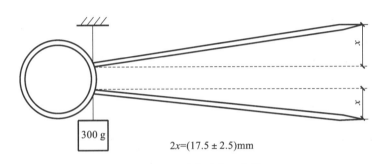

$$2x=(17.5 \pm 2.5)mm$$

图 2-8　雷氏夹受力示意图

图 2-9　雷氏夹

图 2-10　雷氏夹膨胀值测定仪

(4)试验步骤。

①测定前的准备工作:每个试样需成型两个试件,每个雷氏夹需配备质量 75~85 g 的玻璃板两块,凡与水泥净浆接触的玻璃板和雷氏夹内表面都要稍稍涂上一层油。

②雷氏夹试件的制备:将预先准备好的雷氏夹放在已稍涂油的玻璃板上,并立刻将已制备好的标准稠度净浆一次装满雷氏夹,装浆时一只手轻轻扶持雷氏夹,另一只手用宽约 10 mm 的小刀插捣数次,然后抹平,盖上稍涂油的玻璃板,接着立即将试模移至标准养护

箱内养护(24±2)h。

③沸煮时调整好沸煮箱内的水位，保证在整个沸煮过程中都超过试件，不需中途补充试验用水，同时又能保证在(30±5)min内水温升至沸腾。将养护好的试件脱去玻璃板，取下试件，先测量雷氏夹指针尖端之间的距离 A，精确至 0.5 mm，接着将试件放入沸煮箱水中的试件架上，指针朝上，然后在(30±5)min内加热至沸腾，并恒沸(180±5)min。沸煮结束后，立即放掉沸煮箱中的热水，打开箱盖，待箱体冷却至室温，取出试件进行判别。

(5)结果评定。

测量雷氏夹指针尖端之间的距离 C，精确至 0.5 mm，当两个试件煮后增加距离($C-A$)的平均值不大于 5.0 mm 时，即认为该水泥安定性合格；当两个试件的($C-A$)值相差超过 4.0 mm 时，应用同一样品立即重做一次试验。再如此，则认为该水泥为安定性不合格。

2.3.3 水泥胶砂强度试验

1. 试验目的和依据标准

试验目的：通过试验测定水泥的胶砂强度，评定水泥的强度等级或判定水泥的质量。

试验依据：《水泥胶砂强度检验方法(ISO法)》(GB/T 17671—2021)。

2. 试验原理

采用 40 mm×40 mm×160 mm 水泥胶砂棱柱体的抗压强度和抗折强度表示水泥的抗压强度和抗折强度。

3. 主要仪器设备

(1)试验筛：金属丝网试验筛应符合 GB/T 6003 的要求。

(2)行星式水泥胶砂搅拌机：应符合 JC/T 681 的要求，如图 2-11 所示。

图 2-11　行星式水泥胶砂搅拌机示意图

(3)试模：由三个水平的模槽组成，如图 2-12 所示。可同时成型三条截面为 40 mm×40 mm，长 160 mm 的棱柱形试体，其材质和制造尺寸应符合 JC/T 726 的要求。

当试模的任何一个公差超过规定的要求时，就应更换。在组装备用的干净模型时，应用黄油等密封材料涂覆模型的外接缝。试模的内表面应涂上一薄层模型油或机油。

成型操作时,应在试模上面加一个壁高 20 mm 的金属模套。当从上往下看时,模套壁与模型内壁应该重叠,超出内壁不应大于 1 mm。为了控制料层厚度和刮平胶砂,应备有两个播料器和一个金属刮平直尺。

图 2-12 水泥胶砂强度检验试模及成型示意图

(4)振实台:应符合 JC/T 682 的要求,如图 2-13 所示。

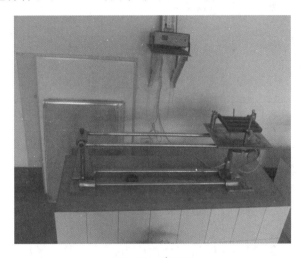

图 2-13 振实台

(5)抗折强度试验机:应符合 JC/T 724 的要求,如图 2-14 所示。

图 2-14 水泥抗折强度试验机

（6）抗压强度试验机及夹具:在较大的五分之四量程范围内使用时记录的荷载应有±1%精度,并具有按(2400±200) N/s速率加荷的能力。应有一个能指示试件破坏时荷载并把它保持到试验机卸荷以后的指示器,可以使用表盘里的峰值指针或显示器。夹具应符合 JC/T 683 的要求,受压截面为 40 mm×40 mm。抗压强度试验机及抗压夹具如图2-15 和图 2-16 所示,夹具要保持清洁,球座应能转动以使其上压板能从一开始就适应试体的形状并在试验中保持不变。

图 2-15　水泥抗压强度试验机

图 2-16　抗压夹具

4. 原材料要求

（1）中国 ISO 标准砂:由 SiO_2 含量不低于 98%、天然的圆形硅质砂组成,其颗粒分布在表 2-7 规定的范围内。

表 2-7　ISO 标准砂的颗粒分布

方孔筛孔径/mm	2.0	1.6	1.0	0.50	0.16	0.080
累计筛余/(%)	0	7±5	33±5	67±5	87±5	99±1

（2）水泥:当试验水泥从取样至试验要保持 24 h 以上时,应将其贮存在基本装满和气密的容器内,且此容器不得与水泥发生反应。

（3）水:仲裁检验或其他重要检验用蒸馏水,其他试验可用饮用水。

5. 试验步骤

（1）胶砂试体的制备:胶砂的质量配合比应为一份水泥、三份标准砂和半份水(水灰比为 0.50)。一锅胶砂成型三条试体。每锅材料需要量为水泥(450±2) g,中国 ISO 标准砂(1350±5) g,水(225±1) g。适用于硅酸盐水泥、普通硅酸盐水泥、矿渣硅酸盐水泥、火山灰质硅酸盐水泥、粉煤灰硅酸盐水泥、复合硅酸盐水泥。

（2）配料:水泥、标准砂、水和试验仪器及用具的温度应与试验室温度相同,称量用天平精度应为±1 g。当用自动滴管加 225 mL 水时,滴管精度应达到±1 mL。

（3）搅拌:每锅胶砂采用胶砂搅拌机进行机械搅拌。先使搅拌机处于待工作状态,然后按以下的程序进行操作:把水加入锅里,再加入水泥,把锅放在固定架上,上升至固定位置;然后立即开动机器,低速搅拌 30 s 后,在第二个 30 s 开始的同时均匀地将砂加入。当各级砂是分装时,从最粗粒级开始,依次将所需的每级砂量加完。把机器转至高速再拌30 s,然后停拌 90 s。在第一个 15 s 内用胶皮刮具将叶片和锅壁上的胶砂刮入锅中间,在高速下继续搅拌 60 s。各个搅拌阶段,时间误差应在±1 s 以内。

（4）成型。

①用振实台成型：胶砂制备后立即进行成型。将空试模和模套固定在振实台上，用一个适当的勺子直接从搅拌锅里将胶砂分两层装入试模，装第一层时，每个槽里约放 300 g 胶砂，用大播料器垂直架在模套顶部沿每个模槽来回一次将料层播平，接着振实 60 次。再装入第二层胶砂，用小播料器播平，再振实 60 次。移走模套，从振实台上取下试模，用金属直尺以近似 90°的角度架在试模模顶的一端，然后沿试模长度方向以横向锯割动作慢慢向另一端移动，一次将超过试模部分的胶砂刮去，并用同一直尺以近乎水平的情况将试体表面抹平。在试模上作标记或加字条标明试件编号和试件相对于振实台的位置。

②用振动台成型：振动台是替代振实台的仪器，具体要求参照相关标准执行。

（5）试体养护。

①脱模前的处理和养护。去掉留在试模四周的胶砂。立即将作好标记的试模放入雾室或湿气养护箱的水平架子上养护，湿气应能与试模各边接触。养护时不应移动试模。一直养护到规定的脱模时间取出脱模。脱模前，用防水墨汁或颜料笔对试体进行编号和作其他标记。两个龄期以上的试体，在编号时应将同一试模中的三条试体分在两个以上的龄期内。

②脱模。脱模应非常小心。可用塑料锤或橡皮榔头或专门的脱模器。对于 24 h 龄期的，应在破型试验前 20 min 脱模。对于 24 h 以上龄期的，应在成型后 20～24 h 脱模。已确定作为 24 h 龄期试验的已脱模试体，应用湿布覆盖至做试验时为止。

③水中养护。将做好标记的试体立即水平或竖直放在（20±1）℃水中养护，水平放置时刮平面应朝上。试体放在不易腐烂的篦子上，彼此间保持一定间距，以让水与试体的六个面接触。养护期间试体之间间隔或试体上表面的水深不得小于 5 mm。每个养护池只养护同类型的水泥试体，最初用自来水装满养护池，随后随时加水保持适当的恒定水位，不允许在养护期间全部换水。除 24 h 龄期或延迟至 48 h 脱模的试体外，任何到龄期的试体应在试验（破型）前 15 min 从水中取出。揩去试体表面沉积物，并用湿布覆盖至试验为止。强度试验试体的龄期：试体龄期从水泥加水搅拌开始算起。不同龄期强度试验在下列时间里进行：24 h±15 min；48 h±30 min；72 h±45 min；7 d±2 h；>28 d±8 h。水泥试体养护箱和养生槽如图 2-17 和图 2-18 所示。

图 2-17 水泥试体养护箱

图 2-18 水泥试体养生槽

（6）强度测定。

①用抗折强度试验机以中心加荷法测定抗折强度。将试体一个侧面放在试验机支撑圆柱上,试体长轴垂直于支撑圆柱,通过加荷圆柱以(50±10) N/s 的速率均匀地将荷载垂直地加在棱柱体相对侧面上,直至折断。分别记下三个试件的抗折破坏荷载 F。

②保持两个半截棱柱体处于潮湿状态直至抗压试验。抗压强度试验在半截棱柱体的侧面上进行。半截棱柱体试件中心与压力机压板受压中心差应在±0.5 mm 内,棱柱体露在压板外的部分约有 10 mm。在整个加荷过程中以(2400±200) N/s 的速率均匀地加荷直至破坏,分别记下抗压破坏荷载 F。

（7）结果评定。

①抗折强度。

a. 抗折强度 R_f 以兆帕(MPa)表示,按式(2-10)计算。

$$R_f = \frac{3F_f L}{2bh^2} \tag{2-10}$$

式中:R_f——抗折强度(MPa),精确至 0.1 MPa;

F_f——折断时施加于棱柱体中部的荷载(N);

L——支撑圆柱体之间的距离(mm),即 100 mm;

b, h——棱柱体截面正方形的长和宽(mm),b, h 均为 40 mm。

b. 以一组三个棱柱体抗折结果的平均值作为试验结果。当三个强度值中有一个超出平均值±10%时,应剔除后再取平均值作为抗折强度试验结果;当三个强度值中有两个超过平均值±10%时,则以剩余一个作为抗折强度试验结果。单个强度试验结果精确至 0.1 MPa,算术平均值精确至 0.1 MPa。

②抗压强度。

a. 抗压强度 R_c 以兆帕(MPa)表示,按式(2-11)计算。

$$R_c = \frac{F_c}{A} \tag{2-11}$$

式中:R_c——抗压强度(MPa),精确至 0.1 MPa;

F_c——试件破坏时的最大荷载(N);

A——受压部分面积(mm^2),即 40 mm×40 mm=1600 mm^2。

b. 以一组三个棱柱体得到的六个抗压强度测定值的算术平均值作为试验结果。如六个测定值中有一个超出六个平均值的±10%,剔除这个结果,再以剩下五个的平均值作为结果。如果五个测定值中再有超过它们平均值±10%的,则此组结果作废。单个强度试验结果精确至 0.1 MPa。

例如,某检测单位现测得所用普通硅酸盐水泥 42.5 等级标准试件 3 d 和 28 d 的抗折和抗压强度破坏荷载如表 2-8 所示。

表 2-8 某普通硅酸盐水泥标准试件的抗折和抗压强度破坏荷载测定值

抗折强度破坏荷载/kN		抗压强度破坏荷载/kN	
3 d	28 d	3 d	28 d
2.36	3.97	44.2	90.6
		40.3	97.3
2.51	4.12	44.5	98.2
		39.6	95.4
2.05	4.20	41.6	80.1
		46.8	96.6

2.3.4 通用硅酸盐水泥检验报告

1. 检验批

同一厂家、同一品种、同一强度等级、同一编号(散装每 500 t、袋装每 200 t)为一检验批。取样数量:每批抽样不少于 12 kg。

2. 依据标准

《通用硅酸盐水泥》(GB 175—2007)、《水泥标准稠度用水量、凝结时间、安定性检验方法》(GB/T 1346—2011)、《水泥胶砂强度检验方法(ISO 法)》(GB/T 17671—2021)等。

3. 水泥的包装、标志、运输与贮存

(1) 包装:水泥包装分为散装或袋装,袋装水泥每袋净含量为 50 kg,且应不少于标志质量的 99%;随机抽取 20 袋总质量(含包装袋)应不少于 1000 kg。

(2) 标志:水泥包装袋上应清楚标明执行标准、水泥品种、代号、强度等级、生产者名称、生产许可证标志(QS)及编号、出厂编号、包装日期、净含量。硅酸盐水泥和普通硅酸盐水泥包装袋两侧应采用红色印刷或喷涂水泥名称和强度等级。粉煤灰硅酸盐水泥、火山灰质硅酸盐水泥和复合硅酸盐水泥包装袋两侧应采用黑色或蓝色印刷或喷涂水泥名称和强度等级。散装发运时应提交与袋装标志相同内容的卡片。

(3) 运输与贮存:水泥在运输与贮存时不应受潮和混入杂物,不同品种和强度等级的水泥在贮运中应避免混杂。使用时应考虑先存先用,不可贮存过久。一般通用硅酸盐水泥存放不宜超过 3 个月,否则应重新测定强度等级,按实测强度使用。存放超过 6 个月的水泥必须经过检验后才能使用。

4. 检测项目

规定检测项目包括安定性、凝结时间、强度、细度等。

5. 通用硅酸盐水泥出厂检验的判定规则

《通用硅酸盐水泥》(GB 175—2007)规定:检验结果符合标准中规定的化学指标、凝结时间、安定性、强度要求的为合格品。检验结果不符合标准中规定的化学指标、凝结时间、安定性、强度要求的任何一项技术要求为不合格品。水泥试验报告举例见码 2-4。

【岗位业务训练表单】

水泥试验委托单

_____
(取送样见证人签章)　　　　　　　　　工程编号：_____

委托日期：_____ 年___ 月___ 日　　委托单位：_____

工程名称：_____　　　　施工单位：_____

使用部位：_____　　　　建设单位：_____

产地或厂名：_____　　　　见证单位：_____

品种及强度等级：_____　　　出厂日期：_____ 出厂合格证号：_____

进场数量：_____　　进场日期：_____　　经销单位：_____

样品状态：_____　　□符合　□不符合

检验项目标准：□强度 GB/T 17671—2021　□凝结时间、安定性 GB/T 1346—2011
（在序号上画√）□细度 GB/T 1345—2005　□保水率 GB/T 3183—2017
其他检验项目：□　　　　　　　□　　　　　　　□
执行标准：□GB 175—2007　　　□GB/T 3183—2017　　□

送样人：　　　电话：　　　收样人：　　　年　月　日

水泥试验原始记录

试验日期		进厂日期		试验编号	
生产厂家		水泥品种型号等级		出厂编号	
检验依据					
检验仪器设备					
环境条件			样品状态		
代表批量			留样日期编号		

标准稠度			凝结时间			
水用量/mL			P/（%）	加水时刻	h	min
下沉深度/mm				初凝时刻	h	min

试验日期		进厂日期				试验编号	

安定性	标准法 /mm	煮前距离	煮后距离	增加距离	平均值	初凝时间		min
						终凝时刻	h	min
	代用法	沸煮后试饼状态：				终凝时间		min
	结 论							

强度试验

成型日期				试件编号	
试压日期					
龄期	（ ）天		（ ）天		（ ）天

抗折强度	荷载/kN			
	强度/MPa			
	代表值/MPa			

抗压强度	荷重 /kN			
	强度 /MPa			
	代表值/MPa			

密度	m/g	V_1/mL	V_2/mL	ρ/(g/cm^3)	平均值 /(g/cm^3)

比表面积	m_s /g	ρ_s /(g/cm^3)	ε_s	T_s /s	S_s /(m^2/kg)	K	V /cm^3	m /g	ρ /(g/cm^3)	ε	T /s	S /(m^2/kg)	平均值 /(m^2/kg)

细度	样品质量/g	筛余质量/g	修正系数	筛余百分比/(%)	平均值/(%)

试验日期		进厂日期		试验编号	

结论：

负责人：　　　　　审核：　　　　　试验：

水泥试验报告

委托日期：＿＿＿年＿＿月＿＿日　　　试验编号：＿＿＿＿＿＿＿＿＿＿＿＿

发出日期：＿＿＿年＿＿月＿＿日　　　建设单位：＿＿＿＿＿＿＿＿＿＿＿＿

委托单位：＿＿＿＿＿＿＿＿＿＿＿＿　　工程名称：＿＿＿＿＿＿＿＿＿＿＿＿

使用部位：＿＿＿＿＿＿＿　　　　　水泥品种及强度等级：＿＿＿＿＿＿＿＿＿

产地或厂名：＿＿＿＿＿＿＿　销售单位：＿＿＿＿＿＿　出厂合格编号：＿＿＿＿＿＿

出厂日期：＿＿年＿＿月＿＿日　试验日期：＿＿年＿＿月＿＿日　进厂数量：＿＿（t）

一、细度 $80~\mu m$ 方孔筛筛余＿＿＿＿＿ ％或比表面积＿＿＿＿＿＿＿＿ m^2/kg

二、凝结时间：

初凝＿＿＿＿＿＿＿＿＿ min

终凝＿＿＿＿＿＿＿＿＿＿＿ min

三、安定性:用试饼法、雷氏法＿＿＿＿＿＿＿＿＿＿＿＿

送样人：＿＿＿＿＿＿＿＿＿　　　　监理工程师：＿＿＿＿＿＿＿＿＿

类别 ＼ 龄期	3 d			7 d			28 d			快测		
抗折强度 /MPa												
抗压强度 /MPa												

结论：

试验单位：　　　　　负责人：　　　　　审核：　　　　　试验：

续表

单位工程技术负责人意见：
签章：

注:用于钢筋混凝土结构、预应力混凝土结构中严禁使用含氯化物的水泥。

码 2-4 水泥试验
报告举例

任务 2.4　水泥的拓展

任 务 描 述

1.了解道路硅酸盐水泥、砌筑水泥、白色硅酸盐水泥、铝酸盐水泥的定义和代号、主要技术要求。

2.能够查阅道路硅酸盐水泥、砌筑水泥、白色硅酸盐水泥、铝酸盐水泥的相关标准。

2.4.1　专用水泥

专用水泥是指有专门用途的水泥,如道路硅酸盐水泥、砌筑水泥等。

1. 道路硅酸盐水泥(以下内容摘自《道路硅酸盐水泥》(GB/T 13693—2017))

(1)定义与代号。

由道路硅酸盐水泥熟料,适量石膏和混合材料,磨细制成的水硬性胶凝材料,称为道路硅酸盐水泥(简称道路水泥),代号为 P·R。

道路硅酸盐水泥中熟料和石膏(质量分数)为 90%～100%,活性混合材料(质量分数)为 0%～10%。道路硅酸盐水泥熟料中铝酸三钙的含量应不超过 5.0%,铁铝酸四钙的含量不应小于 15.0%,游离氧化钙的含量不应大于 1.0%。

(2)技术要求。

①化学性质:氧化镁含量、三氧化硫含量、烧失量、游离氧化钙含量、碱含量测定按 GB/T 176—2017 的有关规定进行。

②物理力学性质:细度,比表面积为 $300\sim450$ m²/kg;凝结时间,初凝不应小于 90 min,终凝不应大于 720 min;安定性用雷氏夹检验合格;干缩性,28 d 干缩率不得大于 0.10%;耐磨性,28 d 磨耗量不应大于 3.00 kg/m²;道路硅酸盐水泥的强度等级按照 28 d 抗折强度分为 7.5 和 8.5 两个等级。各等级 3 d 和 28 d 强度不得低于表 2-9 所规定数值。

表 2-9 道路水泥的等级与各龄期强度

强度等级	抗折强度/MPa		抗压强度/MPa	
	3 d	28 d	3 d	28 d
7.5	4.0	7.5	21.0	42.5
8.5	5.0	8.5	26.0	52.5

（3）合格品与不合格品。

检验结果符合化学成分(氧化镁、三氧化硫、烧失量、氯离子)、比表面积、凝结时间、沸煮法安定性、强度技术要求的,为合格品。有任何一项技术要求不符合的,为不合格品。

（4）特性与应用。

道路硅酸盐水泥具有早期强度高(尤其是抗折强度高)、耐磨性、抗冲击性、抗冻性好、干缩率小、抗碳酸盐腐蚀较强的特点,尤其适用于道路路面、机场跑道、城市广场等对耐磨、抗干缩性能要求较高的工程。

（5）运输与贮存。

水泥在运输与贮存时不得受潮和混入杂物,不同品种和等级水泥分别贮存,不得混杂。

2. 砌筑水泥(以下内容摘自《砌筑水泥》(GB/T 3183—2017))

（1）定义与代号。

由硅酸盐水泥熟料加入规定的混合材料和适量石膏,磨细制成的保水性较好的水硬性胶凝材料,称为砌筑水泥,代号为 M。水泥中混合材料掺加量按质量百分比计应大于 50%,允许掺入适量的石灰石或窑灰。石灰石中的 Al_2O_3 不得超过 2.5%。

（2）主要技术要求。

根据国家标准规定,砌筑水泥的主要技术要求如下。

三氧化硫含量、氯离子含量(质量分数)应符合相关规定;细度,80 μm 方孔筛筛余不大于 10.0%;凝结时间,初凝时间不小于 60 min,终凝时间不大于 120 min;用沸煮法检验安定性,必须合格;保水率应不小于 80%;砌筑水泥强度等级分为 12.5、22.5 和 32.5 三个等级,其强度要求不低于表 2-10 所示数值。

表 2-10 砌筑水泥的强度等级与各龄期强度

强度等级	抗压强度/MPa			抗折强度/MPa		
	3 d	7 d	28 d	3 d	7 d	28 d
12.5	—	≥7.0	≥12.5	—	≥1.5	≥3.0

强度等级	抗压强度/MPa			抗折强度/MPa		
	3 d	7 d	28 d	3 d	7 d	28 d
22.5	—	≥10.0	≥22.5	—	≥2.0	≥4.0
32.5	≥10.0	—	≥32.5	≥2.5	—	≥5.5

（3）特性与应用。

砌筑水泥具有强度较低，但和易性好的特点，因此主要用于砌筑和抹面砂浆、垫层混凝土等，不得用于结构混凝土。

（4）合格品与不合格品。

三氧化硫、氯离子、细度、凝结时间、沸煮法安定性、保水率和强度都符合标准规定的为合格品。凡上述指标中任一项不符合标准规定的为不合格品。

2.4.2　特性水泥

特性水泥是指某种性能比较突出的水泥，如白色硅酸盐水泥、铝酸盐水泥等。

1. 白色硅酸盐水泥（以下内容摘自《白色硅酸盐水泥》(GB/T 2015—2017)）

（1）定义、分级和代号。

由白色硅酸盐水泥熟料加入适量石膏及混合材料，磨细制成水硬性胶凝材料称为白色硅酸盐水泥（简称"白水泥"）。

白水泥的组分：白色硅酸盐水泥熟料和石膏占70%～100%，石灰岩、白云质灰岩和石英砂等天然矿物占0%～30%。白水泥的原材料：以适当成分的生料烧至部分熔融，得到以硅酸钙为主要成分，氧化铁含量少的熟料。熟料中氧化镁的含量不宜超过5.0%。混合材料是指石灰岩、白云质灰岩和石英砂等天然矿物。水泥助磨剂，水泥粉磨时允许加入助磨剂，其加入量应不超过水泥质量的0.5%，助磨剂应符合GB/T 26748的规定。

分级和代号：白色硅酸盐水泥按照强度分为32.5级、42.5级和52.5级。白色硅酸盐水泥按照白度分为1级和2级，代号分别为P·W-1和P·W-2。

（2）主要技术要求。

化学成分，水泥中三氧化硫的含量应不大于3.5%；氯离子含量应不大于0.06%。细度，45 μm方孔筛筛余不大于30.0%。安定性，沸煮法检验合格。凝结时间，初凝时间不小于45 min，终凝时间不大于600 min。水泥白度值：1级白度(P·W-1)不小于89；2级白度(P·W-2)不小于87。强度分为32.5级、42.5级和52.5级。各强度等级的各龄期强度应不低于表2-11数值。

表 2-11　白色硅酸盐水泥各龄期强度值

强度等级	抗压强度/MPa		抗折强度/MPa	
	3 d	28 d	3 d	28 d
32.5	≥12.0	≥32.5	≥3.0	≥6.0
42.5	≥17.0	≥42.5	≥3.5	≥6.5

强度等级	抗压强度/MPa		抗折强度/MPa	
	3 d	28 d	3 d	28 d
52.5	≥22.0	≥52.5	≥4.0	≥7.0

(3)合格品与不合格品。

检验结果符合三氧化硫、细度、沸煮法安定性、凝结时间、白度和强度技术要求的为合格品。检验结果不符合三氧化硫、细度、沸煮法安定性、凝结时间、白度和强度中任何一项技术要求的为不合格品。

(4)特性与应用。

白水泥粉磨时加入碱性矿物颜料可制成彩色水泥。白水泥和彩色水泥以其独特的装饰性主要用于建筑装饰工程及装饰制品。如生产各种彩色水刷石、人造大理石及彩色水磨石等制品。

2.铝酸盐水泥(以下内容摘自《铝酸盐水泥》(GB/T 201—2015))

(1)定义与代号。

以钙质和铝质材料为主要原料,按适当比例配制成生料,煅烧至完全或部分熔融,并经冷却所得以铝酸钙为主要矿物组成的产物称为铝酸盐水泥熟料。由铝酸盐水泥熟料磨细制成的水硬性胶凝材料,代号为CA。

(2)分类。

铝酸盐水泥按水泥中 Al_2O_3 含量(质量分数)分为 CA50、CA60、CA70 和 CA80 四个品种。其中 CA50 品种根据强度分为 CA50-Ⅰ、CA50-Ⅱ、CA50-Ⅲ 和 CA50-Ⅳ;CA60 品种根据主要矿物组成分为 CA60-Ⅰ(以铝酸一钙为主)和 CA60-Ⅱ(以铝酸二钙为主)。

(3)主要技术要求。

①化学成分以质量分数计,指标应符合表 2-12 的规定。

表 2-12　铝酸盐水泥的化学成分

类型	Al_2O_3 含量/(%)	SiO_2 含量/(%)	Fe_2O_3 含量/(%)	碱含量/(%) $(Na_2O+0.658K_2O)$	S(全硫) 含量/(%)	Cl^- 含量/(%)
CA50	≥50 且<60	≤9.0	≤3.0	≤0.50	≤0.2	
CA60	≥60 且<68	≤5.0	≤2.0			≤0.06
CA70	≥68 且<77	≤1.0	≤0.7	≤0.40	≤0.1	
CA80	≥77	≤0.5	≤0.5			

当用户需要时,生产厂应提供结果和测定方法

②比表面积不小于 300 m^2/kg 或 45 μm 筛余不大于 20%。有争议时以比表面积为准。

③铝酸盐水泥凝结时间应符合表 2-13 的规定。

表 2-13　铝酸盐水泥凝结时间

类型		初凝时间/min	终凝时间/min
CA50		≥30	≤360
CA60	CA60-Ⅰ	≥30	≤360
	CA60-Ⅱ	≥60	≤1080
CA70		≥30	≤360
CA80		≥30	≤360

④各类型铝酸盐水泥各龄期强度应符合表 2-14 的规定。

表 2-14　各类型铝酸盐水泥各龄期强度

类型		抗压强度/MPa				抗折强度/MPa			
		6 h	1 d	3 d	28 d	6 h	1 d	3 d	28 d
CA50	CA50-Ⅰ	≥20*	≥40	≥50	—	≥3.0*	≥5.5	≥6.5	—
	CA50-Ⅱ		≥50	≥60	—		≥6.5	≥7.5	—
	CA50-Ⅲ		≥60	≥70	—		≥7.5	≥8.5	—
	CA50-Ⅳ		≥70	≥80	—		≥8.5	≥9.5	—
CA60	CA60-Ⅰ	—	≥65	≥85	—	—	≥7.0	≥10.0	—
	CA60-Ⅱ		≥20	≥45	≥85		≥2.5	≥5.0	10.0
CA70		—	≥30	≥40	—	—	≥5.0	≥6.0	—
CA80		—	≥25	≥30	—	—	≥4.0	≥5.0	—

＊当用户需要时,生产厂应提供试验结果

（4）合格品与不合格品。

检验结果符合化学成分、细度、水泥胶砂凝结时间和强度技术要求的为合格品。检验结果不符合化学成分、细度、水泥胶砂凝结时间和强度中任何一项技术要求的为不合格品。

（5）主要应用。

配制不定形耐火材料;配制膨胀水泥、自应力水泥、化学建材的添加料等;抢建,抢修,抗硫酸盐侵蚀和冬季施工等有特殊需要的工程。

（6）CA50 用于土建工程时的注意事项。

①铝酸盐水泥混凝土后期强度下降较大,应按最低稳定强度设计。CA50 铝酸盐水泥混凝土最低稳定强度值以试体脱模后放入(50±2)℃水中养护,取龄期为 7 d 和 14 d 强度值的较低者来确定。

②在施工过程中,为防止凝结时间失控,一般不得与硅酸盐水泥、石灰等能析出氢氧化钙的胶凝物质混合,使用前拌和设备等必须冲洗干净。

③不得用于接触碱性溶液的工程。

④铝酸盐水泥水化热集中于早期释放,从硬化开始应立即浇水养护。一般不宜浇筑

大体积混凝土。

⑤若用蒸汽养护加速混凝土硬化时,养护温度不得高于 50 ℃。

⑥用于钢筋混凝土时,钢筋保护层的厚度不得小于 60 mm。

⑦未经试验,不得加入任何外加物。

⑧不得与未硬化的硅酸盐水泥混凝土接触使用;可以与具有脱模强度的硅酸盐水泥混凝土接触使用,但接槎处不应长期处于潮湿状态。

项目二
巩固练习题

项目三　混凝土及其应用

【能力目标】　能识别混凝土的种类；重点掌握预拌混凝土的基本知识；能选择普通混凝土的原材料；根据标准对原材料进行检测；能完成混凝土的现场取样和混凝土验收工作；能对混凝土的主要性能进行检测并根据检测结果进行调整；能进行混凝土配合比设计工作；能填写混凝土性能试验的委托单、试验原始记录和检验报告的相关内容。

【知识目标】　了解我国混凝土的发展情况；熟悉混凝土的定义和分类；掌握普通混凝土的组成材料及其作用；掌握普通混凝土组成材料的主要品种、分类、技术性质、主要技术指标、取样规定和检测方法；掌握普通混凝土的和易性、强度和耐久性及其影响因素；掌握混凝土配合比设计理论和方法；掌握混凝土质量控制方法。

【素质目标】　具有从事本行业应具备的混凝土的相关理论知识和技能水平；学会普通混凝土配合比设计的应用；具备运用混凝土标准分析问题和解决问题的能力；具备正确的理想和坚定的信念；具备良好的职业道德和职业素质；能按时上课、遵守课堂纪律；具备团队协作能力和吃苦耐劳的精神。

任务 3.1　认识混凝土

任 务 描 述

1. 熟悉混凝土的定义和分类。重点掌握普通混凝土定义及其优缺点。

2. 一幢 50 层商住楼，用混凝土材料制作第 1 层柱和第 50 层柱，根据所学知识，请你给出所用混凝土的种类并说出你选择的理由。

3. 根据《预拌混凝土》(GB/T 14902—2012)，熟悉预拌混凝土的基本知识。

4. 岗位业务训练：请对"预拌混凝土首次报告"进行解读，掌握混凝土施工配合比对原材料的品种、规格和用量以及混凝土性能的要求。

3.1.1　混凝土的定义

混凝土(concrete)是目前世界上用量最大、使用范围最广的建筑材料。专家已经预测

21 世纪及至更长时间，水泥及其混凝土制品仍然是世界上最主要的建筑材料。

1. 广义的混凝土

广义的混凝土，是指由胶凝材料、粗骨料、细骨料和水组成，必要时加入化学外加剂和矿物掺合料按适当比例配制搅拌成混凝土拌和物，经硬化后而成的人工石材。

2. 狭义的混凝土

狭义的混凝土即普通混凝土，是指以水泥、细骨料（砂）、粗骨料（石）和水为主要原材料，必要时加入化学外加剂和矿物掺合料按适当比例配制搅拌成混凝土拌和物，经硬化后而成的人工石材。常简称"混凝土"或"砼"。

3.1.2 混凝土的分类

混凝土的分类方法有很多种，常见的分类有以下几个方面。

（1）按胶凝材料分类。

①无机材料混凝土：水泥混凝土、石灰混凝土、石膏混凝土等。

②有机材料混凝土：沥青混凝土、树脂混凝土、纤维混凝土等。

③复合材料混凝土：水泥聚合物混凝土、聚合物浸渍混凝土等。

（2）按表观密度分类。

①普通混凝土：干表观密度为 2000～2800 kg/m³ 的混凝土。

②轻混凝土：干表观密度低于 2000 kg/m³ 的混凝土。

③重混凝土：干表观密度大于 2800 kg/m³ 的混凝土。

（3）按强度分类。

①低强度混凝土（强度等级≤C30）。

②中等强度混凝土（强度等级 C30～C60）。

③高强度混凝土（强度等级 C60～C100）。

④超高强度混凝土（强度等级＞C100）。

（4）按流动性分类：干硬性混凝土、流动性混凝土、大流动性混凝土和超流动性混凝土等。

（5）按用途分类：结构混凝土、保温隔热混凝土、耐火混凝土、耐酸混凝土、道路混凝土、大坝混凝土、海洋混凝土、水工混凝土、地面混凝土、防辐射混凝土等。

（6）按施工方式分类：预制混凝土、现浇混凝土、泵送混凝土（如码 3-1 现浇泵送混凝土所示）、喷射混凝土、压力灌浆混凝土等。

（7）按配筋情况分类：素混凝土、钢筋混凝土、钢网混凝土、预应力混凝土等。

码 3-1 现浇泵送混凝土视频

（8）按内部结构分类：细粒混凝土、大孔混凝土、微孔混凝土等。

3.1.3 混凝土的特点

1. 优点

混凝土拌和物具有良好的可浇筑性、可塑性；原材料来源丰富，价格低廉；可调整性

强,可根据使用性能的要求配制相应的混凝土;抗压强度高;与钢筋及钢纤维等有牢固的黏结力;耐久性良好;使用年限长(设计年限一般为50年);能耗低。

2. 缺点

混凝土的抗拉强度低,抗拉强度一般为抗压强度的1/20～1/10;韧性差,抗冲击能力差;脆性大,易开裂;自重大,比强度低,施工操作困难;质量波动范围大等。

3.1.4　近代混凝土发展

1. 近代混凝土的发展

从表3-1可以看到近代混凝土发展的五次飞跃。

表 3-1　近代混凝土发展的五次飞跃

第一次飞跃	1824 年	约瑟夫・阿斯普丁(Joseph・Aspadin)取得了波特兰水泥(Pontland cement)的生产专利	水硬性胶凝材料的出现
第二次飞跃	1850 年	兰波特(Lanbot)首先建造了一艘水泥船	钢筋混凝土
第三次飞跃	1928 年	弗列什涅(E. Feryssinet)发明了一种新型钢筋混凝土结构形式	预应力钢筋混凝土
第四次飞跃	20 世纪 60 年代	高效减水剂的出现	高强高性能混凝土
第五次飞跃	20 世纪 90 年代	粉体工程的出现	带动高性能混凝土的发展

2. 发展预拌混凝土的意义

预拌混凝土(ready-mix concrete,RMC),是现代混凝土技术发展史上的重大进步,是建筑施工走向现代化的重要标志。预拌混凝土的出现与应用也标志着现代混凝土时代的到来。预拌混凝土是经济全球化的产物,是一个国家综合国力的体现,更是一个国家步入现代社会的标志。

发展预拌混凝土的意义主要体现在以下几个方面。

(1)质量问题:商品混凝土原材料质量控制好,计量准确,有健全的保障体系。混凝土质量由施工单位、建设单位、质检站、搅拌站等方面进行质量监督,确保了工程中混凝土的质量。码3-2所展示的是某预拌混凝土搅拌楼微机控制室。

码 3-2　预拌混凝土搅拌楼微机控制室视频

(2)环境问题:商品混凝土是社会发展的需要,代表一个城市建筑业科学技术水平。现在城市化进程加速,人口密度大,场地狭小,街区环境、噪声、环境污染等呼唤混凝土商品化。

(3)高层建筑:从劳动强度、施工速度等要求泵送混凝土即混凝土流态化。

(4)建筑机械化的需要:设备利用率高、生产效率高、劳动强度小,施工速度加快,长期看节约水泥,降低生产成本。

3.1.5 预拌混凝土简介(《预拌混凝土》(GB/T 14902—2012))

1. 预拌混凝土定义

在搅拌站生产的、通过运输设备送至使用地点的、交货时为拌和物的混凝土。

2. 分类与标记

(1)分类。

预拌混凝土根据特性要求分为常规品和特制品。

①常规品。应为除表3-2特制品以外的普通混凝土,代号A,混凝土强度等级代号C。

②特制品。特制品代号B,包括的混凝土种类及其代号应符合表3-2的规定。

表 3-2 特制品的混凝土种类及其代号

混凝土种类	高强混凝土	自密实混凝土	纤维混凝土	轻骨料混凝土	重混凝土
混凝土种类代号	H	S	F	L	W
强度等级代号	C	C	C(合成纤维混凝土) CF(钢纤维混凝土)	LC	C

(2)标记。

预拌混凝土标记应按下列顺序:

①常规品或特制品的代号,常规品(A)可不标记;

②特制品混凝土种类的代号,兼有多种类情况可同时标出;

③强度等级;

④坍落度控制目标值,后附坍落度等级代号在括号中;自密实混凝土应采用扩展度控制目标值,后附扩展度等级代号在括号中;

⑤耐久性能等级代号,对于抗氯离子渗透性能和抗碳化性能,后附设计值在括号中;

⑥本标准号。

(3)预拌混凝土标记示例。

采用通用硅酸盐水泥、河砂、石、矿物掺合料、外加剂和水配制的普通混凝土,强度等级为C50,坍落度为180 mm,抗冻等级为F250,其标记为 A-C50-180(S4)-F250-GB/T 14902。

3. 对预拌混凝土的要求

(1)对原材料要求:水泥、集料、外加剂和矿物掺合料进场时应具有质量证明文件,并按规定进行复验;拌和用水符合JGJ 63的规定。

(2)预拌混凝土配合比设计应根据合同要求由供方按JGJ 55等国家现行有关标准的规定进行,原材料质量变化时应及时通过试验调整确定配合比。

(3)生产企业在供应预拌混凝土时,应向施工单位提供原材料检测检验报告、配合比报告、预拌混凝土发货(运输)单、预拌混凝土合格证等有关资料。在出厂时要对混凝土拌和物坍落度、混凝土强度等进行检验。

【岗位业务训练表单】

预拌混凝土首次报告

发出时间：　2021 年 4 月 07 日　　　报告编号：　DXSC-2021-0001

订货单位：××××建设工程有限公司　供货单位：××××混凝土制品有限公司

建设单位：　××××　　　　　　　　施工单位：×××建设工程有限公司

工程名称：×××学院综合实训楼　　　浇筑部位：　承台基础梁

标　　记：A-C30-180-GB/T 14902

其他技术指标：　——　　　　　　　供货开始日期：2021 年 4 月 7 日

原材料及其质量证明					
名　称	水　泥	砂	石	外　加　剂	掺　合　料
品种	P·O	混合砂	碎石	泵送剂	粉煤灰
规格	42.5级	中砂	5～25mm	FQ-102	Ⅰ级
试验单编号（出厂日期）	××	——	——	——	——
产地	××	××	××	××	××
进厂检验合格报告编号	C-21-0001	S-2021-0001	G-2021-0001	——	F-2021-0001

混凝土配合比编号：　　　表观密度实测值：
PHB-2021-0005　　　　　2400 kg/m³　　　　　水泥出厂日期：2021 年 3 月 20 日

材料	水泥	砂	石	水	砂率/(%)	水胶比	外加剂		掺合料		抗压强度(参考值)/MPa		
							泵送剂	——	FA		3 d	7 d	28 d
kg/m³	370	799	1018	164	44	0.40	9.0	——	40	——	——	24.5	39.6

订货单位意见：(表明对供应上述预拌混凝土是否同意)

订货单位负责人签名：　　　　　　　　　　　　　年　　月　　日

试验单位：××××混凝土制品有限公司　　技术负责人：　　　　填表人：

任务 3.2　普通混凝土的组成材料

任务描述

1. 根据任务 3.1 任务描述 2 所选中的混凝土，选择此混凝土组成材料（水泥、砂、石、水、外加剂和掺合料）的品种、级别、代号。

2. 能够进行普通混凝土用砂石基本性能的试验及检测工作。

3. 岗位业务训练：能够填写普通混凝土用砂石试验委托单、砂石试验原始记录和砂石试验报告，并能根据砂石试验报告判断该批混凝土用砂石是否合格。

在所有种类的混凝土中最常用的是普通混凝土，下面主要介绍普通混凝土。

1. 普通混凝土的组成材料

普通混凝土的组成材料有水泥、水、砂（细骨料）、石（粗骨料）、外加剂和掺合料，外加剂和掺合料已经被称为混凝土的第五和第六组分。除了组成材料，在混凝土内部还存在着一定体积的气孔、孔隙及微裂缝等问题。图 3-1 为普通混凝土硬化后的结构示意图。

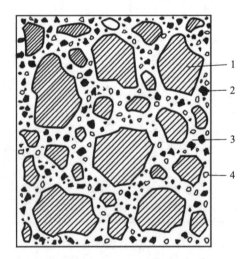

图 3-1　混凝土硬化后的结构示意图

1—石；2—砂；3—水泥浆；4—气孔

2. 普通混凝土各组成材料的作用

（1）水泥和水组成水泥浆，水泥浆包裹砂、石的表面，并能填充砂、石的空隙，在硬化前起润滑作用，使混凝土拌和物具有良好的工作性能，便于施工。水泥浆硬化后起胶结作用，将砂石骨料胶结成整体，产生强度，成为坚硬的水泥石。

（2）砂、石在混凝土中占70%～80%，在硬化前主要起填充作用，在硬化后主要起骨架作用，称为骨料，同时骨料弹性模量比较大，体积稳定，并抑制水泥的收缩。

（3）外加剂：其作用是多方面的，如改善混凝土拌和物流变性能；调节混凝土凝结时间、硬化性能；改善混凝土耐久性能；改善混凝土其他性能等。通过外加剂的使用，减轻体力劳动，并有利于机械化施工，对保证及提高工程质量有积极的作用，能使现场条件下完成过去难以完成的高质量工程，外加剂还可以节约水泥，提高混凝土的强度、抗冻性、抗渗性等。

（4）掺合料：可以减少水泥使用量，降低成本；改善混凝土拌和物的和易性；提高混凝土的力学性能；提高混凝土耐久性，包括混凝土的抗冻性、抗渗性、抗腐蚀及抗碳化性能等。

3.2.1 水泥

正确、合理地选择水泥的品种和强度等级，对混凝土拌和物的和易性、混凝土的强度、耐久性和经济性具有重要的意义。

1. 水泥品种的选择

配制普通混凝土一般采用通用硅酸盐水泥，必要时采用专用水泥、特性水泥。可根据混凝土工程特点、所处环境条件按表2-6选择。

2. 水泥强度等级的选择

应与混凝土的强度等级相适应，一般经验规律如下。

（1）对中低强度混凝土，水泥标号一般为混凝土强度等级的1.5～2.0倍。

（2）高强度混凝土水泥强度等级应为混凝土强度等级的0.9～1.5倍。

（3）用高强度等级的水泥配制低强度等级的混凝土时，每立方米水泥用量偏少，会影响和易性，所以应掺入一定量的掺合料，如粉煤灰、粒化高炉矿渣粉等。

3.2.2 细骨料——砂

1. 细骨料定义和种类

（1）骨料粒径≤4.75 mm（或公称直径≤5 mm）的岩石颗粒，称为细骨料，俗称"砂"。

（2）砂的种类。

① 按来源分为河砂、山砂、海砂等。

② 按加工与否分为天然砂、人工砂及混合砂。

③ 按粗细程度分为粗砂、中砂、细砂和特细砂。

④ 天然砂按其技术要求分为Ⅰ类、Ⅱ类、Ⅲ类。

2. 混凝土用砂质量要求

普通混凝土用砂的质量要求主要体现在颗粒级配、细度模数、含泥量和泥块含量、表观密度、堆积密度和空隙率等方面。

（1）砂的粗细程度及颗粒级配。

①砂的粗细程度是指不同粒径的砂混合在一起总体的粗细程度。

②砂的颗粒级配是指大小不同粒径的砂混合在一起的搭配情况，如图 3-2 所示。

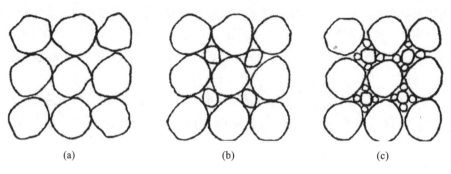

(a)   (b)   (c)

图 3-2　细骨料的颗粒级配

③砂的粗细程度用细度模数表示，以符号 μ_f 表示；颗粒级配用级配区或级配区曲线表示。

④砂的粗细程度及颗粒级配的评定方法：标准规定采用筛分析试验的方法进行测定。

筛分析所用标准筛的方孔孔径为 9.50 mm、4.75 mm、2.36 mm、1.18 mm、0.60 mm、0.30 mm、0.15 mm、0.075 mm。

砂的公称粒径、砂筛筛孔的公称直径与方孔筛筛孔边长应符合表 3-3 的规定。

表 3-3　砂的公称粒径、砂筛筛孔的公称直径与方孔筛筛孔边长

砂的公称粒径/mm	砂筛筛孔的公称直径/mm	方孔筛筛孔边长/mm
5.00	5.00	4.75
2.50	2.50	2.36
1.25	1.25	1.18
0.630	0.630	0.600
0.315	0.315	0.300
0.160	0.160	0.150
0.080	0.080	0.075

将 500 g 干砂试样由粗到细依次过筛，然后称量余留在各筛上的砂量，并计算出各筛上的分计筛余百分率（各筛上的筛余量占砂样总质量的百分率）a_1、a_1、a_3、a_4、a_5、a_6，累计筛余百分率（各筛和比该筛粗的所有分计筛余百分率之和）β_1、β_2、β_3、β_4、β_5、β_6 由分计筛余百分率计算而得，即 $\beta_i = a_1 + a_2 + \cdots + a_i$。

如：对于 2.36 mm 孔径，其分计筛余百分率为 a_2，累计筛余百分率为（$a_1 + a_2$）。

其中 $a_1 = m_1/500$，$a_2 = m_2/500$，$a_3 = m_3/500$，以此类推。m_1，m_2，m_3 等分别为对应各筛的筛余量。分计筛余百分率与累计筛余百分率的关系见表 3-4。

表 3-4　分计筛余百分率与累计筛余百分率的关系

筛孔尺寸/mm	筛余量/g	分计筛余百分率	累计筛余百分率
4.75	m_1	$a_1 = m_1/500$	$\beta_1 = a_1$
2.36	m_2	$a_2 = m_2/500$	$\beta_2 = a_1 + a_2$
1.18	m_3	$a_3 = m_3/500$	$\beta_3 = a_1 + a_2 + a_3$
0.60	m_4	$a_4 = m_4/500$	$\beta_4 = a_1 + a_2 + a_3 + a_4$
0.30	m_5	$a_5 = m_5/500$	$\beta_5 = a_1 + a_2 + a_3 + a_4 + a_5$
0.15	m_6	$a_6 = m_6/500$	$\beta_6 = a_1 + a_2 + a_3 + a_4 + a_5 + a_6$

①砂的粗细程度:砂的粗细程度用细度模数(μ_f)表示。细度模数(μ_f)通过式(3-1)计算而得。

$$\mu_f = \frac{(\beta_2 + \beta_3 + \beta_4 + \beta_5 + \beta_6) - 5\beta_1}{100 - \beta_1} \tag{3-1}$$

式中:μ_f——细度模数;

β_1、β_2、β_3、β_4、β_5、β_6——4.75 mm、2.36 mm、1.18 mm、0.60 mm、0.30 mm、0.15 mm 筛的累计筛余百分率(%)。

砂的粗细程度按细度模数 μ_f 将砂分为粗、中、细、特细四级,其范围应符合下列规定:

粗砂:$\mu_f = 3.7 \sim 3.1$;

中砂:$\mu_f = 3.0 \sim 2.3$;

细砂:$\mu_f = 2.2 \sim 1.6$;

特细砂:$\mu_f = 1.5 \sim 0.7$。

砂的粗细程度选用原则:在相同砂用量条件下,粗砂的总表面积比细砂小,所需要包裹砂粒表面的水泥浆量少。因此,用粗砂和中砂比用细砂来配制混凝土所用水泥用量节省。特别是配制泵送混凝土时宜选用中砂。

②砂的颗粒级配:以级配区或级配区曲线判定砂级配的合格性。

除特细砂外,砂的颗粒级配可按公称直径 0.60 mm 筛孔的累计筛余百分率,划分成三个级配区,即Ⅰ区、Ⅱ区、Ⅲ区,如表 3-5 所示。且砂的颗粒级配应处于表 3-5 中的某一个区内,砂的实际颗粒级配与表 3-5 中的累计筛余(%)相比,除公称粒径 4.75 mm 和 0.60 mm(表中斜体所标数值)的累计筛余(%)外,其余公称粒径的累计筛余(%)可稍有超出分界线,但总超出量不应大于 5%,否则级配不合格。

表 3-5　砂的颗粒级配区的累计筛余

单位:%

方孔筛径	级配区		
	Ⅰ区	Ⅱ区	Ⅲ区
9.50 mm	0	0	0
4.75 mm	10~0	10~0	10~0
2.36 mm	35~5	25~0	15~0
1.18 mm	65~35	50~10	25~0

方孔筛径	级配区		
	Ⅰ区	Ⅱ区	Ⅲ区
0.60 mm	85～71	70～41	40～16
0.30 mm	95～80	92～70	85～55
0.15 mm	100～90	100～90	100～90

以累计筛余百分率为纵坐标,以筛孔尺寸为横坐标,作出三个级配区的筛分曲线,如图 3-3 所示。观察所计算的砂的筛分曲线是否完全落在三个级配区的任一区内,即可判断该砂级配的合格性。

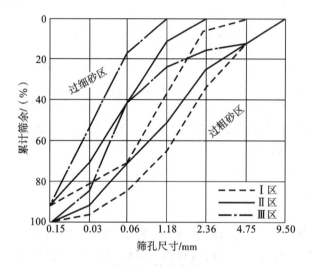

图 3-3　筛分曲线

砂的颗粒级配选用原则:配制混凝土时,宜优先选用Ⅱ区砂。当采用Ⅰ区砂时,应适当提高砂率,并保持足够的水泥用量,满足混凝土的和易性;当采用Ⅲ区砂时,宜适当降低砂率,保证混凝土的强度。当采用特细砂时,应该符合相关规定。

工程应用举例如下。

某学院建材试验室进行砂的筛分试验,取烘干砂样 500 g,按规定步骤进行了筛分,筛分结果如表 3-6 所示。试根据标准评定此砂的粗细程度,查出此砂所在级配区并判断级配是否合格。

表 3-6　砂的筛分结果

筛孔尺寸/mm	9.5	4.75	2.36	1.18	0.60	0.30	0.15	筛底
筛余量/g	0	28	41	48	190	101	84	6

解:①计算总计及校核值:$(28+41+48+190+101+84+6)g=498$ g,$(500-498)/500\times100\%=0.4\%<1\%$。按标准规定可以进行评定。

②计算分计筛余百分率。

$a_1=m_1/500\times100\%=28/500\times100\%=5.6\%$,$a_2=m_2/500\times100\%=41/500\times$

100%＝8.2%

$a_3 = m_3/500 \times 100\% = 48/500 \times 100\% = 9.6\%$，$a_4 = m_4/500 \times 100\% = 190/500 \times 100\% = 38.0\%$

$a_5 = m_5/500 \times 100\% = 101/500 \times 100\% = 20.2\%$，$a_6 = m_6/500 \times 100\% = 84/500 \times 100\% = 16.8\%$

③计算累计筛余百分率。

$\beta_1 = a_1 = 5.6\%$

$\beta_2 = a_1 + a_2 = 5.6\% + 8.2\% = 13.8\%$

$\beta_3 = a_1 + a_2 + a_3 = 5.6\% + 8.2\% + 9.6\% = 23.4\%$

$\beta_4 = a_1 + a_2 + a_3 + a_4 = 5.6\% + 8.2\% + 9.6\% + 38.0\% = 61.4\%$

$\beta_5 = a_1 + a_2 + a_3 + a_4 + a_5 = 5.6\% + 8.2\% + 9.6\% + 38.0\% + 20.2\% = 81.6\%$

$\beta_6 = a_1 + a_2 + a_3 + a_4 + a_5 + a_6 = 5.6\% + 8.2\% + 9.6\% + 38.0\% + 20.2\% + 16.8\% = 98.4\%$

④计算细度模数，评定粗细程度。

$$\mu_f = \frac{(\beta_2 + \beta_3 + \beta_4 + \beta_5 + \beta_6) - 5\beta_1}{100 - \beta_1}$$

$$= \frac{(13.8 + 23.4 + 61.4 + 81.6 + 98.4) - 5 \times 5.6}{100 - 5.6} = 2.65$$

评定粗细程度：细度模数 $\mu_f = 2.65$，经查标准 JGJ 52—2006 相关规定，判断此砂粗细程度为中砂。

⑤判断颗粒级配情况。

用各筛号的累计筛余与表 3-5 对比，该砂的累计筛余百分率落在Ⅱ区，故该砂级配为Ⅱ区，级配合格。

(2)含泥量、泥块含量和石粉含量。

天然砂含泥量和泥块含量，人工砂或混合砂中石粉含量应分别符合表 3-7 和表 3-8 的规定。

表 3-7　天然砂含泥量和泥块含量(JGJ 52—2006)

混凝土强度等级	≥C60	C55～C30	≤C25
含泥量(按质量计)/(%)	≤2.0	≤3.0	≤5.0
泥块含量(按质量计)/(%)	≤0.5	≤1.0	≤2.0

注：对于有抗冻、抗渗或其他特殊要求的小于或等于 C25 混凝土用砂，其含泥量不应大于 3.0%；泥块含量不应大于 1.0%。

表 3-8　人工砂或混合砂中石粉含量(JGJ 52—2006)

混凝土强度等级		≥C60	C55～C30	≤C25
石粉含量/(%)	MB<1.40(合格)	≤5.0	≤7.0	≤10.0
	MB≥1.40(不合格)	≤2.0	≤3.0	≤5.0

(3)有害物质含量。

当砂中含有云母、轻物质、有机物及硫酸盐等有害物质时,其含量应符合表3-9的规定。

表3-9　砂中有害物质含量(JGJ 52—2006)

项　目	质量指标
云母含量(按质量计)/(%)	≤2.0
轻物质含量(按质量计)/(%)	≤1.0
硫化物及硫酸盐含量 (折算成 SO_3 按质量计)/(%)	≤1.0
有机物含量 (用比色法试验)	颜色不应深于标准色,当颜色深于标准色时,应按水泥胶砂强度试验方法进行强度对比试验,抗压强度比不应低于0.95

注:对于有抗冻、抗渗要求的混凝土用砂,其云母含量不应大于1.0%。

(4)砂中氯离子含量。

对于钢筋混凝土用砂,其氯离子含量不得大于0.06%(以干砂的质量百分率计);对于预应力混凝土用砂,其氯离子含量不得大于0.02%(以干砂的质量百分率计)。

(5)砂的坚固性。

砂的坚固性是指砂在自然风化和其他外界物理化学因素作用下抵抗破裂的能力。天然砂采用硫酸钠溶液法检验,试样经5次循环后其质量损失应符合表3-10规定。人工砂采用压碎指标法进行试验,压碎指标值应符合标准规定。

表3-10　砂的坚固性指标

混凝土所处的环境条件及其性能要求	5次循环后的质量损失
在严寒及寒冷地区室外使用并经常处于潮湿或干湿交替状态下的混凝土;对于有抗疲劳、耐磨、抗冲击要求的混凝土;有腐蚀介质作用或经常处于水位变化区的地下结构混凝土	≤8%
其他条件下使用的混凝土	≤10%

(6)砂的表观密度、堆积密度和空隙率。

砂的表观密度、堆积密度和空隙率应符合如下规定:表观密度不小于2500 kg/m³,堆积密度不小于1400 kg/m³,空隙率小于44%(GB/T 14684—2011)。

3. 普通混凝土用砂试验

试验的依据:《普通混凝土用砂、石质量及检验方法标准》(JGJ 52—2006)或《建设用砂》(GB/T 14684—2011)。

检验批:使用单位应按砂或石同产地同规格分批验收。采用大型工具(如火车、货船或汽车)运输的,应以400 m³或600 t为一验收批。采用小型工具(如拖拉机)运输的,应以200 m³或300 t为一验收批。不足数量者,也按一验收批进行验收。当砂或石的质量比较稳定、进料量又较大时,可以1000 t为一验收批。

检验项目:颗粒级配、粗细程度、含泥量、泥块含量、表观密度、堆积密度、空隙率等。

1）砂的筛分析试验

（1）试验目的：通过试验计算砂的细度模数，评定砂的粗细程度和颗粒级配；掌握砂的筛分析试验方法，正确使用所用仪器与设备，并熟悉其性能。

（2）主要仪器设备。

①方孔筛——孔径为 9.50 mm、4.75 mm、2.36 mm、1.18 mm、0.60 mm、0.30 mm、0.15 mm 的方孔筛各一只，并附有筛底和筛盖各一只；筛框符合标准规定，如图 3-4 所示。

②天平——称量 1000 g，感量 1 g。

③烘箱——温度控制范围为（105±5）℃。

④其他——摇筛机、浅盘、毛刷等。

（3）试样制备：按规定取样，用四分法分取不少于 4400 g 试样，并将试样缩分至1100 g，放在烘箱中于（105±5）℃烘干至恒重，待冷却至室温后，筛除大于 9.50 mm 的颗粒（并算出其筛余百分率），分为大致相等的两份备用。

图 3-4 国家砂石标准方孔筛

（4）试验步骤。

①准确称取烘干试样 500 g，精确到 1 g，置于按筛孔大小（大孔在上，小孔在下）顺序排列的套筛的最上一只筛；将套筛装入摇筛机内固紧，筛分时间为 10 min 左右；然后取出套筛，再按筛孔大小顺序，在清洁的浅盘上逐个进行手筛，直至每分钟的筛出量小于试样总量的 0.1% 时止，通过的颗粒并入下一个筛，并和下一个筛中试样一起过筛，按这样的顺序进行，直至每个筛全部筛完为止。（注：当试样含泥量超过 5% 时，应先将试样水洗，然后烘干至恒重，再进行筛分；无摇筛机时，可改为手筛。）

②试样在各只筛子上的筛余量均不得超过按式（3-2）计算得出的剩留量，否则应将该筛的筛余试样分成两份或数份，再次进行筛分，并以其筛余量之和作为该筛的筛余量。

$$m_\tau = \frac{A\sqrt{d}}{300} \tag{3-2}$$

式中：m_τ——某一筛上的剩留量（g）；

d——筛孔边长（mm）；

A——筛的面积（mm²）。

③称取各筛筛余试样的质量（精确至 1 g），所有各筛的分计筛余量和底盘中剩余量的总和与筛分前的试样总量之差不得超过 1%。

④称取各号筛上的筛余量，试样在各号筛上的筛余量不得超过 200 g，否则应将筛余

试样分成两份,再进行筛分,并以两次筛余量之和作为该号的筛余量。

(5)试验结果计算与评定。

①计算分计筛余百分率:各号筛上的筛余量除以试样总量的百分率,精确至 0.1%。

②计算累计筛余百分率:每号筛上的筛余百分率加上该号筛以上各筛余百分率之和,精确至 0.1%。

③根据各筛两次试验的累计筛余的平均值,评定该试样的颗粒级配分布情况,精确至 1%。

④砂的细度模数按式(3-1)计算,精确至 0.01。

⑤细度模数取两次试验结果的算术平均值作为测定值,精确至 0.1;如两次试验的细度模数之差超过 0.20,须重新取试样进行试验。

2)砂的含泥量(标准法)测定试验

(1)检测仪器设备:天平——称量 1000 g,感量 1 g;烘箱——能使温度范围控制在 (105 ± 5) ℃;试验筛——筛孔公称直径为 0.080 mm 及 1.25 mm 方孔筛各一个;其他——洗砂用的容器及烘干用的浅盘等。

(2)试样制备:样品缩分至 1100 g,置于温度为 (105 ± 5) ℃的烘箱中烘干至恒重,冷却至室温后,称取各为 400 g 的试样两份备用。

(3)试验步骤。

①取烘干的试样 m_0 一份置于容器中,并注入饮用水,使水面高出砂面约 150 mm,充分拌混均匀后,浸泡 2 h,然后用手在水中淘洗试样,使尘屑淤泥和黏土与砂粒分离,并使之悬浮或溶于水中。缓缓地将浑浊液倒入 1.2 mm 及 0.080 mm 的方孔套筛(1.25 mm 筛放置上面)上,滤去小于 0.080 mm 的颗粒。试验前筛子两面应先用水润湿,在整个试验过程中应注意避免砂粒丢失。

②再次加水于筒中,重复上述过程,直到筒内洗出的水清澈为止。

③用水冲洗剩余在筛上的细粒并将 0.080 mm 筛放在水中来回摇动,以充分洗除小 0.080 mm 的颗粒。然后将两只筛上剩余的颗粒和筒中已经洗净的试样一并装入浅盘,置于温度为 (105 ± 5) ℃烘箱中烘干至恒重,取出来冷却到室温后,称试样的重量(m_1)。

(4)试验结果计算。

砂的含泥量 ω_c 应按式(3-3)计算,精确到 0.1%。

$$\omega_c = \frac{m_0 - m_1}{m_0} \times 100\% \tag{3-3}$$

式中:ω_c——砂中含泥量(%);

m_0——试验前烘干试样质量(g);

m_1——试验后的烘干试样质量(g)。

(5)数据判定和处理:以两次试验结果的算术平均值为测定值。两次结果的差值大于 0.5% 时,应重新取样进行试验。

3)砂的泥块含量测定试验

(1)仪器设备。

天平:称量 1000 g,感量 1 g;称量 5000 g,感量 5 g。烘箱:温度能控制在

(105±5)℃。试验筛:孔径为 0.630 mm 及 1.25 mm 方孔筛各一个。洗砂用的容器及烘干用的浅盘等。

（2）取样。

将样品在潮湿状态下用四分法缩分至约 5000 g,置于温度为(105±5)℃的烘箱中烘干至恒重,冷却至室温后,用 1.25 mm 方孔筛筛分,取筛上的砂不少于 400 g 分为两份备用。

检测条件:操作室应防潮防腐蚀,接有适当接地的三相插座,室内清洁。

（3）试验步骤。

①称取试样 200 克(m_1)置于容器中并注入饮用水,使水面高出砂面约 150 mm,充分拌匀后浸泡 24 h,然后用手在水中碾碎泥块,再把试样放在 0.630 mm 方孔筛上,用水淘洗,直至水清澈为止。

②保留下来的试样应小心地从筛里取出,装入水平浅盘后,置于温度为(105±5)℃烘箱中烘干至恒重,冷却后称重(m_2)。

（4）试验结果计算。

砂中泥块含量 $\omega_{c,L}$ 应按式（3-4）计算（精确至 0.1%）。

$$\omega_{c,L} = \frac{m_1 - m_2}{m_1} \times 100\%$$ （3-4）

式中:$\omega_{c,L}$——泥块含量（%）;

m_1——试验前的干燥试样重量（g）;

m_2——试验后的干燥试样重量（g）。

（5）数据判定和处理:取两次试样试验结果的算术平均值作为测定值。

4）砂的表观密度测定试验

（1）试验目的。通过试验测定砂的表观密度,为计算砂的空隙率和混凝土配合比设计提供依据。掌握砂的表观密度的测试方法,正确使用所用仪器与设备,并熟悉其性能。

（2）主要仪器设备。容量瓶、天平、鼓风烘箱等。

（3）试验制备。试样按规定取样,并将试样缩分至 660 g,放在烘箱中于(105±5)℃下烘干至恒重,待冷至室温后,分成大致相等的两份备用。

（4）试验步骤。

①称取上述试样 300 g,装入容量瓶,注入冷开水至接近 500 mL 的刻度处,用手旋转摇动容量瓶,使砂样充分摇动,排除气泡,塞紧瓶盖,静置 24 h,然后用滴管小心加水至容量瓶颈 500 mL 刻度线处,塞紧瓶塞,擦干瓶外水分,称其质量,精确至 1 g。

②将瓶内水和试样全部倒出,洗净容量瓶,再向瓶内注水至瓶颈 500 mL 刻度线处,擦干瓶外水分,称其质量,精确至 1 g。试验时试验室温度应为 20～25 ℃。

（5）试验结果计算。

①砂的表观密度按式（3-5）计算,精确至 10 kg/m³。

$$\rho_0 = \left(\frac{G_0}{G_0 + G_2 - G_1}\right) \times \rho_水$$ （3-5）

式中:ρ_0——砂的表观密度(kg/m^3);

$\rho_水$——水的密度($1000\ kg/m^3$);

G_0——烘干试样的质量(g);

G_1——试样、水及容量瓶的总质量(g);

G_2——水及容量瓶的总质量(g)。

②表观密度取两次试验结果的算术平均值,精确至 $10\ kg/m^3$;如两次试验结果之差大于 $20\ kg/m^3$,须重新试验。

5)砂的堆积密度测定试验

(1)试验目的。通过试验测定砂的堆积密度,为混凝土配合比设计和估计运输工具的数量或存放堆场的面积等提供依据。掌握砂的堆积密度测试方法,正确使用所用仪器与设备。

(2)主要仪器设备。鼓风烘箱、容量筒(1 L)、天平、标准漏斗、直尺、浅盘、毛刷等。

(3)试样制备。按规定取样,用搪瓷盘装取试样约 3 L,置于温度为(105 ± 5)℃的烘箱中烘干至恒重,待冷却至室温后,筛除大于 4.75 mm 的颗粒,分成大致相等的两份备用。

(4)试验步骤。

①松散堆积密度的测定。取一份试样,用漏斗或料勺,从容量筒中心上方 50 mm 处慢慢装入,等装满并超过筒口后,用钢尺或直尺沿筒口中心线向两个相反方向刮平(试验过程应防止触动容量瓶),称出试样与容量筒的总质量,精确至 1 g。

②紧密堆积密度的测定。取试样一份分两次装入容量筒。装完第一层后,在筒底垫一根直径为 10 mm 的圆钢,按住容量筒,左右交替击地面 25 次。然后装入第二层,装满后用同样的方法进行颠实(但所垫放圆钢的方向与第一层的方向垂直)。再加试样直至超过筒口,然后用钢尺或直尺沿中心线向两个相反的方向刮平,称出试样与容量筒的总质量,精确至 0.1 g。

③称出容量筒的质量,精确至 1 g。

(5)试验结果计算。

①砂的松散或紧密堆积密度按式(3-6)计算。

$$\rho_1 = \frac{G_1 - G_2}{V} \tag{3-6}$$

式中:ρ_1——砂的松散或紧密堆积密度(kg/m^3);

G_1——试样与容量筒总质量(g);

G_2——容量筒的质量(g);

V——容量筒的容积(L)。

②堆积密度取两次试验结果的算术平均值,精确至 $10\ kg/m^3$。

6)空隙率

空隙率按式(3-7)计算(精确到 1%)。

$$v_L = (1 - \rho_L/\rho) \times 100\% \tag{3-7}$$

式中：v_L——堆积密度的空隙率，精确至 1%；

　　　ρ_L——砂的堆积密度，精确至 $10\ \mathrm{kg/m^3}$；

　　　ρ——砂的表观密度，精确至 $10\ \mathrm{kg/m^3}$。

【岗位业务训练表单】

砂试验委托单

（取送样见证人签章）

委托日期：　　年　　月　　日　　　　　工程编号：＿＿＿＿＿＿＿＿＿＿＿＿

工程名称：＿＿＿＿＿＿＿＿＿＿＿　　　委托单位：＿＿＿＿＿＿＿＿＿＿＿＿

建设单位：＿＿＿＿＿＿＿＿＿＿＿　　　见证单位：＿＿＿＿＿＿＿＿＿＿＿＿

使用部位：＿＿＿＿＿＿＿＿＿＿＿　　　产地厂家：＿＿＿＿＿＿＿＿＿＿＿＿

砂的类别：＿＿＿＿＿＿＿＿＿＿＿　　　样品规格：＿＿＿＿＿＿＿＿＿＿＿＿

代表批量：＿＿＿＿＿＿＿＿＿＿（m³）　样品状态：　□符合　□不符合

检测项目：	□颗粒级配	□表观密度和堆积密度	□含泥量
	□ 泥块含量	□空隙率	□细度模数
	□ 碱活性	□	□
检测依据：	□JGJ 52—2006	□GB/T 14684—2011	

送样人：　　　　　电话：　　　　　　收样人：　　　　　年　月　日

砂试验原始记录

试验日期：＿＿＿年＿＿月＿＿日　　　试验编号：＿＿＿＿＿＿＿＿＿＿＿＿

产　　地：＿＿＿＿＿＿＿＿＿＿＿＿　　种　　类：＿＿＿＿＿＿＿＿＿＿＿＿

颗粒级配	筛孔/mm	第一次筛分(试样质量：　g)			第二次筛分(试样质量：　g)			平均累计筛余/(%)
		筛余量/g	分计筛余/(%)	累计筛余/(%)	筛余量/g	分计筛余/(%)	累计筛余/(%)	
	9.50							
	4.75							
	2.36							
	1.18							
	0.06							
	0.30							
	0.15							
	筛底							
	合计							
	细度模数 μ_f	$\dfrac{(\ +\ +\ +\ +\ -5)}{100\ -}=$			$\dfrac{(\ +\ +\ +\ +\ -5)}{100\ -}=$			平均细度模数

表观密度 ρ /(kg/m³)	试样烘干质量/g	水的原有体积/mL	水和试样体积/mL	水温修正系数(a_t)	表观密度/(kg/m³)	平均值/(kg/m³)	空隙率/(%)
							$v_1=$ $\left(1-\dfrac{\rho_1}{\rho}\right)$ $\times 100\%$ $=$
堆积密度 ρ_1 /(kg/m³)	容量筒的容积/L	容量筒的质量/kg	筒和砂总质量/kg	试样烘干质量/g	堆积密度/(kg/m³)	平均值/(kg/m³)	

泥(块)含量	含泥量	泥块含量
试样质量/g		
洗后干质量/g		
含量/(%)		
平均值/(%)		

其他试验项目：

结论：

审核：　　　　　　　　　　　　　　　　　　　　试验：

砂试验报告

委托日期：_____年_____月_____日　　　试验编号：_____

发出日期：_____年_____月_____日　　　报告编号：_____

委托单位：_____　　　建设单位：_____

砂的产地：_____ 砂的类别：_____　　工程名称：_____

送样人：_____　　　进场数量：_____（m³）

见证人：_____

细度模数(μ_f)_____		颗粒级配_____		三氧化硫含量_____%		
表观密度_____kg/m³		堆积密度_____kg/m³		含泥量_____%		
有机物含量(比色法)____		云母含量_____%		泥块含量_____%		
轻物质含量_____%		坚固性(失重)____%		空隙率_____%		
碱活性_____%		氯离子含量_____%		石粉含量_____%		
压碎指标_____%						
公称粒径/mm	0.16	0.315	0.630	1.25	2.50	5.00	10.00
累计筛余/(%)							
结论							
备注							

试验单位：　　负责人：　　审核：　　试验：

单位工程技术负责人使用意见：

签章：

注：①有抗冻要求的混凝土，砂中云母含量不应大于1.0%，含泥量不大于3.0%，泥块含量不大于1.0%。

②在严寒及寒冷地区使用并经常处于潮湿状态下的混凝土，有耐磨、抗冲压要求的混凝土用砂，其坚固性重量损失率应小于8%。

码3-3为砂试验报告举例。

码3-3 砂试验报告举例

3.2.3　粗骨料——石

1. 粗骨料定义和种类

（1）粗骨料。

骨料粒径大于 4.75 mm（或公称粒径大于 5 mm）的岩石颗粒，称为粗骨料，俗称"石子"。

（2）石的种类。

①石按颗粒形状分为碎石和卵石两类。

碎石：由天然岩石或卵石经破碎、筛分而得的，公称粒径大于 4.75 mm（或 5 mm）的岩石颗粒。碎石表面多棱角，拌制出的混凝土强度较高，应用广泛。

卵石（砾石）：由自然条件作用形成的，公称粒径大于 4.75 mm（或 5 mm）的岩石颗粒。包括河卵石、海卵石和山卵石等，其中河卵石表面光滑，拌制混凝土时和易性较好。

②碎石和卵石按技术要求分为Ⅰ类、Ⅱ类、Ⅲ类三种类别。Ⅰ类宜用于强度等级大于 C60 的混凝土；Ⅱ类宜用于强度等级为 C30～C60 及有抗冻、抗渗或其他要求的混凝土；Ⅲ类宜用于强度等级小于 C30 的混凝土（《建设用卵石、碎石》（GB/T 14685—2011））。

③粗骨料按颗粒级配分为连续粒级和单粒粒级。

2. 石的质量要求

（1）石的粗细程度和颗粒级配。

①石的粗细程度：用最大粒径（D_{max}）表示。

最大粒径：粗骨料中公称粒级的上限称该粒级的最大粒径。如 16～31.5 mm 中最大粒径为 31.5 mm。

最大粒径的选用原则：质量相同的石子，粒径越大，总表面积越小，越节约水泥，故尽量选用大粒径石子。一般在建筑施工浇筑的混凝土中所用石子最大粒径为 37.5 mm（公称粒径不大于 40 mm）。尤其是泵送混凝土由于管道的尺寸限制，一般 $D_{max} \leqslant 31.5$ mm。

②石的颗粒级配。

粗骨料与细骨料一样，也要求有良好的级配，以减小空隙率，从而节约水泥，提高密实度。骨料的级配影响着混凝土的工作性和强度，尤其是良好的级配对高强混凝土和泵送混凝土的质量提供了技术上的保证。码 3-4 为某混凝土搅拌站砂石料场示例。

码 3-4　某混凝土搅拌站砂石料场示例

粗骨料的级配也是通过筛分析试验来确定的。石筛应采用方孔筛。其方孔标准筛有 2.36 mm、4.75 mm、9.50 mm、16 mm、19 mm、26.5 mm、31.5 mm、37.5 mm、53.0 mm、63.0 mm、75.0 mm 及 90 mm 共 12 个筛孔。

石的公称粒径、石筛筛孔的公称直径与方孔筛筛孔边长尺寸应符合表 3-11 的规定。

表 3-11 石的公称粒径、石筛筛孔的公称直径与方孔筛筛孔边长尺寸

石的公称粒径/mm	石筛筛孔的公称直径/mm	方孔筛筛孔边长/mm	石的公称粒径/mm	石筛筛孔的公称直径/mm	方孔筛筛孔边长/mm
2.50	2.50	2.36	31.5	31.5	31.5
5.00	5.00	4.75	40.0	40.0	37.5
10.0	10.0	9.5	50.0	50.0	53.0
16.0	16.0	16.0	63.0	63.0	63.0
20.0	20.0	19.0	80.0	80.0	75.0
25.0	25.0	26.5	100.0	100.0	90.0

普通混凝土用碎石及卵石的颗粒级配应符合标准的规定,表 3-12 为碎石或卵石的颗粒级配范围。

粗骨料的级配有连续粒级和单粒粒级两种情况。混凝土用石应采用连续粒级。

表 3-12 碎石或卵石的颗粒级配范围(JGJ 52—2006)

级配情况	公称粒径/mm	累计筛余,按质量/(%)											
		方孔筛筛孔边长尺寸/mm											
		2.36	4.75	9.05	16.0	19.0	26.5	31.5	37.5	53.0	63.0	75.0	90.0
连续粒级	5～10	95～100	80～100	0～15	0	—	—	—	—	—	—	—	—
	5～16	95～100	85～100	30～60	0～10	0	—	—	—	—	—	—	—
	5～20	95～100	90～100	40～80	—	0～10	0	—	—	—	—	—	—
	5～25	95～100	90～100	—	30～70	—	0～5	0	—	—	—	—	—
	5～31.5	95～100	90～100	70～90	—	15～45	—	0～5	0	—	—	—	—
	5～40	—	95～100	70～90	—	30～65	—	—	0～5	0	—	—	—

级配情况	公称粒径/mm	累计筛余,按质量/(%)											
		方孔筛筛孔边长尺寸/mm											
		2.36	4.75	9.05	16.0	19.0	26.5	31.5	37.5	53.0	63.0	75.0	90.0
单粒粒级	10~20	—	95~100	85~100	—	0~15	0	—	—	—	—	—	—
	16~31.5	—	95~100	—	85~100	—	—	0~10	0	—	—	—	—
	20~40	—	—	95~100	80~100	—	—	—	0~10	0	—	—	—
	31.5~63	—	—	—	95~100	—	—	75~100	45~75	—	0~10	0	—
	40~80	—	—	—	—	95~100	—	—	70~100	—	30~60	0~10	0

(2)石的含泥量及泥块含量。

含泥量及泥块含量,应分别符合表 3-13 的规定。

表 3-13　碎石或卵石中含泥量和泥块含量(JGJ 52—2006)

混凝土强度等级	≥C60	C55~C30	≤C25
含泥量,按质量计/(%)	≤0.5	≤1.0	≤2.0
泥块含量,按质量计/(%)	≤0.2	≤0.5	≤0.7

注:①对于有抗冻、抗渗或其他特殊要求的混凝土所用碎石或卵石中含泥量不应大于 1.0%;当碎石或卵石含有非黏土质的石粉时,其含泥量可由 0.5%、1.0%、2.0%提高到 1.0%、1.5%、3.0%。

②对于有抗冻、抗渗或其他特殊要求的强度等级小于 C30 的混凝土,其所用碎石或卵石中泥块含量不应大于 0.5%。

(3)碎石和卵石的强度检验。

碎石的强度可用岩石的抗压强度和压碎值指标表示。岩石的抗压强度应比所配制的混凝土强度至少高 20%。当混凝土强度等级大于或等于 C60 时,应进行岩石抗压强度检验。

工程一般采用压碎值指标来表示。该种方法是将气干状态下 9.5~19 mm 的石子按规定方法填充于压碎指标测定仪(内径 152 mm 的圆筒)内,其上放置压头,在压力机试验机上均匀加荷至 200 kN 并稳定 5 s,卸荷后称量试样质量(m_1),然后再用孔径为 2.36 mm 的筛进行筛分,称其筛余量(m_2),则可确定压碎指标 Q_c 用式(3-8)表示:

$$Q_c = \frac{m_1 - m_2}{m_1} \times 100\%$$ (3-8)

式中:Q_c——压碎值指标(%);

m_1——试样质量(g);

m_2——试样的筛余量(g)。

压碎指标值越大,说明骨料的强度越小。该种方法操作简便,在实际生产质量控制中应用较普遍。根据标准粗骨料的压碎指标值控制可参照表 3-14 选用。

表 3-14 碎石的压碎值指标

岩石品种	混凝土强度等级	碎石压碎值指标/(%)
沉积岩	C60～C40	≤10
	≤C35	≤16
变质岩或深成的火成岩	C60～C40	≤12
	≤C35	≤20
喷出的火成岩	C6～C40	≤13
	≤C35	≤30

卵石的强度可用压碎值指标表示。其压碎值指标宜符合表 3-15 的规定。

表 3-15 卵石的压碎值指标

混凝土强度等级	C60～C40	≤C35
压碎值指标/(%)	≤12	≤16

卵石:光滑少棱角,孔隙率及总表面积小,工作性好,水泥用量少,但黏结力差,强度低。

碎石:多棱角,孔隙率及总表面积大,工作性差,水泥用量多,但黏结力强,强度高。在相同条件下,碎石混凝土比卵石混凝土的强度高 10% 左右。

(4)针、片状含量。

石子中常含有针状和片状颗粒,这些异形颗粒对拌和物的和易性影响很大,也影响硬化后的抗折强度。标准中规定,凡颗粒长度大于该颗粒所属粒级的平均粒径 2.4 倍者称针状颗粒,厚度小于平均粒径 0.4 倍者称为片状颗粒;平均粒径是指该粒级粒径上下限的平均值。

不同混凝土强度等级的碎石或卵石中针、片状颗粒含量详见表 3-16。

表 3-16 碎石或卵石中针、片状颗粒含量

项目	指标		
	≥C60	C55～C30	≤C25
针、片状颗粒含量,按质量计/(%)	≤8	≤15	≤25

(5)坚固性。

碎石或卵石在自然风化和其他外界物理化学因素作用下抵抗破裂的能力称为骨料的坚固性。在实际生产质量控制中对骨料的坚固性,采用硫酸钠溶液浸泡法进行试验。该种方法是将骨料在硫酸钠溶液中经 5 次循环,其质量损失应符合标准规定。

(6)碱活性。

对于长期处于潮湿环境的重要结构的混凝土,其所使用的碎石或卵石应进行碱活性

检验。进行碱活性检验时,首先应采用岩相法检验碱活性集料的品种、类型和数量(也可由地质部门提供)。

(7) 石的表观密度、连续级配松散堆积空隙率(《建设用卵石、碎石》(GB/T 14685—2011))。

石的表观密度、连续级配松散堆积空隙率应符合如下规定:表观密度不小于 2600 kg/m³,连续级配松散堆积空隙率≤43%(Ⅰ类)、≤45%(Ⅱ类)、≤47%(Ⅲ类)。

3. 普通混凝土用石试验

试验依据:《普通混凝土用砂、石质量及检验方法标准》(JGJ 52—2006)或《建设用卵石、碎石》(GB/T 14685—2011)。

检验项目:最大粒径、颗粒级配、表观密度、堆积密度、空隙率、含泥量和泥块含量、针片状含量、压碎指标等。

1) 石子的筛分析试验

(1)试验目的。通过筛分析试验测定碎石或卵石的最大粒径和颗粒级配,以便于选择优质粗集料,达到节约水泥和改善混凝土性能的目的;掌握标准中对碎石、卵石的检测方法,正确使用所用仪器与设备,并熟悉其性能。

(2)主要仪器设备。

①方孔筛,孔径为 2.36 mm、4.75 mm、9.50 mm、16.0 mm、19.0 mm、26.5 mm、31.5 mm、37.5 mm、53.0 mm、63.0 mm、75.0 mm、及 90.0 mm 的筛各一个,并附有筛底和筛盖。②鼓风烘箱,能使温度范围控制在(105±5)℃。③天平和台秤。天平的称量 5 kg,感量 5 g;台秤的称量 20 kg,感量 20 g。④摇筛机、浅盘等。

(3)试样制备。按规定取样,用四分法缩分至不少于表 3-17 的试样最少质量,经烘干或风干后备用。

表 3-17 筛分析所需试样最少质量

最大粒径/mm	9.5	16.0	19.0	26.5	31.5	37.5	63.0	75.0
最少试样质量/kg	2.0	3.2	4.0	5.0	6.3	8.0	12.6	16.0

(4)试验步骤。

①称取按表 3-17 的规定质量的试样一份,精确到 1 g。将试样倒入按孔径大小从上到下组合的套筛上。

②将套筛放在摇筛机上,摇 10 min;取下套筛,按筛孔大小顺序再逐个进行手筛,筛至每分钟通过量小于试样总量的 0.1% 为止。通过的颗粒并入下一个筛,并和下一号筛中的试样一起过筛,直至各号筛全部筛完。当筛余颗粒的粒径大于 19.0 mm,在筛分过程中允许用手指拨动颗粒。

③称出各号筛的筛余量,精确至 1 g。

④筛分后,如所有筛余量与筛底的试样之和与原试样总量相差超过 1%,则须重新试验。

（5）试验结果计算与评定。

①计算分计筛余百分率（各筛上的筛余量占试样总量的百分率），精确至 0.1%。

②计算各号筛上的累计筛余百分率（该号筛的分计筛余百分率与该号筛以上各分计筛余百分率之和），精确至 0.1%。

③根据各号筛的累计筛余百分率，评定该试样的颗粒级配。粗集料各号筛上的累计筛余百分率应满足标准规定的粗集料颗粒级配的范围要求。

2）石子的表观密度试验（简易法）

（1）试验目的。通过试验测定石子的表观密度，为评定石子质量和混凝土配合比设计提供依据；石子的表观密度可以反映骨料的坚实、耐久程度，因此是一项重要的技术指标。应掌握标准中碎石、卵石的检测方法，正确使用所用仪器与设备，并熟悉其性能。

（2）主要仪器设备。

①秤——称量 20 kg，感量 20 g。②广口瓶——1000 mL，磨口，并带玻璃片。③烘箱——温度能控制在（105±5）℃。④其他——干燥器、浅盘、温度计等。

（3）取样。

试验前将样品筛去公称粒径 5.00 mm 以下的颗粒，用四分法缩分至略大于 2 倍于表3-18 所规定的最少质量。洗刷干净后，分成两份备用。按表 3-18 规定的数量称取试样。

表 3-18　表观密度试验所需的试样最少质量

最大粒径/mm	10.0	16.0	20.0	25.0	31.5	40.0
试样最少质量/kg	2.0	2.0	2.0	2.0	3.0	4.0

（4）试验步骤。

①将试样浸水饱和，然后装入广口瓶中。装试样时，广口瓶应倾斜放置，注入饮用水，用玻璃片盖瓶口，以上下左右摇晃的方法排除气泡。

②气泡排尽后，向瓶中添加饮用水直至水面凸出瓶口边缘，然后用玻璃片沿瓶口迅速滑行，使其紧贴瓶口水面。擦干瓶外水分后，称量试样、水、瓶和玻璃片总质量（m_1）。

③将瓶中的试样倒入浅盘中，放在（105±5）℃的烘箱中烘干至恒重。取出，放在带盖的容器中冷却至室温后称重（m_0）。

④将瓶洗净，重新注入饮用水，用玻璃片紧贴瓶口水面，擦干瓶外水分，称量水、广口瓶及玻璃片总质量（m_2），精确至 1 g。

（5）结果计算与评定。

①表观密度 ρ 应按式（3-9）计算，精确至 10 kg/m³。

$$\rho = \left(\frac{m_0}{m_0 + m_2 - m_1} - \alpha_t \right) \times 1000 \qquad (3\text{-}9)$$

式中：ρ——表观密度（kg/m³）；

　　　m_0——烘干后试样质量（g）；

　　　m_1——试样、水、瓶和玻璃片的质量（g）；

　　　m_2——水、瓶和玻璃片的质量（g）；

　　　α_t——水温对表观密度影响的修正系数，如表 3-19 所示。

表 3-19　不同水温对砂的表观密度影响的修正系数

水温/℃	15	16	17	18	19	20
α_t	0.002	0.003	0.003	0.004	0.004	0.005
水温/℃	21	22	23	24	25	—
α_t	0.005	0.006	0.006	0.007	0.008	—

②表观密度以两次试验结果的算术平均值作为测定值;如两次试验结果之差大于 20 kg/m³,须重新取样进行试验。

3) 石子的堆积密度和紧密密度试验

(1)试验目的。石子的堆积密度、紧密密度和空隙率是进行混凝土配合比设计的必要资料,通过试验应掌握标准规定的测试方法,正确使用所用仪器与设备,并熟悉其性能。

(2)主要仪器设备。

①秤——称量 100 kg,感量 100 g。②容量筒 ——金属制,圆柱形,容积为 10 L 和 20 L。③烘箱——温度控制范围为(105±5) ℃。④其他——漏斗、平头铁锹、垫棒、直尺、浅盘等。

(3)试样制备。试验前,取质量约等于取样细则中所规定的试样放入浅盘中,在(105±5) ℃的烘箱中烘干,也可以摊在清洁的地面上风干,拌匀后分成两份备用。

(4)试验步骤。

①松散堆积密度的测定。取试样一份,用取样铲从容量筒口中心上方 50 mm 处,让试样自由落下,当容量筒上部试样呈锥体并向四周溢满时,停止加料。除去凸出容量筒表面的颗粒,以适当的颗粒填入凹陷处,使凹凸部分的体积大致相等。称出试样和容量筒的总质量(m_2),精确至 10 g。

②紧密堆积密度的测定。将容量桶置于坚实的平地上,取试样一份,用取样铲将试样分三次自距容量桶上口 50 mm 高度处装入桶中,每装完一层后,在桶底放一根垫棒,将桶按住,左右交替颠击地面 25 次。将三层试样装填完毕后,再加试样直至超过桶口,用钢尺或直尺沿桶口边缘刮去高出桶口的试样,并用适合的颗粒填平凹处,使表面凸起部分与凹陷部分的体积大致相等。称出试样和容量筒的总质量(m_2),精确至 10 g。

③称出容量筒的质量,精确至 10 g。

(5) 试验结果计算与评定。

①堆积密度、紧密密度应按式(3-10)进行计算,精确至 10 kg/m³。

$$\rho_L(\rho_c) = (m_2 - m_1)/V \times 1000 \tag{3-10}$$

式中:$\rho_L(\rho_c)$——堆积密度(紧密密度)(kg/m³);

m_1——容量筒的质量(kg);

m_2——容量筒和砂的总质量(kg);

V ——容量筒的容积(L)。

②空隙率按式(3-11)、式(3-12)计算,精确至 1%。

$$v_L = (1 - \rho_L/\rho) \times 100\% \tag{3-11}$$

$$v_c = (1 - \rho_c/\rho) \times 100\% \tag{3-12}$$

式中：v_L——堆积密度的空隙率（％）；

　　　v_c——紧密密度的空隙率（％）；

　　　ρ_L——碎石、卵石的堆积密度（kg/m³）；

　　　ρ——碎石、卵石的表观密度（kg/m³）；

　　　ρ_c——碎石、卵石的紧密密度（kg/m³）。

③结果判定和处理：堆积密度和紧密密度均以两次试验结果的算术平均值为测定值。

4）石子的压碎值指标试验

（1）试验目的。通过测定碎石或卵石抵抗压碎的能力，以间接地推测其相应的强度。

（2）主要仪器设备。

①压力试验机——荷载 300 kN。②压碎值指标测定仪。③方孔筛——筛孔直径为 19.0 mm 和 9.50 mm 各一只。④秤——称量 5 kg，感量 5 g。

（3）试样制备。

①标准试样一律采用公称粒级为 10.0～20.0 mm 的颗粒，并在风干状态下进行试验。

②对多种岩石组成的卵石，当其公称粒级大于 20.0 mm 的颗粒的岩石矿物成分与 10.0～20.0 mm 粒级有显著差异时，应将大于 20.0 mm 的颗粒应经人工破碎后，筛取 10.0～20.0 mm 标准粒级另外进行压碎值指标试验。

③将缩分后的样品先筛除试样中公称粒级 20.0 mm 以上及 10.0 mm 以下的颗粒，再用针状和片状规准仪剔除针状和片状颗粒，然后称取每份 3 kg 试样 3 份备用。

（4）试验步骤。

①置圆筒于底盘上，取试样一份，分两层装入筒内。每装完一层试样后，在底盘下面垫放一根直径为 10 mm 的圆钢筋，将筒按住，左右交替颠击地面各 25 下。第二层颠实后，试样表面距盘底的高度应控制为 100 mm 左右。

②整平筒内试样表面，把加压头装好（注意应使加压头保持平正），放到试验机上在 160～300 s 均匀地加荷到 200 kN，稳定 5 s，然后卸荷，取出测定筒。倒出筒中的试样并称其质量（m_0），用孔径为 2.50 mm 的方孔筛筛除被压碎的细粒，称量剩留在筛上的试样质量（m_1）。

（5）结果计算及评定。

①碎石或卵石的压碎值指标，应按式（3-13）计算（精确至 0.1％）。

$$\delta_a = \frac{m_0 - m_1}{m_0} \times 100\% \tag{3-13}$$

式中：δ_a——压碎值指标（％）；

　　　m_0——试样的质量（g）；

　　　m_1——压碎试验后筛余的试样质量（g）。

②对多种岩石组成的卵石，如对于公称粒级 20 mm 以下和 20 mm 以上的标准粒级（10.0～20.0 mm）分别进行检验，则其总的压碎指标值应按式（3-14）计算。

$$\delta_a = \frac{\alpha_1 \delta_{a1} + \alpha_2 \delta_{a2}}{\alpha_1 + \alpha_2} \times 100\% \tag{3-14}$$

式中：δ_a——总的压碎值指标(%)；

　　α_1、α_2——公称粒径 20.0 mm 以下和 20.0 mm 以上两粒级的颗粒含量百分率(%)；

　　δ_{a1}、δ_{a2}——两粒级以标准粒级试验的分计压碎值指标(%)。

③以三次试验结果的算术平均值作为压碎指标测定值。

5）石子的针、片状含量试验

（1）主要仪器设备。

①针片规准仪和片状规准仪或游标卡尺。②天平——称量 2000 g，感量 2 g；秤——称量 20 kg，感量 20 g。③标准砂石筛——筛孔公称直径为 40.0 mm、31.5 mm、25.0 mm、20.0 mm、16.0 mm、10.0 mm、5.0 mm、2.50 mm 的方孔筛 1 套以及筛的底盘和盖各 1 只，根据需要选用。

（2）取样。

试验前，将样品在室内风干至表面干燥，并用四分法缩分至表 3-20 规定的数量，称量（m_0）并筛分成表 3-21 所规定的粒级备用。

表 3-20　针状和片状颗粒的总含量试验所需的试样最小质量

最大公称粒径/mm	10.0	16.0	20.0	25.0	31.5	≤40
试样最小质量/kg	0.3	1	2	3	5	10

表 3-21　针状和片状颗粒的总含量试验的粒级划分及相应的规准仪孔宽或间距

公称粒级/mm	5.0～10.0	10.0～16.0	16.0～20.0	20.0～25.0	25.0～31.5	31.5～40.0
片状规准仪上相对应的孔宽/mm	2.8	5.1	7.0	9.1	11.6	13.8
针状规准仪上相对应的间距/mm	17.1	30.6	42.0	54.6	69.6	82.8

（3）试验步骤。

①按表 3-21 所规定的粒级用规准仪逐粒对试样进行鉴定，凡颗粒长度大于针状规准仪上相对应间距者，为针状颗粒。厚度小于片状规准仪上相对应孔宽者，为片状颗粒。

②称量由各粒级挑出的针状和片状颗粒的总质量（m_1）。

（4）结果计算。

碎石或卵石中针、片状颗粒含量 ω_p 按式(3-15)计算，精确至 1%。

$$\omega_p = m_1/m_0 \times 100\%　　　　　　(3-15)$$

式中：ω_p——针状和片状颗粒的总含量(%)；

　　m_1——试样中所含针、片状颗粒的总质量(g)；

　　m_0——试样总质量(g)。

（5）结果判定。

根据实测结果对照标准规定判定是否符合质量要求。

6）含泥量试验

（1）主要仪器设备。

①电子秤——称量 20 kg，感量 20 g，1 台。②试验筛——筛孔公称直径为 1.25 mm 及 0.080 mm 方孔筛各一个。③烘箱——温度控制在（105±5）℃，1 台。④其他——洗砂用的容器（容量为 10 L）及烘干用的浅盘等。

（2）试样制备。

将样品用四分法缩分至略大于表 3-22 所示的量，应注意防止细粉丢失。缩分后试样在（105±5）℃烘箱内烘至恒重，冷却至室温后分成两份备用。

表 3-22　含泥量试验所需的试样最小质量

最大公称粒径/mm	10.0	16.0	20.0	25.0	31.5	40.0
试样最小质量/kg	2	2	6	6	10	10

（3）试验步骤。

①称取试样一份（m_0）装入容器中摊平，并注入饮用水，使水面高出石子面 150 mm；浸泡 2 h 后，用手在水中淘洗颗粒，使尘屑、淤泥和黏土与较粗颗粒分离，并使之悬浮或溶解于水。缓缓地将浑浊液倒入公称直径为 1.25 mm 及 0.080 mm 的方孔套筛上，滤去小于 0.080 mm 的颗粒。试验前筛子的两面应先用水湿润。在整个试验中应注意避免大于 0.080 mm 的颗粒丢失。

②再次加水于容器中重复上述过程，直至洗出的水清澈为止。

③用水冲洗剩留在筛上的细粒，并将公称粒径为 0.080 mm 方孔筛放在水中来回摇动，以充分洗除小于 0.080 mm 的颗粒。然后将两只筛上剩留的颗粒和筒中已洗净的试样一并装入浅盘，置于温度为（105±5）℃的烘箱中烘干至恒重。取出冷却至室温后，称取试样的质量（m_1）。

（4）结果计算及评定。

碎石或卵石的含泥量 ω_c 应按式（3-16）计算，精确至 0.1%。

$$\omega_c = \frac{m_0 - m_1}{m_0} \times 100\% \tag{3-16}$$

式中：ω_c——含泥量（%）；

m_0——试验前烘干试样的质量（g）；

m_1——试验后烘干试样的质量（g）。

取两次试验结果的算术平均值为测定值，如果两次结果的差值大于 0.2%，应重新取样进行试验。依据标准规定的含泥量的要求判定检测结果。

7）泥块含量试验

（1）主要仪器设备。

①电子秤——称量 20 kg，感量 20 g，1 台。②试验筛——孔径 2.50 mm、5.00 mm 方孔筛各一个。③洗石用水筒及烘干用的浅盘等。④烘箱——温度控制范围为（105±5）℃。

（2）试样制备。

试验前将样品用四分法缩分至略大于表 3-23 所示的量，缩分应注意防止所含黏土块被压碎。缩分后的样品在(105±5)℃烘箱内烘至恒重,冷却至室温后分成两份备用。

表 3-23 泥块含量试验所需的试样最小质量

最大公称粒径/mm	10.0	16.0	20.0	25.0	31.5	40.0
试样最小质量/kg	2	2	6	6	10	10

(3)试验步骤。

①筛去公称粒径 5.00 mm 以下颗粒,称质量(m_1)。

②将试样在容器中摊平,加入饮用水使水面高出试样表面,24 h 后把水放出,用手碾压泥块,然后把试样放在公称粒径的 2.5 mm 方孔筛上摇动淘洗,直至洗出的水清澈为止。

③将筛上的试样小心地从筛里取出,置于温度为(105±5)℃烘箱中烘干到恒重。取出冷却至室温后称质量(m_2)。

(4)结果计算及评定。

泥块含量 $\omega_{c,L}$ 按式(3-17)计算(精确至 0.1%)。

$$\omega_{c,L} = \frac{m_1 - m_2}{m_1} \times 100\% \tag{3-17}$$

式中:$\omega_{c,L}$——泥块含量(%);

　　m_1——公称粒径 5.00 mm 筛上筛余量(g);

　　m_2——试验后烘干试样的质量(g)。

数据判定和处理:以两次试验结果的算术平均值作为测定值。如果两次结果的差值超过 0.2%,应重新取样进行试验。依据标准规定的泥块含量的要求判定检测结果。

【岗位业务训练表单】

碎(卵)石试验委托单

工程编号:_____　　　　试验编号:_____

委托日期:____年____月____日　　建设单位:_____

委托单位:_____　　　　工程名称:_____

产　　地:_____ 种类:_____　规　格:_____(mm)

级配要求:_____　　　　进场数量:_____(m³)

主要试验项目(在序号上画"√"):1.颗粒级配 2.针片状颗粒含量 3.含泥量 4.有机物含量 5.表观密度 6.堆积密度 7.空隙率 8.压碎指标

其他检验项目:

见证单位:_____　见证人:_____　监理工程师:_____

送样人:_____　收样人:_____　试验员:_____

碎(卵)石检测原始记录

委托日期	年 月 日		试验编号	
试验日期	年 月 日		试样编号	
委托单位			环境条件	
依据标准				
仪器设备				

颗粒级配	公称筛孔/mm	100	80.0	63.0	50.0	40.0	31.5	25.0	20.0	16.0	10.0	5.00	2.50	筛底	总量
	筛余量/g														
	分计筛余/(%)														
	累计筛余/(%)														

表观密度 ρ	试样质量/g	试样、水、瓶、玻璃片质量/g	水、瓶、玻璃片质量/g	水温修正系数(a_t)	表观密度/(kg/m³)	平均值	空隙率(%) $$V_L = \left(1 - \frac{\rho_L}{\rho}\right) \times 100\% =$$

堆积密度 ρ_L	试样质量/g	容量筒的容积/L	容量筒的质量/kg	试样和容量筒的总质量/kg	堆积密度/(kg/m³)	平均值	

含泥量	试样质量/g	洗后干质量/g	含量/(%)	平均值	泥块含量	试样质量/g	洗后干质量/g	含量/(%)	平均值

续表

委托日期	年　月　日					试验编号		
压碎指标值	试样质量/g	压碎后筛余/g	压碎指标值/（%）	平均值	针、片状颗粒含量	试样总质量/g	针、片状颗粒总质量/g	针、片状颗粒含量/（%）

结论：

审核：　　　　　试验：　　　　　报告于　　年　　月　　日发出

碎(卵)石试验报告

委托日期：＿＿年＿＿月＿＿日　　　　试验编号：＿＿＿＿＿＿＿＿＿＿

发出日期：＿＿年＿＿月＿＿日　　　　建设单位：＿＿＿＿＿＿＿＿＿＿

委托单位：＿＿＿＿＿＿＿＿＿　　　　工程名称：＿＿＿＿＿＿＿＿＿＿

产　　地：＿＿＿＿＿＿种类：＿＿＿　规格：＿＿＿＿＿（mm）

级配要求：　单粒级　　　　　　　　进场数量：＿＿＿＿＿（m³）

送样人：＿＿＿＿＿取样和送检见证人：＿＿＿＿＿监理工程师：＿＿＿＿＿

表观密度＿＿＿＿＿＿kg/m³	堆积密度＿＿＿＿＿＿＿＿kg/m³
空隙率＿＿＿＿＿＿％　含泥量＿＿＿＿＿％	泥块含量＿＿＿＿＿％
有机物含量（比色法）＿＿＿＿＿＿	针片状颗粒含量＿＿＿＿＿＿％
强度压碎指标＿＿＿＿＿＿％	坚固性重量损失＿＿＿＿＿＿＿％
碱活性＿＿＿＿＿＿＿＿＿％	SO₃含量＿＿＿＿＿＿＿％

颗粒级配累计筛余/（%）					
方孔筛筛孔边长/mm	2.36	4.75	9.5	16.0	19.0	26.5
累计筛余/（%）					
方孔筛筛孔边长/mm	31.5	37.5	53	63	75	90

累计筛余/(%)							

结论：

试验单位：　　　　　负责人：　　　审核：　　　试验：

单位工程技术负责人意见：   　　　　　　　　　　　　　　　　　　　　签章：

注：1. 如发现有颗粒状硫磺盐或硫化物杂质时应作 SO₃检验；

2. 对于长期处于潮湿环境的重要混凝土结构所使用的石子应进行碱活性检验。

码 3-5 为石子试验报告举例。

码 3-5　石子试
验报告举例

3.2.4　水

混凝土用水：混凝土拌和用水和混凝土养护用水的总称。混凝土用水包括饮用水、地表水、地下水、再生水、混凝土企业设备洗刷水和海水等。

凡符合国家标准的生活用水，均可拌制和养护各种混凝土。地表水和地下水，首次使用前，应按《混凝土用水标准》(JGJ 63—2006)规定进行检验。

未经处理的海水严禁用于钢筋混凝土和预应力混凝土。

有害杂质的污水不能拌制和养护混凝土。有饰面要求的混凝土，不应用海水拌制。

混凝土生产厂及商品混凝土厂设备的洗刷水，可用作拌和混凝土的部分用水。但要注意洗刷水所含水泥和外加剂品种对所拌制混凝土的影响，且最终拌和水中氯化物、硫酸盐及硫化物的含量应满足相关要求。工业废水经检验合格后，可用于拌制混凝土，否则必须予以处理，合格后方能使用。

水的 pH 值、不溶物、可溶物、氯化物、硫酸盐、碱含量，应符合表 3-24 的规定。

表 3-24　混凝土拌和水中物质含量限值

项　　目	预应力混凝土	钢筋混凝土	素混凝土
pH 值	≥5.0	≥4.5	≥4.5
不溶物/(mg/L)	≤2000	≤2000	≤5000
可溶物/(mg/L)	≤2000	≤5000	≤10000
Cl⁻/(mg/L)	≤500	≤1000	≤3500
SO_4^{2-}/(mg/L)	≤600	≤2000	≤2700
碱含量/(mg/L)	≤1500	≤1500	≤1500

注：碱含量按 $Na_2O+0.658K_2O$ 计算值来表示。采用非碱活性骨料时，可不检验碱含量。

3.2.5 混凝土外加剂

1. 混凝土外加剂定义

混凝土外加剂是混凝土中除胶凝材料、骨料、水和纤维组分以外,在混凝土拌制之前或拌制过程中加入的,用以改善新拌混凝土和(或)硬化混凝土性能,对人、生物及环境安全无有害影响的材料,通常简称为外加剂。

2. 混凝土外加剂的分类

根据标准规定,混凝土外加剂按其主要功能分为四类,可概括为"一个调节、三个改善"。

(1) 调节混凝土凝结时间、硬化过程的外加剂,包括缓凝剂、促凝剂和速凝剂等。

(2) 改善混凝土拌和物流变性能的外加剂,包括各种减水剂和泵送剂等。

(3) 改善混凝土耐久性的外加剂,包括引气剂、防水剂、阻锈剂和矿物外加剂等。

(4) 改善混凝土其他性能的外加剂,包括膨胀剂、防冻剂和着色剂等。

3. 混凝土中常用外加剂的种类

1) 减水剂

(1) 减水剂定义:是指在混凝土坍落度基本相同条件下,能减少拌和用水量的外加剂。根据其功能的不同,减水剂可分为普通减水剂、高效减水剂、早强减水剂、缓凝减水剂、引气减水剂等。减水剂因具有多种效果,是目前使用最多的外加剂。

(2) 减水剂的作用机理。

减水剂为表面活性物质,其分子由亲水基团和憎水基团两个部分组成。水泥加水拌和,水泥浆成絮凝结构,包裹一部分拌和水,降低了流动性。减水剂的作用机理表现在以下三个方面,如图 3-5 所示。

①疏水基团定向吸附于水泥颗粒表面,亲水基团指向水溶液,使水泥颗粒表面带有相同电荷,斥力作用使水泥颗粒分开,放出絮凝结构游离水,增加流动性。

②亲水基团吸附大量极性水分子,增加水泥颗粒表面溶剂化水膜厚度,起润滑作用,改善工作性。

③减水剂降低表面张力,水泥颗粒更易湿润,使水化比较充分,从而提高混凝土的强度。

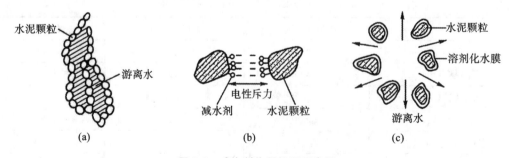

图 3-5 减水剂作用机理示意图

（3）减水剂的技术经济效果。

①提高流动性；②提高混凝土的强度；③节约水泥；④改善混凝土的耐久性；⑤改善了传统的施工工艺，减轻了工人的劳动强度，实现了施工机械化。

（4）常用的减水剂种类：按化学成分主要有木质素系、多环芳香磺酸盐类、水溶性树脂磺酸盐类、脂肪族类和复合型减水剂等。

①木质素系减水剂：包括木质素磺酸钙（木钙）、木质素磺酸钠（木钠）、木质素磺酸镁（木镁）等。其中木钙减水剂（又称 M 型减水剂）应用较多。

木钙减水剂为普通减水剂，其适宜掺量一般为水泥质量的 $0.2\%\sim0.3\%$。木钙减水剂对混凝土主要还有缓凝作用，掺量过多或在低温下，其缓凝作用更为显著，还可能使混凝土强度降低，使用时应注意。

木钙减水剂可用于一般混凝土工程，尤其适用于大体积浇筑、滑模施工、泵送混凝土及夏季施工等工程。

②多环芳香磺酸盐类减水剂：主要为萘系减水剂等。

萘系减水剂，属于高效减水剂，我国生产的主要有 NNO、NF、FDN、UNF、MF、建Ⅰ型等减水剂，其中大部分品牌为非引气型减水剂。萘系减水剂的适宜掺量为水泥质量的 $0.5\%\sim1.0\%$，减水率为 $10\%\sim25\%$，混凝土 28 d 强度提高 20% 以上。萘系减水剂的减水增强效果好，对不同品种水泥的适应性较强，适用于配制早强、高强、流态、蒸养混凝土。

③水溶性树脂磺酸盐类减水剂：磺化三聚氰胺树脂、磺化古马隆树脂等。该类减水剂增强效果显著，为高效减水剂。国内产品主要有 SM 树脂减水剂等。

SM 减水剂掺量为水泥质量的 $0.5\%\sim2.0\%$，其减水率为 $15\%\sim27\%$，混凝土 3 d 强度提高 $30\%\sim100\%$，28 d 强度可提高 $20\%\sim30\%$。SM 减水剂适于配制高强混凝土、早强混凝土、流态混凝土及蒸养混凝土等。

④脂肪族类：聚羧酸盐类、聚丙烯酸盐及其共聚物和顺丁烯二酸酐共聚物。

聚羧酸盐类减水剂是目前商品混凝土中主要应用的外加剂之一。

2）早强剂

（1）早强剂定义：是加速混凝土早期强度发展，但对后期强度无显著影响的外加剂。早强剂可以在常温、低温（不低于 $-5℃$）条件下加速混凝土的硬化过程，多用于冬季施工和抢修工程。

（2）早强剂常用种类：主要有无机盐类（氯盐类、硫酸盐类）、有机胺类和有机-无机复合物三大类。

①氯盐类早强剂。

氯盐类早强剂主要有氯化钙、氯化钾、氯化铝及三氯化铁等，其中氯化钙应用较多。氯化钙为白色粉末状物，其适宜掺量为水泥质量的 $0.5\%\sim1.0\%$，能使混凝土 3 d 强度提高 $50\%\sim10\%$，7 d 强度提高 $20\%\sim40\%$。

采用氯化钙作早强剂，最大的缺点是含有氯离子 Cl^-，会使钢筋锈蚀，并导致混凝土开裂。为了抑制氯化钙对钢筋的锈蚀作用，常将氯化钙与阻锈剂亚硝酸钠（$NaNO_2$）复合作用。

②硫酸盐类早强剂。

硫酸盐类早强剂主要有硫酸钠、硫代硫酸钙、硫酸铝、硫酸铝钾等,其中硫酸钠应用较多。硫酸钠为白色粉状物,一般掺量为 0.5%~2.0%,当掺量为 1%~1.5% 时,混凝土达到设计强度 70% 的时间可缩短一半左右。

硫酸钠对钢筋无锈蚀作用,适用于不允许掺用氯盐的混凝土。但由于它与氢氧化钙作用生成强碱 NaOH,为防止碱骨料反应,硫酸钠严禁用于含有活性骨料的混凝土,同时应注意不能超量掺加,以免导致混凝土产生后期膨胀开裂破坏,并防止混凝土表面产生"白霜"。

③有机胺类早强剂。

有机胺类早强剂主要有三乙醇胺、三异丙醇胺等,其中早强效果以三乙醇胺为佳。

三乙醇胺为无色或淡黄色油状液体,呈碱性,能溶于水。掺量为水泥质量的 0.02%~0.05% 时,能使混凝土早期强度提高。三乙醇胺对混凝土稍有缓凝作用,掺量过多会造成混凝土严重缓凝和混凝土强度下降,故应严格控制掺量。

3)缓凝剂

(1)缓凝剂定义:是指能延长混凝土凝结时间的外加剂。

(2)缓凝剂常用种类。

①糖类:如糖钙等。②木质素磺酸盐类:如木质素磺酸钙、木质素磺酸钠等。③羟基羧酸及其盐类:如柠檬酸、酒石酸钾钠等。④无机盐类:如锌盐、硼酸盐、磷酸盐等。⑤其他:如胺盐及其衍生物、纤维素醚等。

(3)适宜掺量。

建筑施工中,常用的缓凝剂是木钙和糖蜜,它们的适宜掺量为水泥质量的 0.2%~0.3%,减水率 6%~10%,可使混凝土 28 天强度提高 15%~20%,一般缓凝 3 小时以上。同时,水化热显著降低,混凝土弹性模量、抗渗性、抗冻性也有提高,对钢筋无锈蚀作用。柠檬酸是一种高效缓凝剂,它为无色、无臭、无毒的晶体。随掺量不同,掺入后混凝土的凝结时间可延缓数小时至十几小时。柠檬酸的一般掺量为水泥质量的 0.03%~0.1%。

缓凝剂具有缓凝、减水、降低水化热和增强作用,对钢筋也无锈蚀作用。主要适用于大体积混凝土和炎热气候下施工的混凝土以及需长时间停放或长距离运输的混凝土。

4)引气剂

(1)引气剂定义:能通过物理作用引入均匀分布、稳定而封闭的微小气泡,且能将气泡保留在硬化混凝土中的外加剂。

(2)常用种类。

①松香树脂类:如松香热聚物、松香皂等。②烷基苯磺酸盐类:如十二烷基磺酸盐、烷基苯磺酸盐等。③脂肪醇磺酸盐类:如脂肪醇聚氧乙烯醚、脂肪醇聚氧乙烯磺酸钠等。④其他:如蛋白质盐、石油磺酸盐等。

(3)常用掺量:为使混凝土含气量适宜,引气剂的掺量一般为水泥质量的 0.005%~0.012%。

(4)应用:引气剂的作用是减少混凝土拌和物的泌水、离析,改善和易性,并能显著提高硬化混凝土抗冻性、耐久性。因此引气剂可用于抗渗混凝土、抗冻混凝土、抗硫酸盐侵蚀混凝土、泌水严重的混凝土、贫混凝土、轻质混凝土以及对饰面有要求的混凝土等,但引气剂不宜用于蒸养混凝土及预应力混凝土。

(5)引气剂与减水剂都能取得提高混凝土拌和物的流动性,节省水泥的效果,但引气剂对强度有影响,一般混凝土的含气量每增加 1%,其抗压强度将降低 4%~6%,抗折强度降低 2%~3%。

5)防冻剂

(1)防冻剂定义:是能使混凝土在负温下硬化,并在规定养护条件下达到预期性能的外加剂。

(2)常用的防冻剂种类:氯盐类、氯盐阻锈类、无氯盐类。

防冻剂用于负温条件下施工的混凝土。目前,国产防冻剂品种适用于 $-15\sim0$ ℃的气温,当在更低气温下施工时,应增加其他混凝土冬季施工措施。

6)速凝剂

(1)速凝剂定义:是指能使混凝土迅速凝结硬化的外加剂。速凝剂主要有无机盐和有机物类两类。我国常用的速凝剂使无机盐类,主要有红星Ⅰ型、711 型、728 型、8604型等。

(2)机理:速凝剂掺入混凝土后,能使混凝土在 5 min 内初凝,1 h 就可产生强度,1 d强度提高 2~3 倍,但后期强度会下降,28 d 强度为不掺时的 80%~90%。速凝剂的速凝早强作用机理,是使水泥中的石膏变成 Na_2SO_4,失去缓凝作用,从而促使 C_3A 迅速水化,并在溶液中析出其水化产物晶体,导致水泥浆迅速凝固。

(3)应用:速凝剂主要用于矿山井巷、铁路隧道、饮水涵洞、地下工程以及喷锚支护时的喷射混凝土或喷射砂浆工程中。

7)泵送剂

泵送剂是指能改善混凝混凝土拌和物泵送性能的外加剂。

8)防水剂

防水剂是指降低砂浆、混凝土在静水压力下透水性的外加剂。

9)保塑剂

保塑剂是指在一定时间内,减少混凝土坍落度损失的外加剂。

4. 外加剂的选择使用及掺加方法

(1)外加剂的选择和使用。在混凝土中掺用外加剂,若选择和使用不当,会造成质量事故,因此应注意以下两点。

①外加剂品种的选择。在选择外加剂时,应根据工程需要、现场的材料条件,参考有关资料,通过试验确定。尤其要考虑外加剂与水泥的适应性。

②外加剂掺量的确定。外加剂掺量以外加剂占胶凝材料质量的百分数表示。混凝土外加剂均有适宜掺量,掺量过小,往往达不到预期效果;掺量过大,则会影响混凝土质量,甚至造成质量事故。因此,应通过试验试配,确定最佳掺量。

(2)外加剂的掺加方法。根据外加剂的掺入方法,减水剂有内掺法、外掺法、先掺法、同掺法、后掺法、二次掺加法等方法。

3.2.6 矿物掺合料

以硅、铝、钙等一种或多种氧化物为主要成分，具有规定细度，掺入混凝土中能改善混凝土性能的粉体材料，称为矿物掺合料或矿物外加剂，又称为现代混凝土中不可缺少的第六组分。

矿物掺合料主要种类有粉煤灰、粒化高炉矿渣、硅灰、沸石粉及其他工业废料。

1. 粉煤灰

(1) 粉煤灰定义：煤粉炉烟道气体中收集的粉末。

粉煤灰是我国当前排量较大的工业废渣之一，随着电力工业的发展，燃煤电厂的粉煤灰排放量逐年增加。若大量的粉煤灰不加处理，就会产生扬尘，污染大气；若排入水系会造成河流淤塞，而其中的有毒化学物质还会对人体和生物造成危害。

(2) 粉煤灰的化学组成。

我国火电厂粉煤灰的主要氧化物组成为：SiO_2、Al_2O_3、Fe_2O_3、CaO、MgO、SO_3、Na_2O、K_2O、FeO 等。表 3-25 所示是我国电厂粉煤灰主要的化学组成。

表 3-25 我国电厂粉煤灰主要的化学组成

项目	化学组成/(%)								
组成	烧失量	SiO_2	Al_2O_3	Fe_2O_3	CaO	MgO	SO_3	Na_2O	K_2O
范围	1.1~26.5	31.1~60.8	11.9~35.6	1.4~37.5	0.7~9.6	0.1~1.9	0~1.8	0.1~1.1	0.3~2.9
平均值	7.1	51.1	27.6	7.8	2.9	1.0	0.4	0.4	1.2

(3) 粉煤灰在水泥混凝土中的作用。

根据粉煤灰的化学特征、几何特征和物理特征，将粉煤灰在混凝土中的作用机理归结为三个基本效应，即形态效应、活性效应、微集料效应。

①形态效应：粉煤灰表面光滑致密，呈圆形颗粒，他们包裹在粗糙的水泥和骨料表面，具有"滚珠"润滑作用，减少内摩擦阻力而增大混凝土的流动性，一般称为形态效应。

②活性效应：粉煤灰的"活性效应"因粉煤灰系人工火山灰质材料，所以又称为"火山灰效应"。因粉煤灰中的化学成份含有大量活性 SiO_2 及 Al_2O_3，在潮湿的环境中与 $Ca(OH)_2$ 等碱性物质发生化学反应，生成水化硅酸钙、水化铝酸钙等胶凝物质，堵塞混凝土中的毛细组织，对粉煤灰制品及混凝土能起到增强作用，提高混凝土的抗腐蚀能力。

③微集料效应：粉煤灰的颗粒粒径范围是 $0.5\sim300\ \mu m$，这一范围与水泥接近，但其中大部分颗粒要比水泥细得多，因此粉煤灰与水泥颗粒可以形成级配体系，将原来填充于水泥颗粒间的填充水置换出来形成自由水，增加浆体流动性，一般称为微集料效应。

(4) 粉煤灰分类与等级。

参照标准为《用于水泥和混凝土中的粉煤灰》(GB/T 1596—2017)。

①粉煤灰的分类：根据燃煤品种和氧化钙含量分为 F 类粉煤灰(由无烟煤或烟煤燃烧收集的粉煤灰)和 C 类粉煤灰(由褐煤或次烟煤燃烧收集的粉煤灰，氧化钙含量一般大于10%)。根据用途分为拌制砂浆和混凝土用粉煤灰、水泥活性混合材料用粉煤灰两类。

②粉煤灰等级:拌制砂浆和混凝土用粉煤灰分为三个等级:Ⅰ级、Ⅱ级、Ⅲ级。水泥活性混合材料用粉煤灰不分级。拌制砂浆和混凝土用粉煤灰的理化性能要求如表3-26所示。

表3-26　拌制砂浆和混凝土用粉煤灰的理化性能要求

项目		理化性能要求		
		Ⅰ级	Ⅱ级	Ⅲ级
细度(45 μm方孔筛)/(%)	F类粉煤灰	≤12.0	≤30.0	≤45.0
	C类粉煤灰			
需水量比/(%)	F类粉煤灰	≤95	≤105	≤115
	C类粉煤灰			
烧失量/(%)	F类粉煤灰	≤5.0	≤8.0	≤10.0
	C类粉煤灰			
含水量/(%)	F类粉煤灰	≤1.0		
	C类粉煤灰			
三氧化硫(SO_3)质量分数/(%)	F类粉煤灰	≤3.0		
	C类粉煤灰			
游离氧化钙(f-CaO)质量分数/(%)	F类粉煤灰	≤1.0		
	C类粉煤灰	≤4.0		
二氧化硅(SiO_2)、三氧化二铝(Al_2O_3)和三氧化二铁(Fe_2O_3)总质量分数/(%)	F类粉煤灰	≥70.0		
	C类粉煤灰	≥50.0		
密度/(g/cm³)	F类粉煤灰	≤2.6		
	C类粉煤灰			
安定性(雷氏法)/mm	C类粉煤灰	≤5.0		
强度活性指数/(%)	F类粉煤灰	≥70.0		
	C类粉煤灰			

商品混凝土中多采用Ⅰ级和Ⅱ级粉煤灰,并对细度、烧失量、需水量比、SO_3的含量、活性指数按规定进行检验。码3-6所示为某混凝土公司的粉煤灰检测原始记录及粉煤灰试验报告举例。

(5)粉煤灰的应用。

粉煤灰加入商品混凝土中取代部分水泥,减少水泥用量,降低了混凝土的成本;同时大大改善混凝土拌和物的和易性,提高混凝土的强度和耐久性,降低水化热等。粉煤灰的应用促进了商品混凝土的发展,具有极大的技术、经济和社会效益。

码3-6　粉煤灰检测原始记录及粉煤灰试验报告举例

2. 磨细的粒化高炉矿渣粉(简称矿粉)

(1)粒化高炉矿渣粉定义:从炼铁高炉中排出的,以硅酸盐与铝硅酸盐为主要成分的熔融物,经淬冷成粒后粉磨得到的粉体材料。烘干后的矿粉如图 3-6 所示。

图 3-6 烘干后的矿粉

(2)矿粉的化学组成:取决于矿渣的化学组成,一般是一些氧化物(CaO、SiO_2、Al_2O_3、MgO、FeO 等,前四种氧化物一般占 90% 以上)和一些硫化物(CaS、MnS、FeS 等)。

(3)技术要求:《用于水泥、砂浆和混凝土中的粒化高炉矿渣粉》(GB/T 18046—2017)标准中,对磨细矿粉有六项指标要求,即密度、比表面积、活性指数、流动度比、含水量和烧失量。同时,将磨细矿粉分为 S105、S95、S75 三个等级,如表 3-27 所示。

表 3-27 磨细矿粉的质量指标

项目		级别		
		S105	S95	S75
密度/(g/cm³)		≥2.8		
比表面积/(m²/kg)		≥500	≥400	≥300
活性指数/(%)	7 d	≥95	≥70	≥55
	28 d	≥105	≥95	≥75
流动度比/(%)		≥90		
初凝时间比/(%)		≤200		
含水量(质量分数)/(%)		≤1.0		
三氧化硫(质量分数)/(%)		≤4.0		
氯离子(质量分数)/(%)		≤0.06		
烧失量(质量分数)/(%)		≤1.0		
不溶物(质量分数)/(%)		≤3.0		
玻璃体含量(质量分数)/(%)		≥85		
放射性		$I_{Ra} \leqslant 1.0$ 且 $I_t \leqslant 1.0$		

(4)应用效果:取代部分硅酸盐水泥熟料,生产矿渣硅酸盐水泥,有效地降低了水泥的成本,增加了产量,扩大了水泥使用范围;商品混凝土中用矿渣粉取代部分水泥,减少了水泥用量,降低了混凝土的生产成本;商品混凝土中掺入矿渣粉,可大大改善混凝土拌和物的和易性、可泵性;矿渣和粉煤灰双掺时,对混凝土后期强度发展具有增强作用,还可提高混凝土的耐久性。

3. 硅灰

(1)定义:是硅铁合金厂和硅单质厂在冶炼时通过收尘装置收集的随气体从烟道排出的极细粉末。外观为青灰色或灰白色粉末,耐火度大于 1600 ℃。

(2)化学组成:硅灰的化学组成主要是 SiO_2,此外还含有少量的氧化铁、氧化钙等,但成分很少。

(3)颗粒组成与细度:硅灰颗粒主要为非晶态的球形颗粒,颗粒表面较为光滑。而且颗粒比水泥和粉煤灰小得多,主要是 $0.5\mu m$ 以下的颗粒,平均粒径为 $0.1\sim0.2\ \mu m$,一般采用比表面积法来表示细度。硅灰比表面积为水泥的 $80\sim100$ 倍,粉煤灰的 $50\sim70$ 倍。

(4)应用效果:硅灰属于火山灰质材料,火山灰活性是其重要的性能指标。其作用原理也可以归结为形态效应、活性效应和微集料效应。在混凝土中主要能显著提高混凝土的抗压、抗折、抗渗、防腐、抗冲击及耐磨性能;具有保水、防止离析、泌水、大幅降低混凝土泵送阻力的作用;能显著延长混凝土的使用寿命。特别是在氯盐污染侵蚀、硫酸盐侵蚀、高湿度等恶劣环境下,可使混凝土的耐久性提高一倍甚至数倍;硅灰是高强混凝土和高性能混凝土的必不可少的成分,在强度等级为 C100 以上的混凝土中大量应用。

任务 3.3　普通混凝土拌和物的和易性

任务描述

1. 根据相关标准,能进行混凝土坍落度及扩展度试验,并学会观察黏聚性和保水性是否合格。

2. 若经过测定和易性不符合要求,如何调整混凝土和易性?

3. 能够填写混凝土坍落度、扩展度试验原始记录。

3.3.1　混凝土拌和物和易性概念

1. 和易性的概念

混凝土拌和物的和易性(也称工作性):是指在一定的施工条件下,混凝土拌和物易于施工操作,并获得均匀密实混凝土的性质。和易性是一项综合技术性能,一般包括流动性、黏聚性和保水性三个方面。

（1）流动性。

流动性指混凝土拌和物在自重或机械振捣力的作用下，能产生流动并均匀密实地充满模具的性能。流动性反应拌和物的稀稠程度。拌和物太稠，混凝土难以振捣，易造成内部孔隙；拌和物过稀，会造成混凝土拌和物离析、分层，影响混凝土拌和物的均匀性。码3-7为混凝土和易性状态举例；码3-8为混凝土离析现象举例。

码 3-7　混凝土和
易性状态举例

码 3-8　混凝土离
析现象举例

（2）黏聚性。

黏聚性指混凝土拌和物内部组分间具有一定的黏聚力，在运输和浇筑过程中不致发生离析、分层现象，而使混凝土能保持整体均匀的性能。

（3）保水性。

保水性指混凝土拌和物具有一定的保持内部水分的能力。良好的保水性可防止施工过程中产生严重的泌水现象。泌水是新拌混凝土内部拌和水在内部或向外部流出的现象。

2. 流动性、黏聚性和保水性三者之间的关系

流动性、黏聚性和保水性三个方面是统一的，即互相关联，又互相矛盾。如：流动性很大时，往往黏聚性和保水性差。反之亦然，黏聚性好，一般保水性较好，流动性较差。因此，所谓的混凝土拌和物和易性良好，就是使这三方面的性能，在某种具体条件下得到统一，达到均匀良好的状况。

3.3.2　和易性的测定方法

根据《普通混凝土拌和物性能试验方法标准》（GB/T 50080—2016），流动性（稠度）通常采用坍落度及坍落扩展度试验和维勃稠度试验测定。而黏聚性和保水性则凭经验目测评定。

1. 坍落度

坍落度（slump），混凝土拌和物在自重作用下坍落的高度。扩展度，混凝土拌和物坍落后扩展的直径。

坍落度试验用标准坍落度筒测定，如图3-7所示。具体操作试验过程详见3.3.6普通混凝土拌和物性能试验。

若坍落度≤10 mm，则应采取维勃稠度试验法。维勃稠度检验适用于维勃稠度5～30 s的混凝土拌和物，扩展度适用于泵送高强混凝土和自密实混凝土。

坍落度、维勃稠度和扩展度的等级划分及其允许偏差应符合表3-28～表3-30的规定（《混凝土质量控制标准》（GB 50164—2011））。

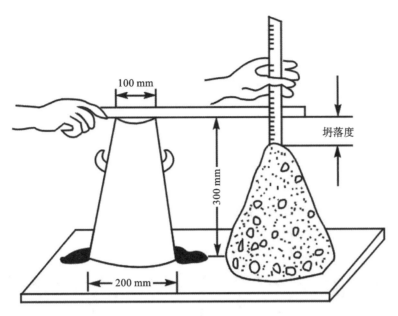

图 3-7　混凝土拌和物的坍落度测定示意图

表 3-28　混凝土拌和物的坍落度等级划分

级别	名称	坍落度/mm	允许偏差/mm
S1	低塑性混凝土	10～40	±10
S2	塑性混凝土	50～90	±20
S3	流动性混凝土	100～150	±30
S4	大流动性混凝土	160～210	
S5	超流动性混凝土	≥220	

表 3-29　混凝土拌和物的维勃稠度等级划分

级别	名称	维勃稠度/s	允许偏差/s
V0	超干硬性混凝土	≥31	±3
V1	特干硬性混凝土	30～21	
V2	干硬性混凝土	20～11	
V3	半干硬性混凝土	10～6	±2
V4	不干硬性混凝土	5～3	±1

表 3-30　混凝土拌和物的扩展度等级划分

级别	设计值	扩展度/mm	允许偏差/mm
F1		≤340	
F2		350～410	
F3	≥350	420～480	±30
F4		490～550	
F5		560～620	
F6		≥630	

2. 扩展度

本试验方法宜用于骨料最大公称粒径不大于 40 mm、坍落度不小于 160 mm 混凝土扩展度的测定。试验操作步骤详见 3.3.6 扩展度试验部分。

混凝土拌和物的坍落度及扩展度测定如图 3-8 所示。

图 3-8　混凝土拌和物的坍落度和扩展度测定示意图

3. 维勃稠度

维勃稠度试验方法是将坍落度筒放在直径为 40 mm、高度为 200 mm 的圆筒中,圆筒安装在专用的振动台上,如图 3-9 所示。按坍落度试验的方法将新拌混凝土装入坍落度筒内后再拔去坍落筒,并在新拌混凝土顶上置一透明圆盘。开动振动台并记录时间,从开始振动至透明圆盘底面被水泥浆布满瞬间止,所经历的时间以 s 计(精确至 1s),即为新拌混凝上的维勃稠度值。

根据混凝土拌和物维勃稠度值大小,可将混凝土划分为五个级别,如表 3-29 所示。

3.3.3　坍落度的选择

混凝土拌和物在满足施工要求的前提下,尽可能采用较小的坍落度;泵送混凝土拌和物坍落度设

图 3-9　维勃稠度仪

计值不宜大于 180 mm。泵送高强混凝土的扩展度不宜小于 500 mm;自密实混凝土的扩展度不宜小于 600 mm。混凝土拌和物的坍落度经时损失不应影响混凝土的正常施工。泵送混凝土拌和物的坍落度经时损失不宜大于 30 mm/h。混凝土拌和物应具有良好的和易性,并不得离析或泌水。混凝土拌和物的凝结时间应满足施工要求和混凝土性能要求。

3.3.4　影响混凝土拌和物和易性的因素

1. 水泥浆用量

水泥浆作用为填充骨料空隙,包裹骨料形成润滑层,增加流动性。在混凝土拌和物保持水灰比不变的情况下,水泥浆用量越多,流动性越大,反之越小。水泥浆用量过小,则黏聚性差。但水泥浆用量过多,黏聚性及保水性变差,将对强度及耐久性产生不利影响。水泥浆用量不能太少,但也不能太多,应以满足拌和物流动性、黏聚性、保水性要求为宜。因此对于混凝土拌和物,水泥浆用量要适宜。

2. 水泥浆的稠度

水泥浆的稠度通常采用水胶比(或 W/B)表示。当水泥浆用量一定时,水泥浆的稠度决定于水胶比的大小。

一般情况下,当 W/B 过小时,水泥浆干稠会使拌和物流动性过低,给施工带来困难。当 W/B 过大时,水泥浆过稀会使拌和物的黏聚性和保水性变差,产生流浆及离析现象,并严重影响混凝土的强度。故水胶比大小应根据混凝土强度和耐久性要求合理选用,取值范围为 0.30~0.75,并尽量选用小的水胶比。

3. 砂率

(1)砂率:是指混凝土中砂的质量占砂、石总质量的百分比。

(2)砂率对和易性的影响。砂率过大时,骨料的比表面积和空隙率大,在水泥浆用量一定时,相对减小了起到润滑骨料作用的水泥浆层厚度,使其流动性减小。砂率过小时,骨料的空隙率大,混凝土拌和物中砂浆用量不足,造成流动性较差,特别是黏聚性和保水性差,即易崩坍、离析,此外对混凝土的其他性能也不利。合理的砂率应是砂的体积填满石的空隙后略有富余,此时可获得最大的流动性和良好的黏聚性和保水性,或在流动性一定的情况下可获得最小的水泥用量。

(3)合理砂率:是指在用水量及水泥用量一定的情况下,能使混凝土拌和物获得最大的流动性,且能保持黏聚性及保水性良好时的砂率值。或指混凝土拌和物获得所要求的流动性及良好的黏聚性及保水性,而水泥用量为最小时的砂率值。具体如图 3-10 和图 3-11 所示。

4. 水泥品种及骨料性质

(1)水泥品种。使用不同水泥品种拌制的混凝土其和易性由好至坏:粉煤灰水泥—普通水泥、硅酸盐水泥—矿渣水泥(流动性大,但黏聚性差)—火山灰水泥(流动性差,但黏聚性和保水性好)。

(2)骨料性质。

①骨料最大粒径:粒径越大,总比表面积越小,拌和物流动性越大。

②骨料品种:卵石拌制的混凝土拌和物优于碎石。

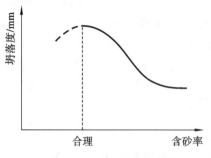

图 3-10　砂率与坍落度的关系
（水与水泥用量不变）

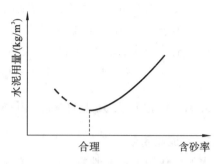

图 3-11　砂率与水泥用量的关系
（坍落度不变）

③骨料级配:具有优良级配的混凝土拌和物具有较好的和易性。

5. 外加剂

外加剂对混凝土的和易性有重要的影响。如减水剂、引气剂等外加剂能使混凝土拌和物在不改变混凝土配合比的情况下,获得良好的和易性。不仅显著增加坍落度,而且还有效地改善混凝土拌和物的黏聚性和保水性。

6. 时间和温度

(1)温度:环境温度升高,水分蒸发及水化反应加快,混凝土拌和物的流动性下降,相应坍落度降低。

(2)时间:时间延长,水分蒸发,坍落度下降。

坍落度损失是指混凝土拌和物随着时间的延长,坍落度逐渐减小的现象。因此,商品混凝土存在控制混凝土坍落度损失问题。

3.3.5　改善混凝土拌和物和易性的措施

根据经验,改善新拌混凝土和易性,一般先调整黏聚性和保水性,然后再调整流动性,而且调整流动性时,须保证黏聚性和保水性符合要求。

(1)调整黏聚性和保水性的方法如下。

①适当调整砂率。

②选用颗粒级配良好砂、石骨料,并且选用连续级配。

③适当限制粗骨料的最大粒径,避免选用较粗的砂、石骨料。

④适当掺加混凝土外加剂和矿物质掺合料,以改善黏聚性和保水性。

(2)调整流动性的措施如下。

①加入外加剂,如减水剂、引气剂等。

②当拌和物坍落度太小时,保持水灰比不变,增加适量的水泥用量和用水量;当拌和物坍落度太大时,保持砂率不变,增加适量的砂、石骨料。

③尽可能选用较粗大的砂、石骨料。

④砂率不能太大,经试验采用合理砂率。

⑤粗细骨料含泥量要少,且级配合格。

3.3.6　普通混凝土拌和物性能试验

1. 试验依据

《普通混凝土拌和物性能试验方法标准》(GB/T 50080—2016)。

2. 普通混凝土拌和物试验的取样工作

(1)施工现场混凝土拌和物的取样步骤。

①取样数量应多于试验所需的 1.5 倍,且宜不小于 20 L。

②同一组混凝土拌和物应从同一盘混凝土或同一车混凝土中取样。

③混凝土拌和物的取样具有代表性,宜采用多次采样的方法。一般在同一盘混凝土或同一车混凝土中的约 1/4 处、1/2 处和 3/4 处分别取样,从第一次到最后一次取样不宜超过 15 min,然后人工搅拌均匀。

④从取样完毕到开始做各项性能试验不宜超过 5 min。

(2)试验室混凝土拌和物的试样取样步骤(多采用机械拌和法)。

①主要仪器设备:试验室用混凝土搅拌机、磅秤、天平、拌和钢板等。

②材料准备:试验室的温度为(20±5)℃,相对湿度大于 50%;所用材料的温度应与试验室温度保持一致。试验室拌和混凝土时,材料用量以质量计。材料的称量精度:水泥、水、外加剂和掺合料均为±0.5%;骨料为±1%。

③按配合比设计的计算结果取规定的数量,将所需材料分别称好,装在各容器中。使用拌和机前,应先用少量砂浆进行涮膛,再刮出涮膛砂浆,以避免正式拌和混凝土时,水泥浆(黏附筒壁)损失。将称好的各种原材料,往拌和机按顺序加入(石子、砂和水泥),开动搅拌机,将材料拌和均匀,在拌和过程中,将水徐徐加入,全部加料时间不宜超过 2 min。水全部加入后,继续拌和 2 min,然后将拌和物倾倒在拌和板上,再经人工翻拌 1~2 min,使拌和物均匀一致。此时所得混凝土拌和物,可供作和易性试验或水泥混凝土强度试验用。(注:混凝土搅拌机及拌板在使用后必须立即仔细清洗。)

3. 普通混凝土拌和物和易性试验(维勃稠度法略)

1)流动性(稠度)试验——坍落度与坍落扩展度试验

坍落度与坍落扩展度法适用于粗骨料最大粒径不大于 37.5 mm、坍落度值不小于 10 mm的混凝土拌和物稠度测定。

试验仪器如下。

①坍落度筒:构造和尺寸如图 3-7 所示。坍落度筒为钢皮制成,高度 $H=300$ mm,上口直径 $d=100$ mm,下底直径 $D=200$ mm,坍落度筒为铁板制成的截头圆锥筒,厚度应不小于 1.5 mm,内侧平滑,没有铆钉头之类的突出物,在筒上方约 2/3 高度处安装两个把手,近下端两侧焊两个踏脚板,以保证坍落度筒可以稳定操作。

②捣棒:为直径 16 mm、长约 650 mm,并具有半球形端头的钢质圆棒。

③其他:小铲、钢尺、喂料斗、馒刀和钢平板等。

(1)坍落度试验。

①湿润坍落度筒及底板,在坍落度筒内壁和底板上应无明水。底板应放置在坚实水平面上,并把筒放在底板中心,然后用脚踩住两边的脚踏板,坍落度筒在装料时应保持固定位置。

②把按要求取得的混凝土试样用小铲分三层均匀地装入筒内,使捣实后每层高度为筒高的三分之一左右。每层用捣棒插捣 25 次。插捣应沿螺旋方向由外向中心进行,各次插捣应在截面上均匀分布。插捣筒边混凝土时,捣棒可以稍稍倾斜。插捣底层时,捣棒应贯穿整个深度,插捣第二层和顶层时,捣棒应插透本层至下一层的表面;浇灌顶层时,混凝土应灌至高出筒口。插捣过程中,如混凝土沉落至低于筒口,则应随时添加。顶层插捣完后,刮去多余的混凝土,并用抹刀抹平。

③清除筒边底板上的混凝土后,垂直平稳地提起坍落度筒。坍落度筒的提离过程应在 5～10 s 内完成;从开始装料到提坍落度筒的整个过程应不间断地进行,并应在 150 s 内完成。

④提起坍落度筒后,测量筒高与坍落后混凝土试体最高点之间的高度差,即为该混凝土拌和物的坍落度值;坍落度筒提离后,如混凝土发生崩坍或一边剪坏现象,则应重新取样另行测定;如第二次试验仍出现上述现象,则表示该混凝土和易性不好,应予记录备查。

⑤当混凝土拌和物的坍落度大于 220 mm 时,用钢尺测量混凝土扩展后最终的最大直径和最小直径,在这两个直径之差小于 50 mm 的条件下,用其算术平均值作为坍落扩展度值;否则,此次试验无效。如果发现粗骨料在中央集堆或边缘有水泥浆析出,表示此混凝土拌和物抗离析性不好,应予记录。混凝土拌和物坍落度和坍落扩展度值以毫米为单位,测量精确至 1 mm,结果表达修约至 5 mm。

测定坍落度后,观察拌和物的黏聚性和保水性。黏聚性测定:用捣棒在已坍落的拌和物锥体侧面轻轻敲打,如果锥体逐步下沉,表示黏聚性良好;如果突然倒塌,部分崩裂或石子离析,则为黏聚性不好的表现。保水性测定:当提起坍落度筒后,如有较多的稀浆从底部析出,锥体部分的拌和物也因失浆而骨料外露,则表明保水性不好;如无这种现象,则表明保水性良好。

(2)扩展度试验。

本试验方法宜用于骨料最大公称粒径不大于 40 mm、坍落度不小于 160 mm 混凝土扩展度的测定。

试验步骤:试验设备准备、混凝土拌和物装料和插捣应符合 GB/T 50080 标准的规定;清除筒边底板上的混凝土后,应垂直平稳地提起坍落度筒,坍落度筒的提离过程宜控制在 3～7 s;当混凝土拌和物不再扩散或扩散持续时间已达 50 s 时,应使用钢尺测量混凝土拌和物展开扩展面的最大直径以及垂直于最大直径方向的直径;当两直径之差小于 50 mm 时,应取其算术平均值作为扩展度试验结果;当两直径之差不小于 50 mm 时,应重新取样另行测定。

发现粗骨料在中央堆集或边缘有浆体析出时,应记录说明。扩展度试验从开始装料到测得混凝土扩展度值的整个过程应连续进行,并应在 4 min 内完成。混凝土拌和物扩展度值测量应精确至 1 mm,结果表达修约至 5 mm。

码 3-9 为混凝土坍落度和扩展度试验示例。

码 3-9 混凝土坍落度和扩展度试验示例

2）黏聚性及保水性试验

观察坍落后的混凝土试体的黏聚性及保水性。

①黏聚性的检查方法是用捣棒在已坍落的混凝土锥体侧面轻轻敲打,此时如果锥体逐渐下沉,则表示黏聚性良好,如果锥体倒塌、部分崩裂或出现离析现象,则表示黏聚性不好。

②保水性以混凝土拌和物稀浆析出的程度来评定,坍落度筒提起后如有较多的稀浆从底部析出,锥体部分的混凝土也因失浆而骨料外露,则表明此混凝土拌和物的保水性能较差;如坍落度筒提起后无稀浆或仅有少量稀浆自底部析出,则表示此混凝土拌和物保水性良好。

和易性的调整:当坍落度低于设计要求时,可在保持水灰比不变的前提下,适当增加水泥浆量;当坍落度高于设计要求时,可在保持砂率不变的条件下,增加集料的用量;当出现含砂量不足,黏聚性、保水性不良时,可适当增大砂率,反之减小砂率。

任务 3.4　普通混凝土的强度

任 务 描 述

1. 根据标准《混凝土物理力学性能试验方法标准》(GB/T 50081—2019),查阅混凝土强度的种类和试验方法。依据标准能检测混凝土立方体抗压强度。

2. 当混凝土强度达不到要求的强度等级时,能够判定影响混凝土强度的因素,并能够采取有效措施保证混凝土的强度。

3. 一幢 50 层商住楼,采用钢筋混凝土材料制作第 1 层柱和第 50 层柱,根据本节所学知识选用结构混凝土的强度等级,并说出该选择的理由。

3.4.1　混凝土抗压强度及强度等级

1. 混凝土的强度

混凝土在荷载或外力的作用下,抵抗破坏的能力,称为混凝土的强度。研究混凝土强度的重要意义:人类创造混凝土这种人工石材的目的就是利用混凝土的强度。硬化后的混凝土必须达到设计要求的强度,结构物才能安全可靠,所以强度是混凝土最重要的物理性能之一。以强度来衡量混凝土性能比较方便,容易控制。强度与耐久性相关,测定强度可间接反映耐久性。

根据《混凝土物理力学性能试验方法标准》(GB/T 50081—2019),混凝土的强度包括抗压强度、轴心抗压强度、劈裂抗拉强度、抗折强度和与钢筋的黏结强度等。

2. 混凝土抗压强度

混凝土抗压强度是指混凝土立方体试件单位面积上所能承受的最大压力。抗压强度与其他强度及变形有良好的相关性。通常把抗压强度作为评定混凝土质量的指标,并作为确定强度等级的依据。在工程实际中提到的混凝土强度一般都是指抗压强度。

3. 混凝土立方体抗压强度(f_{cu})

制成边长为 150 mm 的立方体试件,在标准养护条件(温度(20±2)℃,相对湿度95%以上)下,养护至 28 d 龄期,按照标准的测定方法测定其抗压强度值,称为"混凝土立方体试件抗压强度"(以 f_{cu} 表示),单位:N/mm^2 或 MPa。

4. 混凝土立方体抗压强度标准值($f_{cu,k}$)

立方体抗压强度标准值系指按标准方法制作、养护的边长为 150 mm 的立方体试件,在 28 d 或设计规定龄期以标准试验方法测得的具有 95%保证率的抗压强度值(单位:N/mm^2 或 MPa)。

5. 混凝土强度等级

混凝土强度等级应按立方体抗压强度标准值确定。它的表示方法是用符号"C"和"立方体抗压强度标准值"表示。如:"C30"表示立方体抗压强度标准值为 30 N/mm^2 的混凝土强度等级;此处"30"即表示混凝土立方体抗压强度标准值 $f_{cu,k}$ = 30 N/mm^2(或MPa)。

我国现行规范规定,普通混凝土按立方体抗压强度标准值划分为 C15、C20、C25、C30、C35、C40、C45、C50、C55、C60、C65、C70、C75、C80 等 14 个强度等级。

6. 混凝土强度等级的应用

结构:素混凝土结构的混凝土强度等级不应低于 C15;钢筋混凝土结构的混凝土强度等级不应低于 C20;采用强度等级 400 MPa 及以上的钢筋时,混凝土强度等级不应低于C25。预应力混凝土结构的混凝土强度等级不宜低于 C40,且不应低于 C30。承受重复荷载的钢筋混凝土构件,混凝土强度等级不应低于 C30。

工程:C15 用于垫层、基础、地坪及受力不大的结构;C15~C25 用于普通混凝土结构的梁、板、柱、楼梯及屋架;C25~C30 用于大跨度结构、耐久性要求较高的结构、预制构件等;C30 以上用于预应力钢筋混凝土结构、吊车梁及特种构件等。

3.4.2 混凝土轴心抗压强度

混凝土轴心抗压强度是棱柱体试件轴向单位面积上所承受的最大压力,用 f_{cp} 表示。

标准试件是边长为 150 mm × 150 mm × 300 mm 的棱柱体试件;边长为 100 mm × 100 mm × 300 mm 和 200 mm × 200 mm × 400 mm 的棱柱体试件是非标准试件。每组试件应为 3 块。

混凝土轴心抗压强度较立方体抗压强度能更好地反映混凝土在受压构件中的实际情况。实际工程中绝大多数混凝土构件都是棱柱体或圆柱体,同样的材料,试件形状不同,测出的强度值会有很大差别。混凝土结构设计中计算轴心受压构件时,以混凝土的轴心抗压强度为设计取值。实验表明,混凝土轴心抗压强度与立方体抗压强度的比值为0.70~0.80。混凝土轴心抗压强度的标准值和设计值参照《混凝土结构设计规范》(GB 50010—2010)。

3.4.3 混凝土抗拉强度和抗折强度

混凝土的抗拉强度有两种测试方法:轴心抗拉强度试验和劈裂抗拉强度试验。

劈裂抗拉强度,混凝土立方体试件或圆柱体试件上下表面中间承受均布压力劈裂破坏时,压力作用的竖向平面内产生近似均布的极限拉应力,用 f_{ts} 表示。

混凝土的抗拉强度只有抗压强度的 $1/20 \sim 1/10$,故在结构设计中,不考虑混凝土承受拉力,而是在混凝土中配以钢筋,由钢筋来承受拉力。但确定抗裂度时,须考虑抗拉强度,它是结构设计中确定混凝土抗裂性的主要指标。

试验方法:劈裂法,测出强度为劈裂抗拉强度 f_{ts}。

混凝土的劈裂抗拉强度与混凝土标准立方体抗压强度之间的关系,可用经验公式表达如下:

$$f_{ts} = 0.35 f_{cu}^{3/4} \tag{3-18}$$

混凝土的轴心抗拉强度就是衡量抗裂能力的主要指标,也可间接衡量与钢筋的黏结强度。混凝土轴心抗拉强度的标准值和设计值参照《混凝土结构设计规范》(GB 50010—2010)执行。

3.4.4 混凝土的抗折强度

混凝土的抗折强度(也称抗弯拉强度),是指混凝土试件小梁承受弯矩作用折断破坏时,混凝土试件表面所承受的极限拉应力。

标准试件是边长为 $150 \text{ mm} \times 150 \text{ mm} \times 600 \text{ mm}$ 或 $150 \text{ mm} \times 150 \text{ mm} \times 550 \text{ mm}$ 的棱柱体试件;边长为 $100 \text{ mm} \times 100 \text{ mm} \times 400 \text{ mm}$ 的棱柱体试件是非标准试件。

3.4.5 影响混凝土强度的因素

影响混凝土强度的因素有材料组成、水胶比、骨料种类、养护条件、试验条件等。

1. 主要影响因素:胶凝材料的实际强度和水胶比

根据鲍罗米公式:

$$W/B = \frac{\alpha_a f_b}{f_{cu,0} + \alpha_a \alpha_b f_b} \tag{3-19}$$

式中: $f_{cu,0}$ ——混凝土配制强度(MPa);

f_b ——胶凝材料 28 d 的实际抗压强度(MPa);

W/B ——水胶比;

α_a, α_b ——回归系数,与骨料的种类有关,该值应通过试验确定,无统计资料时,可按 JGJ 55 进行选取。碎石: $\alpha_a = 0.53$; $\alpha_b = 0.20$。卵石: $\alpha_a = 0.49$; $\alpha_b = 0.13$。

从上式看出: W/B 和胶凝材料实际强度是决定混凝土强度最主要的因素,也是决定性因素。在胶凝材料实际强度一定的情况下,混凝土强度主要取决于 W/B, W/B 越大,混凝土硬化后,多余水分残留在混凝土中形成水泡或蒸发后形成气孔,大大减少混凝土抵抗荷载的有效截面,而且可能在孔隙周围引起应力集中,混凝土强度也就越低。

在 W/B 一定的情况下，水泥实际强度（或强度等级）增加，水泥石的强度越高，对骨料的黏结作用也越强，混凝土强度也就越强。上述经验公式适用于低塑性混凝土和塑性混凝土，采用的水胶比为 $0.4\sim0.8$（注：该公式不适用于干硬性混凝土）。

2. 骨料的品种、规格和质量

当骨料级配良好、砂率适当时，由于组成了坚强密实的骨架，有利于混凝土强度的提高。如果混凝土骨料中有害杂质较多，品质低，级配不好时，会降低混凝土的强度。

粗骨料对混凝土强度的影响主要表现在颗粒形状和表面特征上。当粗骨料中含有大量针片状颗粒及风化的岩石时，会降低混凝土强度。碎石表面粗糙、多棱角，与水泥石黏结力较强，而卵石表面光滑，与水泥石黏结力较弱。因此，水泥强度等级和水灰比相同时，碎石混凝土强度比卵石混凝土的高些。无统计资料时，骨料可按 JGJ 55 进行选取。

3. 养护条件

（1）温度及湿度。

养护温度高，水泥水化速度快，混凝土强度的发展也快；反之，在低温下混凝土强度发展迟缓。试验表明，保持足够湿度时，温度升高，水泥水化速度加快，强度增长也快。当温度降到冰点以下时，水泥将停止水化，强度停止发展，而且易使硬化的混凝土结构遭到破坏。因此，冬季施工时，混凝土应特别注意保温养护，防止早期受冻破坏。温度和龄期对强度发展的影响如图 3-12 所示。

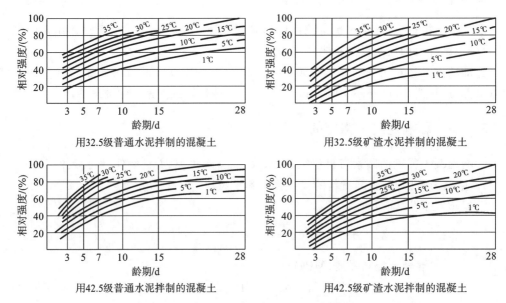

图 3-12　温度和养护龄期对强度发展的影响

水泥水化需要一定的水分，在干燥环境下，混凝土强度的发展会减缓甚至完全停止，所以，在混凝土硬化初期，一定要使其表面保持潮湿状态。

水是水泥水化的必要条件。如果湿度不够，水泥水化反应将不能正常进行，甚至停止水化，会严重降低混凝土强度。因此在混凝土浇筑完毕后，应在 12 h 内进行覆盖；在夏季施工的混凝土，要特别注意浇水保湿。

（2）龄期。

龄期是指混凝土在正常养护条件下所经历的时间。混凝土的强度随龄期的增长而提高，早期显著，后期缓慢。在正常的养护条件下，混凝土在 1~14 天内强度发展较快，以后渐渐变慢，28 天后更慢，但只要保持一定的温度和湿度，混凝土的强度增长可以延续十几年，甚至几十年。湿度和龄期对强度发展的影响如图 3-13 所示。

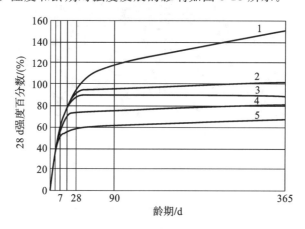

图 3-13　湿度和龄期对强度发展的影响
1—长期保持潮湿;2—保持潮湿 14 d;3—保持潮湿 7 d;4—保持潮湿 3 d;5—保持潮湿 1 d

在标准养护条件下，其强度发展大致与龄期的对数成正比关系，其经验公式如下。

$$\frac{f_n}{f_{28}} = \frac{\lg n}{\lg 28} \tag{3-20}$$

式中：f_n——混凝土 n 天龄期的抗压强度（MPa）；

f_{28}——混凝土 28 天龄期的抗压强度（MPa）；

n——养护龄期（d），$n \geqslant 3$。

根据上式，可估算混凝土 28 d 的强度，或推算 28 d 前混凝土达到某一强度需要养护的天数，如确定生产施工进度，包括混凝土的拆模、构件的起吊、放松预应力钢筋、制品堆放、出厂等的日期。

4. 试验条件

试验条件包括试件尺寸与形状、表面状态、加荷速度等。

①试件尺寸。相同混凝土试件的尺寸越小，测得的混凝土的强度就越高。我国标准规定，采用边长为 150 mm 的立方体试件作为标准试件，当采用非标准试件时，所测得的抗压强度应乘以表 3-31 所列的换算系数。某试验室使用的混凝土试模如图 3-14 所示。

表 3-31　混凝土试件不同尺寸的强度换算系数

骨料最大粒径/mm	试件尺寸/mm	换算系数
31.5	$100 \times 100 \times 100$	0.95
40	$150 \times 150 \times 150$	1
63	$200 \times 200 \times 200$	1.05

图 3-14　混凝土试模

②试件的形状。当试件受压面积相同，而高度不同时，高宽比越大，抗压强度越小。这是环箍效应所致。当试件受压时，试件受压面与试件承压板之间的摩擦力，对试件相对于承压板的横向膨胀起着约束作用，该约束有利于强度的提高。越接近试件的端面，这种约束作用就越大，在距端面一定范围以外，约束作用才消失。试件破坏后，其上下部分各呈现一个较完整的棱锥体，这就是这种约束作用的结果，称为环箍效应，如图 3-15（b）所示。

③表面状态。混凝土试件承压面的状态，也是影响混凝土强度的重要因素。当试件受压面有润滑剂时，试件受压时的环箍效应大大减小，测出的强度值较低，如图 3-15（c）所示。

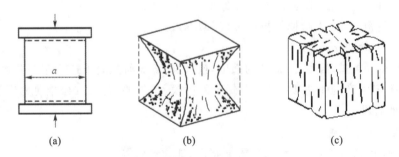

| (a) | (b) | (c) |

图 3-15　混凝土试件的破坏状态

(a)压力机压板；(b)试件破坏后棱柱体；(c)不受压板约束时试件的破坏情况

④加荷速度。加荷速度越大，测得的强度值也越大。

5. 施工方法

机械优于人工，尽量采用机械搅拌和振捣。

3.4.6　提高混凝土强度的措施

一般可选用强度等级高的水泥或早强型水泥，保证水泥用量；在水泥用量不变时，采用较小的水灰比；选用质量优良、级配合理的骨料；掺加混凝土外加剂和磨细的掺合料；采用湿热处理——蒸汽养护和蒸压养护；采用机械搅拌和机械振捣等措施。

3.4.7 混凝土的变形性能

混凝土的变形包括非荷载作用下的变形和荷载作用下的变形。非荷载下的变形,分为混凝土的化学收缩、干湿变形及温度变形;荷载作用下的变形,分为短期荷载作用下的变形及长期荷载作用下的变形——徐变。

1. 非荷载作用下的变形

(1)化学收缩(自生体积变形)。在混凝土硬化过程中,由于水泥水化物的固体体积,比反应前物质的总体积小,引起混凝土的收缩,称为化学收缩。

(2)干湿变形(物理收缩)。干湿变形是指由于混凝土周围环境湿度的变化,引起混凝土的干湿变形,表现为干缩湿胀。

(3)温度变形。温度变形指混凝土随着温度的变化而产生热胀冷缩变形。混凝土的温度变形系数 α 为 $(1 \sim 1.5) \times 10^{-5}/\,℃$,即温度每升高 1℃,每 1m 胀缩 0.01 ~ 0.015 mm。温度变形对大体积混凝土、纵长的混凝土结构、大面积混凝土工程极为不利,易使这些混凝土产生温度裂缝。

2. 荷载作用下的变形

(1)混凝土在短期荷载作用下的变形。

混凝土是一种由水泥石、砂、石、游离水、气泡等组成的不匀质的多组分三相复合材料,为弹塑性体。受力时既产生弹性变形,又产生塑性变形,其应力-应变关系呈曲线,如图 3-16 所示。卸荷后能恢复的应变 $\varepsilon_{弹}$ 是由混凝土的弹性应变引起的,称为弹性应变;剩余的不能恢复的应变 $\varepsilon_{塑}$,则是由混凝土的塑性应变引起的,称为塑性应变。

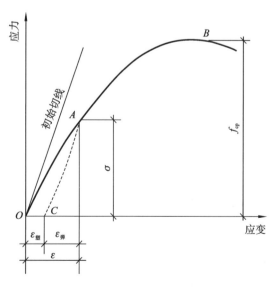

图 3-16 混凝土在压力作用下的应力-应变曲线

(2)混凝土在长期荷载作用下的变形。

混凝土在持续荷载作用下,除产生瞬间的弹性变形和塑性变形外,还会产生随时间增长的变形,称为徐变(creep),如图 3-17 所示。

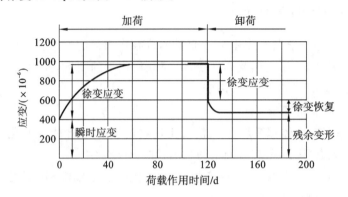

图 3-17　混凝土徐变曲线

荷载初期,徐变变形增长较快,以后逐渐变慢并稳定下来。卸荷后,一部分变形瞬时恢复,其值小于在加荷瞬间产生的瞬时变形。在卸荷后的一段时间内变形还会继续恢复,称为徐变恢复。最后残存的不能恢复的变形,称为残余变形。

徐变对结构物的好处是可消除钢筋混凝土内的应力集中,使应力重新分配,从而使混凝土构件中局部应力得到缓和。对大体积混凝土则能消除一部分由于温度变形所产生的破坏应力。但是徐变使钢筋的预加应力受到损失(预应力减小),使构件强度减小。

任务 3.5　普通混凝土的耐久性

任 务 描 述

1. 根据耐久性有关标准,请查阅混凝土耐久性的定义及主要内容。如何保证混凝土的耐久性?

2. 请对某地下室混凝土底板符号"C30P6"进行解读。

3. 能识读混凝土符号"C30P6"中"P6"等级试验报告。

3.5.1　混凝土耐久性的定义

混凝土的耐久性是指混凝土长期抵抗内部、外部的物理、化学或物理化学作用的能力,或指混凝土在实际使用条件下,抵抗周围环境各种破坏因素作用,长期保持强度和外观完整性的能力。

3.5.2　混凝土耐久性的主要内容

混凝土耐久性是一个综合性的指标,包括抗水渗透性、抗冻性、抗侵蚀性、抗碳化、抗碱集料反应、阻止混凝土中钢筋锈蚀的能力等特性。具体参照《普通混凝土长期性能和耐久性能试验方法标准》(GB/T 50082—2009)进行试验。

1. 抗水渗透性

抗水渗透性指混凝土在有压水、油、溶液等液体作用下,抵抗渗透的能力。混凝土的抗水渗透性用抗渗等级表示,抗渗等级是以 28 d 龄期的标准试件,在标准试验条件下所能承受的最大静水压力来确定。混凝土抗渗等级如表 3-32 所示。如抗渗等级有 P4、P6、P8、P10、P12 等,分别表示能抵抗 0.4 MPa、0.6 MPa、0.8 MPa、1.0 MPa、1.2 MPa 的静水压力而不渗透。

码 3-10 为混凝土的抗渗试验报告示例。

码 3-10　混凝土
抗渗试验报告示例

2. 抗冻性

抗冻性是指混凝土在饱和水状态下,能经受多次冻融循环而不破坏,也不严重降低强度的性能,也是评定混凝土耐久性的主要指标。

混凝土的抗冻性用抗冻等级或抗冻标号表示,抗冻等级是以 28 d 龄期的标准试件按规范规定在饱和水状态下进行反复冻融循环,以同时满足强度损失不超过 25%,质量损失不超过 5%时的最大循环次数。混凝土抗冻性能可用抗冻等级或抗冻标号表示,如表3-32 所示。

提高混凝土抗冻性的关键是提高密实度。措施是减小水灰比、掺加引气剂等。

表 3-32　混凝土抗冻性能、抗水渗透性能等级划分

抗冻等级(快冻法)		抗冻标号(慢冻法)	抗渗等级
F50	F250	D50	P4
F100	F300	D100	P6
F150	F350	D150	P8
F200	F400	D200	P10
>F400		>D200	P12
			>P12

3. 抗侵蚀性

混凝土的抗侵蚀性主要取决于其所用水泥的品种及混凝土的密实度。故提高混凝土抗侵蚀性的主要措施是合理选用水泥品种、降低水灰比、提高混凝土的密实度及尽量减少混凝土中的开口孔隙。

4. 碳化

碳化是指混凝土内水泥石中的 $Ca(OH)_2$ 与空气中的 CO_2 时发生化学反应,生成 $CaCO_3$ 和 H_2O。碳化主要是减弱了混凝土对钢筋的保护作用,增加混凝土的收缩,降低混凝土的抗拉强度、抗折强度及抗渗能力。但是可以提高混凝土的密实度,对提高抗压强度是有利的。

5. 碱骨料反应

(1)碱骨料反应定义。

碱骨料反应是指水泥中的碱(Na_2O、K_2O)与骨料中的活性二氧化硅发生反应,在骨料表面生成复杂的碱-硅酸凝胶,吸水后体积膨胀(可增加 3 倍以上),从而导致混凝土产

生膨胀开裂而破坏，这种现象称为碱骨料反应。混凝土中的碱与具有碱活性的骨料间发生的膨胀性反应后果：混凝土体积膨胀和开裂，混凝土微结构被改变，强度和弹性模量等力学性能降低。

（2）碱骨料反应的种类。主要有碱-硅酸反应、碱-碳酸盐反应、碱-硅酸盐反应。

（3）碱-骨料反应的条件。①水泥中碱含量高，$(Na_2O+0.658K_2O)$ 质量分数大于 0.6%；在混凝土中包括外加剂、掺合料、骨料、拌和水或环境中均存在一定量的碱含量。②骨料中含有活性二氧化硅成分，此类岩石有流纹岩、玉髓等；③潮湿环境或高湿度环境，一般相对湿度 RH＞80%。

碱-骨料反应速度极慢，但造成的危害极大，而且无法弥补，其危害需几年或几十年才表现出来。通常用长度法判定骨料是否具有活性，如六个月试块的膨胀率超过 0.05% 或一年中超过 0.1%，则认为骨料具有活性。

（4）控制碱-骨料反应的措施。

可以使用非活性骨料；控制水泥及混凝土中的碱含量；控制湿度；使用混合材料或化学外加剂；隔离混凝土内外的物质交换等。

3.5.3 改善耐久性的措施

（1）根据工种所处环境及使用条件，选择适宜的水泥品种及强度等级；掺加适量的活性掺合料。

（2）掺入外加剂，改善混凝土性能，如加入减水剂，提高混凝土的密实度等。

（3）限制最大水胶比和最低强度等级。表 3-33、表 3-34 是《混凝土结构设计规范》（GB 50010—2010）对设计使用年限为 50 年的混凝土结构中混凝土材料耐久性的基本要求。

（4）加强施工质量控制，加强振捣和养护，避免出现裂缝、蜂窝、孔洞等现象。

（5）使用杂质含量少，级配好、质量优良的骨料。尽量选用较大或适中的粗骨料。

（6）用涂料和水泥砂浆等对混凝土进行表面处理，防止混凝土的碳化。

表 3-33 结构混凝土材料的耐久性基本要求

环境等级	最大水胶比	最低强度等级	最大氯离子含量/（%）	最大碱含量/（kg/m³）
一	0.60	C20	0.30	不限制
二 a	0.55	C25	0.20	3.0
二 b	0.50	C30(C25)	0.50	
三 a	0.45	C35(C30)	0.15	
三 b	0.40	C40	0.10	

表 3-34 混凝土结构的环境类别

环境类别	条　　件
一	室内干燥环境；无侵蚀性静水淹没环境

环境类别	条 件
二 a	室内潮湿环境;非严寒和非寒冷地区的露天环境;非严寒和非寒冷地区与无侵蚀性的水或土壤直接接触的环境;严寒和寒冷地区冰冻线下与无侵蚀性的水或土壤直接接触的环境
二 b	干湿交替环境;水位频繁变动环境;严寒和寒冷地区的露天环境;严寒和寒冷地区冰冻线以上与无侵蚀性的水或土壤直接接触的环境
三 a	严寒和寒冷地区的冬季水位变动区环境;受除冰盐影响作用环境;海风环境
三 b	盐渍土环境;除冰盐作用环境;海岸环境
四	海水环境
五	受人为或自然的侵蚀性物质影响的环境

任务 3.6 普通混凝土配合比设计

任务描述

1. 掌握混凝土配合比定义、表示方法及设计计算步骤;熟悉混凝土配合比各项参数的知识。

2. 能依据混凝土工作性能及时调整施工配合比;能依据混凝土强度及时调整施工配合比;能依据骨料含水率及时调整施工配合比。

3. 岗位业务训练:完成课后项目综合实训,根据例题填写混凝土配合比设计委托单、混凝土配合比设计原始记录、混凝土配合比设计通知单。

4. 讨论:学会混凝土配合比的计算在工程上有什么意义?

3.6.1 混凝土配合比设计概述

1. 混凝土配合比设计的定义及表示方法

(1) 混凝土配合比设计:确定混凝土中各组成材料的数量或它们之间的比例关系。

(2) 混凝土配合比表示方法如下。

①以 1 m³ 混凝土中各种材料的质量表示,如某混凝土配合比为水泥 300 kg、水 180 kg、砂 720 kg、石子 1200 kg、掺合料 60 kg、外加剂 3.6 kg(表 3-35)。

②以水泥的质量为1,其他各种材料与水泥质量之比表示。例如水泥:砂:石:掺合料 $=m_C:m_S:m_G:m_a=1:2.4:4.0:0.2$,水胶比 $W/B=0.5$,外加剂掺量 1.0%(表 3-35)。

表 3-35　混凝土配合比表示方法

材料名称	水泥	水	砂	石	掺合料	外加剂
以质量表示	300 kg	180 kg	720 kg	1200 kg	60 kg	3.6 kg
以质量比表示	水泥：砂：石：掺合料＝1：2.4：4.0：0.20,W/B＝0.50,外加剂掺量1.0%					

2. 混凝土配合比设计的基本资料

混凝土配合比设计是根据工程对混凝土提出的技术要求,各种材料的技术性能及施工现场的条件,合理选择原材料并确定它们的用量。在混凝土配合比设计之前要进行资料准备,一般要有下列基本资料。

①了解工程设计要求的混凝土强度等级及强度标准差,以确定混凝土配制强度;混凝土配合比设计的依据是行业标准《普通混凝土配合比设计规程》(JGJ 55—2011)。

②了解工程所处环境对混凝土耐久性的要求,以确定所配制混凝土的最大水胶比和最小水泥用量。

③了解结构构件断面尺寸及钢筋配置情况,以便确定混凝土粗骨料的最大粒径。

④了解混凝土施工方法及管理水平,以便选择混凝土拌和物坍落度。

⑤掌握原材料的性能指标,包括水泥的品种、强度等级、密度;砂、石骨料的种类、表观密度、级配、石子的最大粒径;拌和用水的水质情况;外加剂的品种、性能、适宜掺量等。

3. 混凝土配合比设计的四个基本要求

(1)满足施工要求的和易性。

(2)满足结构设计要求的强度等级。

(3)满足与环境相适应的耐久性。

(4)在满足上述要求的前提下,尽量节省水泥。

4. 混凝土配合比设计的三大参数

(1) 水胶比(W/B):反映混凝土中水和胶凝材料之间的比例关系。

(2) 砂率(β_s):反映混凝土中砂和石子的比例关系。

(3) 单位用水量(W):反映混凝土中水泥浆与骨料的比例关系。

三个参数确定的基本原则:在满足混凝土强度和耐久性的基础上,确定混凝土的水胶比——取小值。在满足混凝土施工要求的和易性基础上,根据粗骨料的种类和规格,确定混凝土的单位用水量——水要少。砂在细骨料中的数量应以填充石子空隙后略有富余的原则来确定——砂率合理。

5. 混凝土配合比设计的方法

混凝土配合比设计的方法分查表法和计算试验法等。

(1)查表法。该法是根据混凝土配合比表,查出各种材料的用量,然后通过试拌调整及强度、耐久性复核,得出混凝土试验室配合比。

(2)计算试验法。该方法首先按照已选择的原材料性能及对混凝土的技术要求,按经验公式及表格进行初步计算,得出"初步计算配合比",在计算初步配合比时,因为补充条件不同,又有质量法及体积法两种方法。再经过试验室试拌调整,满足和易性要求,得出

"基准配合比"。然后,经过强度检验合格,给出满足设计强度等级和耐久要求且比较经济的"试验室配合比"。最后根据现场砂、石的实际含水率,对试验室配合比进行调整,求出"施工配合比"。

3.6.2　混凝土配合比设计计算步骤

1. 初步计算配合比

1)混凝土配制强度($f_{cu,0}$)的确定

(1) 当混凝土的设计强度等级小于 C60 时,配制强度应按式(3-21)计算。

$$f_{cu,0} \geqslant f_{cu,k} + 1.645\sigma \tag{3-21}$$

式中: $f_{cu,0}$ ——混凝土配制强度(MPa);

$f_{cu,k}$ ——混凝土立方体抗压强度标准值,这里取设计混凝土强度等级值(MPa);

σ ——混凝土强度标准差(MPa)。

(2) 当设计强度等级不小于 C60 时,配制强度应按式(3-22)计算。

$$f_{cu,0} \geqslant 1.15 f_{cu,k} \tag{3-22}$$

混凝土强度标准差应按照下列规定确定。

①当具有近 1～3 个月的同一品种、同一强度等级混凝土的强度资料时,且试件组数不小于 30 组时,其混凝土强度标准差 σ 应按照式(3-23)计算。

$$\sigma = \sqrt{\frac{\sum_{i=1}^{n} f_{cu,i}^2 - n\, m_{f_{cu}}^2}{n-1}} \tag{3-23}$$

式中: $f_{cu,i}$ ——第 i 组的试件强度(MPa);

$m_{f_{cu}}$ —— n 组试件的强度平均值(MPa);

n ——试件组数。

对于强度等级不大于 C30 的混凝土:当计算值 σ 不小于 3.0 MPa 时,应按式(3-23)取值;当计算值 σ 小于 3.0 MPa 时, $\sigma = 3.0$ MPa。

对于强度等级大于 C30 且小于 C60 的混凝土:当计算值 σ 不小于 4.0 MPa 时,应按式(3-23)取值;当计算值 σ 小于 4.0 MPa 时, $\sigma = 4.0$ MPa。

②当没有近期的同一品种、同一强度等级混凝土的强度资料时,其混凝土强度标准差 σ 可按表 3-36 取值。

表 3-36　混凝土强度标准差 σ 值

混凝土强度等级	≤C20	C25～C45	C50～C55
σ/MPa	4.0	5.0	6.0

2)确定水胶比

当混凝土强度等级小于 C60 时,混凝土水胶比按式(3-24)计算。

$$\frac{W}{B} = \frac{\alpha_a f_b}{f_{cu,0} + \alpha_a \alpha_b f_b} \tag{3-24}$$

式中: $f_{cu,0}$ ——混凝土配制强度(MPa);

f_b——胶凝材料 28 天胶砂抗压强度(MPa);

$\dfrac{W}{B}$——水胶比;

α_a、α_b——回归系数,根据工程所使用的原材料,通过试验建立的水胶比与混凝土强度关系式来确定;当不具备上述试验统计资料时,可按表 3-37 采用。

表 3-37　回归系数 α_a 和 α_b 取值表

系　　数	粗骨料种类	
	碎　石	卵　石
α_a	0.53	0.49
α_b	0.20	0.13

胶凝材料 28 天胶砂抗压强度(f_b)可以按 GB/T 17671 进行实测得到;当无实测值时,可按式(3-25)计算。

$$f_b = \gamma_f \gamma_s f_{ce} \tag{3-25}$$

式中:γ_f、γ_s——粉煤灰影响系数和粒化高炉矿渣粉影响系数,按表(3-38)选用;

f_{ce}——水泥 28 天胶砂抗压强度(MPa),可实测,也可按式(3-26)计算。

$$f_{ce} = \gamma_c f_{cu,g} \tag{3-26}$$

式中:γ_c——水泥强度等级值的富余系数,可按实际统计资料确定;当缺乏实际统计资料时,也可按表(3-39)选用;

$f_{cu,g}$——水泥强度等级值(MPa)。

表 3-38　粉煤灰影响系数(γ_f)和粒化高炉矿渣粉影响系数(γ_s)

掺量/(%)	种类	
	粉煤灰影响系数 γ_f	粒化高炉矿渣粉影响系数 γ_s
0	1.00	1.00
10	0.85~0.95	1.00
20	0.75~0.85	0.95~1.00
30	0.65~0.75	0.90~1.00
40	0.55~0.65	0.80~0.90
50	—	0.70~0.85

表 3-39　水泥强度等级值的富余系数(γ_c)

水泥强度等级值	32.5	42.5	52.5
富余系数	1.12	1.16	1.10

3)用水量和外加剂用量的计算

①每立方米干硬性混凝土或塑性混凝土用水量(m_{w0})的确定。

根据所用骨料的种类、最大粒径及施工所要求的坍落度值,查表 3-40 和表 3-41 选取 1 m³ 混凝土的用水量。

表 3-40　干硬性混凝土的用水量

单位:kg/m³

拌和物稠度		卵石最大公称粒径/mm			碎石最大公称粒径/mm		
项目	指标	10.0	20.0	40.0	16.0	20.0	40.0
维勃稠度/s	16～20	175	160	145	180	170	155
	11～15	180	165	150	185	175	160
	5～10	185	170	155	190	180	165

表 3-41　塑性混凝土的用水量

单位:kg/m³

拌和物稠度		卵石最大公称粒径/mm				碎石最大公称粒径/mm			
项目	指标	10.0	20.0	31.5	40.0	16.0	20.0	31.5	40.0
坍落度/mm	10～30	190	170	160	150	200	185	175	165
	35～50	200	180	170	160	210	195	185	175
	55～70	210	190	180	170	220	205	195	185
	75～90	215	195	185	175	230	215	205	195

注:本表用水量系采用中砂时的取值。采用细砂时,每立方米混凝土用水量可增加5～10 kg;采用粗砂时,可减少5～10 kg。掺用矿物掺合料和外加剂时,用水量应相应调整。

②掺外加剂时,每立方米流动性或大流动性混凝土的用水量(m_{w0})计算,以表 3-42 中坍落度 90mm 的用水量为基础,按坍落度每增大 20 mm,用水量相应增加 5 kg/m³,计算出未掺外加剂时混凝土的用水量。掺外加剂时的混凝土用水量按式(3-27)计算。

$$m_{wa} = m_{w0}(1 - \beta) \tag{3-27}$$

式中:m_{wa}——掺外加剂时,每立方米混凝土的用水量(kg);

m_{w0}——未掺外加剂时,每立方米混凝土的用水量(kg);

β——外加剂的减水率(%),应经混凝土试验确定。

③每立方米混凝土中外加剂用量按式(3-28)计算。

$$m_{a0} = m_{b0}\beta_a \tag{3-28}$$

式中:m_{a0}——每立方米混凝土的外加剂用量(kg);

m_{b0}——每立方米混凝土中胶凝材料用量(kg);

β_a——外加剂的掺量(%),应经混凝土试验确定。

4)胶凝材料、矿物掺合料和水泥用量的计算

①每立方米混凝土中胶凝材料用量应按式(3-29)计算。

$$m_{b0} = \frac{m_{w0}}{W/B} \tag{3-29}$$

②每立方米混凝土中矿物掺合料用量应按式(3-30)计算。

$$m_{f0} = m_{b0}\beta_f \tag{3-30}$$

式中:m_{f0}——每立方米混凝土的矿物掺合料用量(kg);

m_{b0}——每立方米混凝土中胶凝材料用量(kg);

β_f——矿物掺合料掺量(%)。

③每立方米混凝土的水泥用量(m_{c0})应按式(3-31)计算。

$$m_{c0} = m_{b0} - m_{f0} \qquad (3-31)$$

式中:m_{c0}——每立方米混凝土中水泥用量(kg)。

注:为保证混凝土的耐久性,所计算出的 W/B 和水泥用量,应满足相关标准的规定。

5)确定砂率(β_s)

砂率应按式(3-32)计算。

$$\beta_s = \frac{m_{s0}}{m_{s0} + m_{g0}} \times 100\% \qquad (3-32)$$

式中:β_s——砂率(%);

m_{s0}——每立方米混凝土的细骨料用量(kg);

m_{g0}——每立方米混凝土的粗骨料用量(kg)。

当无历史资料可参考时,混凝土砂率的确定应符合下列规定。

①坍落度小于 10 mm 的混凝土,其砂率应经试验确定。

②坍落度为 10~60 mm 的混凝土砂率,可根据粗骨料的品种、最大公称粒径及水灰比按表 3-42 选取。

表 3-42　混凝土的砂率

单位:%

水胶比(W/B)	卵石最大粒径/mm			碎石最大粒径/mm		
	10.0	20.0	40.0	16.0	20.0	40.0
0.40	26~32	25~31	24~30	30~35	29~34	27~32
0.50	30~35	29~34	28~33	33~38	32~37	30~35
0.60	33~38	32~37	31~36	36~41	35~40	33~38
0.70	36~41	35~40	34~39	39~44	38~43	36~41

注:①本表数值系中砂的选用砂率,对细砂或粗砂,可相应地减少或增大砂率;

②采用人工砂配制混凝土时,砂率可适当增大;

③只用一个单粒级粗骨料配制混凝土时,砂率应适当增大;

④对薄壁构件,砂率宜取偏大值。

③坍落度大于 60 mm 的混凝土砂率,可经试验确定,也可在表 3-41 的基础上,按坍落度每增大 20 mm,砂率增大 1% 的幅度予以调整。

6)计算粗、细骨料用量

①质量法(假定表观密度法)。

该方法是当混凝土所用原材料的性能相对稳定时,即使各组成材料的用量有所波动,但混凝土拌和物的表观密度基本上不变,为一固定值,混凝土拌和物各组成材料的单位用量之和即为其表观密度,见式(3-33),然后由已知量解联立方程,得出未知量。

$$m_{f0} + m_{c0} + m_{g0} + m_{s0} + m_{w0} = m_{cp} \qquad (3-33)$$

$$\beta_\mathrm{s} = \frac{m_\mathrm{s0}}{m_\mathrm{s0} + m_\mathrm{g0}} \times 100\%$$

式中 ：m_f0、m_c0、m_g0、m_s0 和 m_w0——分别为每立方米混凝土的矿物掺合料、水泥、粗骨料、细骨料和水的用量（kg）；

β_s——砂率（%）；

m_cp——每立方米混凝土拌和物的假定质量（kg），可在 2350～2450 kg/m³ 范围内选取。

②体积法。

此方法是假定混凝土各组成材料绝对体积（指各材料排开水的体积，水泥、水和矿物掺合料以密度计算体积，砂、石取表观密度）与混凝土拌和物中所含少量的空气体积之和等于混凝土拌和物的体积，见式(3-34)，即 1 m³（1 m³＝1000 L），然后由已知量解联立方程，得出未知量。

$$\frac{m_\mathrm{c0}}{\rho_\mathrm{c}} + \frac{m_\mathrm{f0}}{\rho_\mathrm{f}} + \frac{m_\mathrm{g0}}{\rho_\mathrm{g}} + \frac{m_\mathrm{s0}}{\rho_\mathrm{s}} + \frac{m_\mathrm{w0}}{\rho_\mathrm{w}} + 0.01\alpha = 1 \tag{3-34}$$

$$\beta_\mathrm{s} = \frac{m_\mathrm{s0}}{m_\mathrm{s0} + m_\mathrm{g0}} \times 100\%$$

式中 ：ρ_c——水泥密度（kg/m³），应按《水泥密度测定方法》(GB/T 208)测定，也可取 2900～3100 kg/m³；

ρ_f——矿物掺合料密度（kg/m³），可按《水泥密度测定方法》(GB/T 208)测定；

ρ_g——粗骨料的表观密度（kg/m³），应按现行行业标准《普通混凝土用砂、石质量及检验方法标准》(JGJ 52)测定。

ρ_s——细骨料的表观密度（kg/m³），应按现行行业标准《普通混凝土用砂、石质量及检验方法标准》(JGJ 52)测定。

ρ_w——水的密度（kg/m³），可取 1000 kg/m³；

α——混凝土的含气量百分数，在不使用引气型外加剂时，$\alpha=1$。

7）写出混凝土初步计算配合比

以 1 m³ 混凝土材料用量或以比例关系表示混凝土初步计算配合比。

2. 基准配合比

混凝土基准配合比的试配、调整与确定相关知识如下。

（1）每盘混凝土试配的最小搅拌量应符合表 3-43 的规定。

表 3-43　混凝土试配的最小搅拌量

粗骨料最大公称粒径/mm	最小搅拌的拌和物量/L
≤31.5	20
40.0	25

（2）应在计算配合比的基础上称取实际工程中使用的材料进行试拌。宜在水胶比不变、胶凝材料用量和外加剂用量合理的原则下调整胶凝材料用量、外加剂用量和砂率等，直到混凝土拌和物的性能符合设计和施工要求，然后提出供检验强度用的基准配合比。

（3）调整可采用如下原则。

①流动性调整：若坍落度小于要求值，应保持水灰比不变，适当增加水泥用量和用水量，其数量一般为 5％ 或 10％；若坍落度大于要求值，也可不减水泥浆用量，而保持砂率不变，适当增加砂用量和石用量。

②黏聚性、保水性调整：应保持骨料总量不变，调整砂率。若混凝土拌和物的砂浆量不足，就会出现黏聚性、保水性不良，可适当增大砂率；反之，可减小砂率。

调整时间不超过 20 min，直到符合要求。每次调整都要对各种材料的调整量进行原始记录，调整后要重新进行坍落度试验，调整至和易性符合要求后，测定混凝土拌和物的表观密度实测值 $\beta_{c,t}$，根据调整后的材料用量计算混凝土拌和物的基准配合比。

和易性合格后，测定混凝土拌和物的表观密度实测值 $\rho_{c,t}$，根据调整后的材料用量计算混凝土拌和物的基准配合比（现标准称试拌配合比）。

3. 试验室配合比

（1）试验室配合比应在基准配合比的基础上，进行混凝土强度试验，并应符合下列规定。

①应至少采用三个不同的配合比。其中一个应是基准配合比，另外两个配合比的水胶比，宜较基准配合比分别增加和减少 0.05，其用水量与基准配合比相同，砂率分别增加或减小 1％。

②拌和物的性能符合设计和施工要求。

③进行混凝土强度试验时，每种配合比至少制作一组（三块）试件，并标准养护到 28 天或设计强度要求的龄期时试压；也可同时多制作几组试件，按《早期推定混凝土强度试验方法标准》(JGJ/T 15)早期推定混凝土强度，用于配合比调整，但最终应满足标准养护 28 天或规定龄期的强度要求。

在制作试件时，还需检验混凝土拌和物的和易性并测定混凝土拌和物的表观密度。由试验得出的各灰水比及其相对应的混凝土强度关系，用作图法或计算法求出与混凝土配制强度相对应的灰水比，并确定每立方米混凝土各种材料用量（试验室配合比）。

（2）配合比调整应符合下列规定。

①根据混凝土强度试验结果，绘制强度和胶水比的线性关系图，用图解法或插值法求出与略大于配制强度的强度对应的胶水比，包括混凝土强度试验中的一个满足配制强度的胶水比。

②用水量(m_w)应在基准配合比用水量的基础上，根据混凝土强度试验时实测的拌和物性能情况做适当调整。

③胶凝材料用量(m_b)应以用水量乘以图解法或插值法求出的胶水比计算得出。

④粗骨料和细骨料用量(m_g 和 m_s)应在用水量和胶凝材料用量调整的基础上，进行相应调整。

（3）配合比应按下列规定进行校正。

① 根据 JGJ 55—2011 调整后的配合比按式(3-35)计算混凝土拌和物的表观密度计算值 $\rho_{c,c}$。

$$\rho_{c,c} = m_c + m_f + m_g + m_s + m_w \tag{3-35}$$

② 应按式(3-36)计算混凝土配合比校正系数 δ。

$$\delta = \frac{\rho_{c,t}}{\rho_{c,c}} \tag{3-36}$$

式中：$\rho_{c,t}$——混凝土拌和物的表观密度实测值(kg/m³)；

$\rho_{c,c}$——混凝土拌和物的表观密度计算值(kg/m³)。

③当混凝土拌和物的表观密度实测值与计算值之差的绝对值不超过计算值的2%时，按 JGJ 55 规程调整的配合比可维持不变；当二者之差超过 2% 时，应将配合比中每项材料用量均乘以校正系数 δ。

（4）配合比调整后，应测定拌和物水溶性氯离子含量，并应对设计要求的混凝土耐久性能进行试验，符合设计规定的氯离子含量和耐久性能要求的配合比方可确定为试验室配合比。

（5）生产单位可根据常用材料设计出常用的混凝土配合比备用，并应在使用过程中予以试验和调整。遇有下列情况之一时，应重新进行配合比设计。

①对混凝土性能有特殊要求时。

②水泥外加剂或矿物掺合料品种质量有显著变化时。

③该配合比的混凝土生产间断半年以上时。

4. 施工配合比

试验室确定配合比时，骨料均以干燥状态进行计量，然而施工现场或砂、石堆场的砂、石材料都含有一定的水分，为了保证混凝土配合比的准确性，应根据实测的砂、石的含水率，对砂石用量、实际加水量进行相应调整，经调整后的试验室配合比称为施工配合比。

若现场砂的含水率为 $a\%$，石的含水率为 $b\%$，则施工配合比计算式如下。

$$\begin{aligned} m_{水泥,施工} &= m_c \\ m_{砂,施工} &= m_s(1+a\%) \\ m_{石,施工} &= m_g(1+b\%) \\ m_{水,施工} &= m_w - m_s \cdot a\% - m_g \cdot b\% \end{aligned} \tag{3-37}$$

3.6.3 混凝土配合比设计举例

某工程的钢筋混凝土梁(干燥环境)混凝土设计强度等级为 C30，施工要求坍落度为 35～50 mm，施工单位无混凝土强度历史统计资料。采用机械搅拌，机械振捣。施工现场的材料如下。

水泥：普通硅酸盐水泥，强度等级 42.5（实测 28 天强度 48.0 MPa），密度为3100 kg/m³。

砂：中砂，表观密度 $\rho_s = 2650$ kg/m³，堆积密度为 1500 kg/m³。

石：碎石 5～31.5mm，表观密度 $\rho_g = 2700$ kg/m³，堆积密度为 1600 kg/m³。

水：自来水，$\rho_w = 1000$ kg/m³。

（一）试求该混凝土的试验室配合比。

（二）若现测得施工现场砂的含水率为 2%，碎石含水率 1%，试计算施工配合比。

（三）若掺入 10%的粉煤灰，在试验室配合比基础上求此时的配合比。

（四）若在（三）的配合比基础上加入掺量为 1.0％、减水率为 20％的聚羧酸减水剂 SPC101，求此时的配合比。

解：（一）混凝土的试验室配合比

1. 初步计算配合比

（1）混凝土配制强度（$f_{cu,0}$）。

因为混凝土的设计强度等级小于 C60 时，配制强度应按公式计算；又因为施工单位无混凝土强度历史统计资料，其混凝土强度标准差可按表 3-36 取值。依据题意，混凝土强度标准差 σ 取 5.0 MPa。

$$f_{cu,0} \geqslant f_{cu,k} + 1.645\sigma = 30 + 1.645 \times 5.0 = 38.2 \text{（MPa）}$$

（2）确定水灰比（W/C）。

$$\frac{W}{C} = \frac{\alpha_a f_{ce}}{f_{cu,0} + \alpha_a \alpha_b f_{ce}} = \frac{0.53 \times 48.0}{38.2 + 0.53 \times 0.20 \times 48.0} = 0.59 \text{（MPa）}$$

α_a、α_b——回归系数，依据题意，当不具备上述试验统计资料时，按表 3-37 查取。

（3）用水量（m_{w0}）。

每立方米干硬性混凝土或塑性混凝土用水量（m_{w0}）的确定，根据所用骨料的种类最大粒径及施工所要求的坍落度值，查表 3-41 选取 1 m³ 混凝土的用水量 $m_{w0} = 185$ kg。

（4）水泥用量（m_{c0}）。

胶凝材料只有水泥时，每立方米混凝土中水泥用量

$$m_{c0} = \frac{m_{w0}}{W/C} = \frac{185}{0.59} = 314 \text{（kg）}$$

为保证混凝土的耐久性，由上式计算求得的 m_{c0} 还应满足表 3-33 规定的最小水泥用量，如计算所得的水泥用量小于规定的最小水泥用量时，应取规定的最小水泥用量值。查表每立方米混凝土中水泥用量 $m_{c0} = 314$ kg，符合耐久性要求。

（5）确定砂率（β_s）。

坍落度为 10～60 mm 的混凝土砂率，可根据粗骨料的品种、最大公称粒径及水灰比按表 3-42 可以在 33％～38％之间选取，这里我们选 $\beta_s = 36\%$（注：此处所选砂率，不一定能符合要求，需要试配时再进调整）。

（6）粗、细骨料用量。

①质量法。每立方米混凝土拌和物的假定质量（kg），可在 2350～2450 kg 范围内选定，对于 C30 的混凝土，取 $m_{cp} = 2400$ kg。

$$m_{f0} + m_{c0} + m_{g0} + m_{s0} + m_{w0} = m_{cp} = 2400 \text{ kg}$$

$$\beta_s = \frac{m_{s0}}{m_{s0} + m_{g0}} \times 100\% = 36\%$$

代入已知量

$$0 + 314 + m_{g0} + m_{s0} + 185 = 2400 \text{（kg）}$$

$$\frac{m_{s0}}{m_{s0} + m_{g0}} \times 100\% = 36\%$$

解以上联立方程得：每立方米混凝土的细骨料 $m_{g0} = 684$ kg；每立方米混凝土的粗骨料 $m_{s0} = 1217$ kg。

②体积法。

$$\frac{m_{c0}}{\rho_c} + \frac{m_{f0}}{\rho_f} + \frac{m_{g0}}{\rho_g} + \frac{m_{s0}}{\rho_s} + \frac{m_{w0}}{\rho_w} + 0.01\alpha = 1$$

$$\beta_s = \frac{m_{s0}}{m_{s0} + m_{g0}} \times 100\%$$

代入已知量

$$\frac{314}{3100} + \frac{0}{\rho_f} + \frac{m_{g0}}{2700} + \frac{m_{s0}}{2650} + \frac{185}{1000} + 0.01 \times 1 = 1$$

$$\frac{m_{s0}}{m_{s0} + m_{g0}} \times 100\% = 36\%$$

解以上联立方程得：每立方米混凝土的细骨料 $m_{g0} = 684$ kg；每立方米混凝土的粗骨料 $m_{s0} = 1217$ kg（核算：$185 + 314 + 684 + 1217 = 2400$(kg)，结果正确）。

（7）混凝土初步计算配合比。

按质量法的计算结果，初步计算配合比如表 3-44 所示。

表 3-44 初步计算混凝土配合比

材料名称	水泥	水	砂	石	掺合料	外加剂	表观密度
以质量表示	314 kg	185 kg	684 kg	1217 kg	0	0	2400 kg/m³
以质量比表示	水泥：砂：石：水 = 1：2.2：3.9：0.59，$W/C = 0.59$						

2. 基准配合比

（1）试拌用量。石子最大粒径为 31.5 mm，混凝土拌和物用量为 20 L，则 20 L 混凝土拌和物各材料用量如表 3-45 所示。

表 3-45 20L 混凝土拌和物各材料的用量

混凝土配合比材料名称	水泥	水	砂	石
20 L 各材料用量/kg	6.28	3.7	13.68	24.34

（2）和易性测定与调整。经试验测得坍落度为 20 mm，小于要求的坍落度（35～50 mm），故保持水灰比不变，增加水泥浆用量 5% 后，测得此时坍落度为 40 mm，满足要求，观察黏聚性和保水性均良好。实测混凝土拌和物表观密度为 $\rho_{c,c} = 2420$ kg/m³。经调整后，各种材料用量如表 3-46 所示。

表 3-46 经调整后，20 L 混凝土拌和物各材料的用量

混凝土配合比材料名称	水泥	水	砂	石
增加 5% 水泥浆后材料量/kg	6.28(1+5%)	3.7(1+5%)	13.68	24.34
调整后 20 L 各材料用量/kg	6.59	3.89	13.68	24.34

根据实测表观密度，计算出每立方米混凝土的各项材料用量，即得基准配合比为

$$m_{c0} = \frac{6.59}{6.59 + 3.89 + 13.68 + 24.34} \times 2420 = 329\text{(kg)}$$

$$m_{w0} = \frac{3.89}{6.59+3.89+13.68+24.34} \times 2420 = 194(\text{kg})$$

$$m_{s0} = \frac{13.68}{6.59+3.89+13.68+24.34} \times 2420 = 683(\text{kg})$$

$$m_{g0} = \frac{24.34}{6.59+3.89+13.68+24.34} \times 2420 = 1214(\text{kg})$$

3. 试验室配合比

（1）强度复核。

试验室配合比应在基准配合比的基础上，进行混凝土强度试验，应至少采用三个不同的配合比。其中一个是基准配合比，另外两个配合比，宜较基准配合比分别增加和减少0.05，其用水量与基准配合比相同，砂率可分别增加或减小1%；依此规则以0.59－0.05＝0.54、0.59和0.59＋0.05＝0.64三个水灰比分别拌制三组混凝土，对应的配合比如表3-47所示。

表3-47 以三个水灰比分别拌制三组混凝土，对应的配合比

水灰比/(W/C)	水泥/kg	水/kg	砂/kg	石/kg
0.54	7.20	3.89	13.09	24.32
0.59	6.59	3.89	13.68	24.34
0.64	6.08	3.89	14.26	24.27

经试验，三组拌和物均满足和易性要求。将三组混凝土做试块并标准养护至28 d，测得的抗压强度如表3-48所示。

表3-48 以三个水灰比分别拌制三组混凝土，对应的28 d混凝土立方体抗压强度

水灰比/(W/C)	灰水比/(C/W)	28 d混凝土立方体抗压强度 f_{cu}/MPa
0.54	1.85	47.5
0.59	1.69	36.0
0.64	1.56	26.5

（2）按照最初设计的配制强度（$f_{cu,0}$）修正配合比。

根据混凝土强度试验结果，绘制强度和灰水比的线性关系图，如图3-18所示，用图解法查出混凝土强度试验中的一个满足配制强度的灰水比；从图中查得混凝土配制强度$f_{cu,0}=38.2$ MPa时，对应的灰水比为$C/W=1.73$，水灰比$W/C=0.58$。此时混凝土的各种材料用量分别按下面原则即可得到符合强度要求的试验室配合比，如表3-49所示。

①用水量（m_w）应在基准配合比用水量的基础上，根据混凝土强度试验时实测的拌和物性能情况做适当调整。

②水泥用量（m_c）（或胶凝材料用量 m_b）应以用水量乘以图解法求出的灰水比计算得出。

③粗骨料和细骨料用量（m_g和m_s）应在用水量和胶凝材料用量调整的基础上，进行相应调整（注：本题因水灰比值与基准配合比水灰比值相差不大，故可取基准配合比水中的骨料用量）。

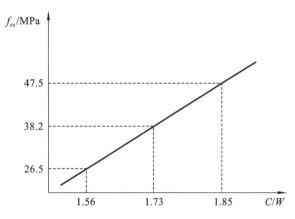

图 3-18　强度与灰水比关系曲线

试验室配合比如下。

$$m_w = m_{w0} = 194 \text{ kg}$$

$$m_c = \frac{m_w}{W/C} = \frac{194}{0.58} = 334(\text{kg})$$

$$m_s = m_{s0} = 683 \text{ kg}$$

$$m_g = m_{g0} = 1214 \text{ kg}$$

表 3-49　试验室配合比各材料的用量

混凝土配合比材料名称	水泥	水	砂	石
每立方米混凝土的用量/kg	334	194	683	1214

最后,按试验室配合比拌制混凝土拌和物,同时进行和易性检验,测得和易性符合要求。

(3) 按实测表观密度修正试验室配合比。

① 根据 JGJ 55 规程得到混凝土拌和物的表观密度计算值 $\rho_{c,c}$。

$$\rho_{c,c} = m_c + m_f + m_g + m_s + m_w = 334 + 0 + 1214 + 683 + 194 = 2425(\text{kg})$$

②此时混凝土拌和物表观密度的实测值为:$\rho_{c,t} = 2430 \text{ kg/m}^3$

③按下式计算混凝土配合比校正系数 δ。

$$\delta = \frac{\rho_{c,t}}{\rho_{c,c}} = \frac{2430}{2425} = 1.002 < 1.02(2\%)$$

④由于混凝土拌和物的表观密度实测值与混凝土拌和物的表观密度计算值之差的绝对值不超过计算值的 2%。按 JGJ 55—2011 规定,调整的配合比不必修正,可维持不变。至此得出试验室配合比如表 3-50 所示。

表 3-50　试验室配合比

材料名称	水泥	水	砂	石	掺合料	外加剂	表观密度
以质量表示	334kg	194 kg	684kg	1214kg	0	0	2425kg/m³
以质量比表示	水泥：砂：石：水=1：2.05：3.63：0.58,W/C=0.58						

（二）施工配合比

根据题意，砂的含水率为 2%，碎石含水率为 1%，则施工配合比为

$$m_{水泥,施工}=m_c=334\ kg$$

$$m_{砂,施工}=m_s(1+a\%)=684(1+2\%)=698(kg)$$

$$m_{石,施工}=m_g(1+b\%)=1214(1+1\%)=1226(kg)$$

$$m_{水,施工}=m_w-m_s\cdot a\%-m_g\cdot b\%=194-684\times2\%-1214\times1\%=168(kg)$$

此混凝土施工配合比为水泥 334 kg、湿砂 698 kg、湿石 1226 kg、实际用水 168 kg。

（三）若掺入 10% 的粉煤灰，在试验室配合比基础上求此时的配合比

粉煤灰通常是取代部分水泥用量，依据题意，掺入 $\beta_f=10\%$ 的粉煤灰，则此时的粉煤灰用量：

（1）每立方米混凝土中胶凝材料用量应按下式计算

$$m_{b0}=334\ kg$$

（2）每立方米混凝土中矿物掺合料用量应按下式计算

$$m_{f0}=m_{b0}\beta_f=334\times10\%=33.4\approx33(kg)$$

（3）每立方米混凝土的水泥用量（m_{c0}）应按下式计算

$$m_{c0}=m_{b0}-m_{f0}=334-33=331(kg)$$

（4）掺入 10% 的粉煤灰，在试验室配合比基础上求此时的配合比如表 3-51 所示。

表 3-51　掺粉煤灰的混凝土配合比

材料名称	水泥	水	砂	石	掺合料	外加剂	表观密度
以质量表示	301kg	194 kg	684 kg	1214 kg	33 kg	0	2425kg/m³
以质量比表示	水泥：砂：石：粉煤灰=1：2.27：4.03：0.01，W/B = 0.59						

（四）若在（三）配合比基础上加入掺量为 1.0%、减水率为 20% 的聚羧酸减水剂 SPC101，求此时的配合比

根据外加剂一般只对胶凝材料起作用的原理，此时胶凝材料总量为 334 kg。则此时每立方米混凝土中外加剂用量 $m_{a0}=m_{b0}\cdot\beta_a=334\times1.0\%=3.34(kg)$，如表 3-52 所示。

表 3-52　掺粉煤灰的混凝土配合比

材料名称	水泥	水	砂	石	掺合料	外加剂	表观密度
以质量表示	301 kg	194 kg	684 kg	1214 kg	33 kg	3.34 kg	2425 kg/m³
以质量比表示	水泥：砂：石：粉煤灰：外加剂=1：2.27：4.03：0.11：0.01，W/B= 0.59						

减水剂的减水率为 20%，在不改变此混凝土拌和物的坍落度，掺外加剂时的混凝土用水量按下式计算

$$m_{wa}=m_{w0}(1-\beta)=194\times(1-20\%)=155(kg)$$

【岗位业务训练表单】

混凝土配合比设计委托单

取送样见证人＿＿＿＿＿＿＿＿＿＿＿ 试验编号：＿＿＿＿＿＿＿＿＿＿＿＿＿＿

委托日期：＿＿＿＿年＿＿月＿＿日 工程名称：＿＿＿＿＿＿＿＿＿＿＿＿＿＿

建设单位：＿＿＿＿＿＿＿＿＿＿＿ 施工单位：＿＿＿＿＿＿＿＿＿＿＿＿＿

委托单位：＿＿＿＿＿＿＿＿＿＿＿ 使用部位：＿＿＿＿＿＿＿＿＿＿＿＿＿

设计强度：＿＿＿＿＿＿坍落度要求：＿＿＿＿ 搅拌方法：＿＿＿＿＿捣固方法：＿＿＿＿＿

水泥品种等级：＿＿＿＿＿厂别牌号：＿＿＿＿ 出厂日期：＿＿＿＿＿试验编号：＿＿＿＿＿

砂子产地：＿＿＿＿＿种 类：＿＿＿＿ 细度模数：＿＿＿＿＿试验编号：＿＿＿＿＿

石子产地：＿＿＿＿＿种 类：＿＿＿＿ 规 格：＿＿＿＿＿试验编号：＿＿＿＿＿

水 种 类：＿＿＿＿＿外加剂名称：＿＿＿＿＿＿ 外加剂厂家：＿＿＿＿＿＿＿＿＿

送样人：＿＿＿＿＿＿＿＿＿＿＿＿＿＿ 收样人：＿＿＿＿＿＿＿＿＿＿＿

混凝土配合比设计原始记录

委托日期	年 月 日	强度等级		试验编号	
试验日期	年 月 日	品 种		水泥试验编号	
依据标准		环境条件	℃ ％	砂试验编号	
石试验编号		掺合料名称1		掺合料名称2	
外加剂名称1		外加剂名称2		样品状态	
仪器设备					

计算	$W/B = \dfrac{\alpha_a \cdot f_b}{f_{cu,0} + \alpha_a \alpha_b f_b} =$ ＿＿＿ $f_{cu,0} > f_{cu,k} + 1.645\sigma =$ ＿＿＿ $\alpha_a =$ ＿＿＿ $\alpha_b =$ ＿＿＿ $f_{ce} = \gamma_c f_{cu,g} =$ ＿＿＿ $f_b = \gamma_f \gamma_s f_{ce} =$ ＿＿＿ $m_{w0} = m'_{w0}(1-\beta) =$ ＿＿＿ $m_{c0} =$ ＿＿＿ $m_{f0}1 =$ ＿＿＿ $m_{f0}2 =$ ＿＿＿ $m_{b0} =$ ＿＿＿ $m_{a0}1 =$ ＿＿＿ $m_{a0}2 =$ ＿＿＿ $\beta_s =$ ＿＿＿ $m_{s0} =$ ＿＿＿ $m_{g0} =$ ＿＿＿

制作试样 1	步骤	项目	水泥 /kg	砂 /kg	石 /kg	水 /kg	掺合料 /kg		外加剂 /kg		稠度 /mm	砂含水率/(%)
							1	2	1	2		
制作试样 1	$W/B=$ $\beta_s=$	每 m^3 用料										
		____L 用料										
		调整后用料										
制作试样 2	$W/B=$ $\beta_s=$	每 m^3 用料										
		____L 用料										
		调整后用料										
制作试样 3	$W/B=$ $\beta_s=$	每 m^3 用料										
		L 用料										
		调整后用料										

强度试验		试件编号	试样 1	试样 2	试样 3
	d_7 月__日	荷载/kN			
		强度/MPa			
		代表值 /MPa			
	d_{28} 月__日	荷载/kN			
		强度/MPa			
		代表值 /MPa			

配合比修正系数 δ	计算表观密度 $\rho_{c,c}=$	实测表观密度 $\rho_{c,t}=$	$\delta=$

配合比的确定	确定的混凝土设计配合比/(kg/m^3)									
	强度等级	水胶比 $W/B=$	砂率 $\beta_s=$	水泥	砂	石	水	掺合料		外加剂	
								1	2	1	2

审核：　　　试验：　　d_7报告于　　　年　月　日发出　　d_{28}报告于　　　年　月　日发出

混凝土配合比设计通知单

委托日期：_____年_____月___日　　　试验编号：_____

发出日期：_____年_____月___日___

委托单位：_____　　建设单位：_____

工程名称：_____——_____　　　　　　施工单位：_____

设计强度：_____　抗渗等级：_____　　搅拌方法：_____　捣固方法：_____

掺合料名称1：_____　　　掺合料名称2：_____

外加剂名称1：_____　　外加剂名称2：_____

水泥试验编号：_____　　　水泥厂别及牌号：_____

水泥品种：_____　　强度等级：_____　　出厂日期：_____

砂试验编号：_____　砂产地：_____　种类：_____　细度模数：_____

石试验编号：_____　石产地：_____　种类：_____　粒径：_____

委托人：_____　监理工程师：_____

水胶比	砂率/（%）	养护方法及温度/℃	坍落度要求/mm	表观密度/（kg/m³）

材料	水泥	砂	石	水	掺合料	外加剂	试验结果		
							坍落度/mm	抗压强度/MPa	
								7 d	28 d
用量/（kg/m³）									
分次用量/kg									

备注：本配合比所用材料均为干材料，使用单位应根据材料、含水情况随时调整。本配合比采用原材料发生变化时，本配合比无效。

单位工程技术负责人意见：

签章：

试验单位：　　　　　　　　负责人：　　　　审核人：　　　试验人：

注：1. 混凝土氯化物和碱的总含量应符合《混凝土结构设计规范》（GB 50010—2010）和相关设计规定，在备注栏分别记载（含外加剂）并提供原材料试验报告及氯化物、碱的总含量计算书。

2. 预应力混凝土结构中严禁使用含氯化物的外加剂；钢筋混凝土结构中，当使用含氯化物外加剂时，混凝土中氯化物的总含量应符合《混凝土质量控制标准》（GB 50164）的规定。

3. 掺有掺合料外加剂，应将试验资料附后以资证明。

任务3.7 混凝土的质量控制及抗压强度试验

任务描述

1. 能根据标准熟练制作混凝土立方体抗压强度标准试件和非标准试件。能对试件进行标准养护。

2. 能根据标准进行混凝土立方体抗压强度试验,能计算及评定混凝土的强度。

3. 能按规范要求填写普通混凝土的抗压强度委托单和试验原始记录。

4. 岗位业务训练:能根据标准出具混凝土的抗压强度试验报告,并判断该批混凝土的抗压强度是否合格,能熟练对混凝土抗压强度试验报告进行解读。

3.7.1 混凝土的质量控制

为了使混凝土满足工程上的基本要求,必须对混凝土的质量进行全面控制。工程上对混凝土的质量控制一般包括初步控制、生产控制和合格控制三个主要环节。

1. 初步控制

(1)混凝土组成材料的控制:对水泥、砂、石、外加剂、掺合料等原材料,除了必须要有出厂合格证进行进场检验,还要进行复试,并出具检验报告。混凝土用原材料质量控制应从原材料的采购管理、原材料进厂检验管理、原材料储备管理和原材料使用管理等方面加强管理。

(2)混凝土配合比的控制:工程上混凝土配合比要满足施工和易性、结构设计要求的强度等级、与环境相适应的耐久性,最后要考虑经济性原则进行设计。

2. 生产控制

混凝土组成材料的计量要准确,需定期进行校秤。相关标准对混凝土的搅拌时间、运输方式、浇筑程序、振捣和养护要求等都有严格的规定。这些规定对确保生产控制有重要作用。

混凝土现场质量控制应做好以下几方面的工作。

(1)检查混凝土拌和物工作性,对不满足要求的混凝土进行调整。

(2)制作混凝土交货检验试件。

(3)对大体积混凝土、高强混凝土及冬季施工混凝土拌和物进行温度测定。

(4)检查混凝土运输车待料时间,对超时车辆采取措施。

(5)高、低强度等级混凝土交叉泵送时,监督泵送过程,防止错浇。

(6)监督施工单位是否正确使用混凝土,是否按程序施工。

3. 合格控制

混凝土抗压强度是反映混凝土质量与结构可靠性的重要指标,控制混凝土强度是控制混凝土工程质量的一个重要技术措施,也是检验混凝土质量稳定性与施工水平的主要手段。因此,对混凝土进行抗压强度检验与评定是工程中质量控制的经常性和必要性工作环节,也是混凝土结构验收中的重点检验项目。

对硬化混凝土质量控制一般是指对混凝土强度、结构外观的检验,通常最关键的是要进行 28 d 龄期混凝土抗压强度的评价。因为,混凝土质量波动直接反映在强度上,通过对混凝土强度的检验可以控制整个混凝土工程的质量。对混凝土的强度检验是按规定的时间及检验批在搅拌地点或浇筑地点抽取有代表性的试样,按标准规定制作试件、养护至规定龄期后,进行混凝土力学性质(如抗压强度、抗折强度等)和耐久性能(抗渗等级、抗冻等级等)试验,以评定混凝土质量。对于已经建成的建筑物,也可采用非破损试验方法进行检查。

3.7.2　混凝土质量波动的原因

混凝土一个主要缺点是质量波动范围比较大,原因是多方面的,故要不断总结经验,不断完善。

混凝土质量波动的原因有:原材料质量的波动,如水泥实际强度的波动,砂、石粗细程度、颗粒级配和含水率的波动,外加剂掺量及性质的波动等;原材料的称量误差;水灰比的波动;搅拌时间及搅拌均匀程度的波动;振捣时间和密实程度的波动;养护温度和温度的波动;测试设备和人员等因素带来的波动等。

3.7.3　混凝土强度的合格性评定方法

评定依据为《混凝土强度检验评定标准》(GB/T 50107—2010)。根据混凝土的生产方式及特点不同,其强度检验与评定方法可分为统计方法和非统计方法。

1. 统计方法评定

(1)标准差已知的统计方法。

当混凝土的生产条件在较长的时间内能够保持一致,且同一品种混凝土的强度变异性能保持稳定时,每批的强度标准差 σ_0 可按常数考虑。此时强度评定应由连续的三组或三组以上试件组成一个验收批,其强度应同时满足式(3-38)和式(3-39)要求。

$$m_{f_{cu}} \geqslant f_{cu,k} + 0.7\sigma \qquad (3\text{-}38)$$
$$f_{cu,min} \geqslant f_{cu,k} - 0.7\sigma_0 \qquad (3\text{-}39)$$

当混凝土的强度等级不高于 C20 时,其强度的最小值尚应满足式(3-40)要求。

$$f_{cu,min} \geqslant 0.85 f_{cu,k} \qquad (3\text{-}40)$$

当混凝土的强度等级高于 C20 时,其强度的最小值尚应满足式(3-41)要求。

$$f_{cu,min} \geqslant 0.90 f_{cu,k} \qquad (3\text{-}41)$$

式中 : $m_{f_{cu}}$ ——同一验收批混凝土立方体抗压强度的平均值(MPa);

$f_{cu,k}$ ——混凝土的立方体抗压强度标准值(MPa);

$f_{cu,min}$ ——同一验收批混凝土立方体抗压强度的最小值(MPa);

σ_0 ——验收批混凝土立方体抗压强度的标准差(MPa)。

验收批混凝土的立方体抗压强度的标准差,应根据前一个检验期(不超过三个月)内同一品种混凝土试件的强度数据,按式(3-42)确定。

$$\sigma_0 = \frac{0.59}{m} \sum_{i=1}^{m} \Delta f_{cu,i} \tag{3-42}$$

式中:$\Delta f_{cu,i}$——前一周期内,第 i 验收批混凝土立方体抗压强度代表值中最大值与最小值之差;

m——前一检验期内用以确定验收批混凝土立方体抗压强度标准差 σ_0 的试件总批数。

注意:上述检验批不应超过三个月,且在该期间内强度的总批数 m 不得少于 15 批。检验结果满足要求,则该批混凝土强度合格,否则不合格。

(2)标准差未知的统计方法。

当混凝土的生产条件在较长的时间内不能保持一致,且混凝土强度变异性不能保持稳定时,或在前一个检验期间内的同一品种混凝土没有足够的强度数据用以确定验收批混凝土立方体抗压强度标准差时,应由不少于 10 组的试件组成一个验收批,其强度应同时满足式(3-43)和式(3-44)要求。

$$m_{f_{cu}} - \lambda_1 \cdot S_{f_{cu}} \geqslant 0.9 f_{cu,k} \tag{3-43}$$

$$f_{cu,min} \geqslant \lambda_2 \cdot f_{cu,k} \tag{3-44}$$

式中:$m_{f_{cu}}$——同一验收批混凝土立方体抗压强度的平均值(MPa);

$S_{f_{cu}}$——同一验收批混凝土立方体抗压强度的标准差(MPa)。

λ_1、λ_2——混凝土强度合格性判定系数,按表 3-53 确定。

表 3-53　混凝土强度合格性判定系数

试件组数	10~14	15~24	≥25
λ_1	1.70	1.65	1.60
λ_2	0.90	0.85	

混凝土的立方体抗压强度标准差 $S_{f_{cu}}$ 可按式(3-45)确定。

$$S_{f_{cu}} = \sqrt{\frac{\sum_{i}^{m} f_{cu,i}^2 - n \, m_{f_{cu}}^2}{n-1}} \tag{3-45}$$

式中:$S_{f_{cu}}$——验收批混凝土立方体抗压强度的标准差(MPa);当 $S_{f_{cu}}$ 的计算值小于 0.06 $f_{cu,k}$ 时,取 $S_{f_{cu}}$ 等于 0.06 $f_{cu,k}$。

$f_{cu,i}$——第 i 组混凝土试件的立方体抗压强度值(MPa);

n——同一个验收批混凝土试件组数,$n \geqslant 10$。

2. 非统计方法评定

对于零星生产,同一品种混凝土试件组数不足 10 组时,用非统计方法评定,按非统计方法评定时,其强度应分别满足式(3-46)和式(3-47)要求。

(1)只有一组试件时,$m_{f_{cu}} \geqslant 1.15 f_{cu,k}$ \tag{3-46}

(2)当有 2~9 组试件时,要同时满足以下两个要求:

$$\begin{cases} m_{f_{cu}} \geqslant 1.15 f_{cu,k} \\ f_{cu,min} \geqslant 0.95 f_{cu,k} \end{cases} \tag{3-47}$$

3. 混凝土强度的合格性判断

当混凝土强度检验结果能满足上述三种情况之一,则判断该批混凝土强度判为合格;当检验结果不能满足上述规定时,则该批混凝土强度判为不合格。

3.7.4 普通混凝土的抗压强度试验

1. 试验依据

《普通混凝土拌和物性能试验方法标准》(GB/T 50080—2016)、《混凝土物理力学性能试验方法标准》(GB/T 50081—2019)、《混凝土强度检验评定标准》(GB/T 50107—2010)。

2. 混凝土的检验批、取样与试件留置的相关规定

混凝土强度应分批进行检验评定。一个检验批的混凝土应由强度等级相同、试验龄期相同、生产工艺条件和配合比基本相同的混凝土组成。

取样与试件留置符合下列规定:

(1) 每拌制 100 盘且不超过 100 m³ 的同一配合比的混凝土,取样不得少于一次;

(2) 每工作班拌制的同一配合比的混凝土不足 100 盘,取样不得少于一次;

(3) 当一次连续浇筑超过 1000 m³ 时,同一配合比的混凝土每 200 m³ 取样不得少于一次;

(4) 每一楼层、同一配合比的混凝土,取样不得少于一次;

(5) 每次取样应至少留置一组标准养护试件,同条件养护试件的留置组数应根据实际需要确定。

3. 试件成型与养护

经和易性试验合格的混凝土拌和物为测定力学性能,必须制备成各种规定尺寸的试件,混凝土试件在试模(图 3-19)中成型,其方法如下。

图 3-19 混凝土试模

（1）将试模内部涂敷一层矿物油脂或其他脱模剂,然后将拌好的混凝土拌和物装入试模中,并使其稍高出模顶,紧接着即可实行捣实工作。

（2）混凝土拌和物捣实工作可采用下列方式。

①振动法:将试模放在振动台上夹紧,振动至表面呈现水泥浆为止,一般不超过1.5 min。

②插捣法:将混合料分两层装入,采用直径为 15 mm 的圆铁棍以螺旋形从边缘向中心均匀地进行。捣插次数依据试件尺寸规定如表 3-54 所示。

表 3-54 人工成型插捣次数表

试件尺寸/mm	每层捣实次数	试件尺寸/mm	每层捣实次数
100×100×100	12	150×150×300	75
150×150×150	25	150×150×550	100
200×200×200	50	—	—

③用前述方法捣实之后,用镘刀将多余的混合料刮除,使与模口齐平;经 2～4 h 后并抹平表面。采用标准养护的试件成型后应覆盖表面,以防止水分蒸发,并在室温(20±5)℃,相对湿度大于 50%的情况下静放 1～2 昼夜(但不超过 2 昼夜),然后拆模,作外观检查和编号。当一组 3 个试件中有一个存在蜂窝时,本组试件作废,除特殊情况外重新制作。

④将试件在标准养护室内养护至试验为止。标准养护条件为温度(20±2)℃、相对湿度大于 90%。试件宜放在铁架或木架上,彼此间距为 30～50 mm,试件应避免直接用水冲淋。在缺乏标准养护室时,混凝土试件允许在温度为(20±3)℃的不流动水中养护。或者用其他方法养护,但须在报告中说明。

⑤至规定龄期时,自养护室取出试件,并继续设法保持其温度不变,按下述试验方法进行混凝土立方体抗压强度试验。

4. 普通混凝土立方体抗压强度试验

（1）试验目的。根据标准,制作混凝土立方体试件,并根据标准检验混凝土抗压强度,并为控制施工质量提供依据。

（2）主要仪器设备。压力试验机、试验室用混凝土搅拌机、振动台、试模、标准养护室、振捣棒、金属直尺等。

（3）试件制作。

制作试件前应检查试模,拧紧螺栓并清刷干净,在其内壁涂上一薄层废机油。一组成型 3 个试件。试件的成型方法应根据混凝土拌和物的稠度来确定。

①坍落度大于 70 mm 的混凝土拌和物采用人工捣实成型。将搅拌好的混凝土拌和物分两层装入试模,每层装料的厚度大约相同。插捣时用钢制捣棒按螺旋方向从边缘向中心均匀进行。插捣底层时,捣棒应达到试模底面;插捣上层时,捣棒应贯穿下层深度20～30 mm。并用镘刀沿试模内侧插捣数次。每层的插捣次数应根据试件的截面而定,一般为每 100 cm² 截面积不应少于 12 次。捣实后,刮去多余的混凝土,并用镘刀抹平。

②坍落度小于 70 mm 的混凝土拌和物采用振动台成型。将搅拌好的混凝土拌和物

一次装入试模,装料时用镘刀沿试模内壁略加插捣并使混凝土拌和物稍有富余,然后将试模放到振动台上,振动时应防止试模在振动台上自由跳动,直至混凝土表面出浆为止,刮去多余的混凝土,并用镘刀抹平。

(4)试件养护。

试件成型后,立即用不透水的薄膜覆盖表面;采用标准养护的试件,应在温度(20±5)℃环境中静置一昼夜至两昼夜,然后编号、拆模。再将拆模后的试件立即放在温度为(20±2)℃、相对湿度为95%以上的标准养护室中养护,或在温度为(20±2)℃的不流动的Ca(OH)₂饱和溶液中养护。标准养护室内的试件应放在架子上养护,彼此相隔10～20 mm,试件表面应保持潮湿,并不得被水淋湿;与构件同条件养护的试件成型后,应覆盖表面,试件的拆模时间可与实际构件的拆模时间相同,拆模后试件仍需保持同条件养护;标准养护龄期为28 d(应从搅拌开始加水计时)。

(5)试验步骤。

①试件至规定龄期时,从养护地点取出后,应尽快进行试验,以免试件内部的温度和湿度发生显著变化。②先将试件擦拭干净,测量尺寸,并检查外观,试件尺寸测量精确到1 mm,并据此计算试件的承压面积。③将试件安放在试验机的下压板或垫板上,试件的承压面应与成型时的顶面垂直。试件的中心应与试验机下压板中心对准。开动试验机,当上压板与试件或钢垫板接近时,调整球座,使接触均衡。④混凝土试件的试验应连续而均匀地加荷,混凝土强度等级<C30时,其加荷速度为0.3～0.5 MPa/s;混凝土强度等级≥C30且<C60时,则为0.5～0.8 MPa/s;混凝土强度等级≥C60时,则为0.8～1.0 MPa/s。⑤当试件接近破坏而开始迅速变形时,停止调整试验机油门,直到试件破坏,并记录破坏荷载。试件受压完毕,应清除上下压板上附着的杂物。图3-20展示的是混凝土压力试验机及抗压强度试验。

图 3-20　混凝土压力试验机及抗压强度试验

(6)试验结果计算与处理。

①混凝土立方体试件抗压强度按式(3-48)计算。

$$f_{cu} = \frac{F}{A} \times \delta \tag{3-48}$$

式中:f_{cu}——混凝土立方体试件的抗压强度(MPa),精确至0.1 MPa;

　　　F——试件破坏荷载(N);

A——试件承压面积(mm^2);

δ——混凝土试件尺寸换算系数。

②混凝土立方体抗压强度值的确定应符合下列规定。

a. 以 3 个试件测值的算术平均值作为该组试件的抗压强度值,精确至 0.1MPa。

b. 如 3 个测值中最大值或最小值中有 1 个与中间值的差值超过中间值的 15%,则把最大值或最小值舍去,取中间值作为该组试件的抗压强度值。

c. 如最大值和最小值与中间值的差均超过中间值的 15%,则该组试件的试验结果无效。

③混凝土立方体抗压强度是以 150 mm×150 mm×150 mm 的立方体试件作为抗压强度的标准试件。混凝土强度等级<C60 时,用非标准试件测得的强度值均应乘以尺寸换算系数。当混凝土强度等级≥C60 时,宜采用标准试件;使用非标准试件时,尺寸换算系数应由试验确定。

工程应用举例如下。

某试验室检测 C30 强度等级的混凝土,采用立方体边长尺寸为 100 mm 试件,只有一组试件,现测得三个试件破坏荷载为 238 kN、496 kN、278kN,试对只有一组试件的混凝土抗压强度进行合格性判定。

解:(1) 单块抗压强度计算,对于非标准尺寸为 100 mm 的混凝土试件的计算过程如下。

$$f_1 = F_1/A \times 0.95 = 238000 \div 10000 \times 0.95 = 22.61 \approx 22.6(MPa)$$
$$f_2 = F_2/A \times 0.95 = 496000 \div 10000 \times 0.95 = 47.12 \approx 47.1(MPa)$$
$$f_3 = F_3/A \times 0.95 = 278000 \div 10000 \times 0.95 = 26.41 \approx 26.4(MPa)$$

(2) 与中间值比较如下。

$$(47.1-26.4) \div 26.4 \times 100\% = 78.4\% > 15\%$$
$$(26.4-22.6) \div 22.6 \times 100\% = 14.4\% < 15\%$$

(3) 取代表值:$f_c = 26.4$ MPa。

(4) 合格性判定:26.4/30=0.88<1.15,此混凝土抗压强度不合格。

【岗位业务训练表单】

混凝土抗压强度试验委托单

取送样见证人:＿＿＿＿＿＿＿＿   试验编号:＿＿＿＿＿＿＿＿

委托日期:＿＿＿年＿月＿日   工程名称:＿＿＿＿＿＿＿＿

建设单位:＿＿＿＿＿＿＿＿   设计强度:＿＿＿＿＿＿＿＿

委托单位:＿＿＿＿＿＿＿＿   使用部位:＿＿＿＿＿＿＿＿

试件规格:＿＿＿＿＿＿＿＿   坍落度:＿＿＿＿＿＿＿＿

搅拌方法：_____　　捣固方法：_____

工程量：_____　　养护方法和温度：_____

成型日期：____年____月____日　　试压日期：____年____月____日

试验单编号	水泥				砂			水	石			
	品种标号	出厂日期	水泥厂		产地	种类	细度模数		产地	种类	规格/mm	级配情况

配合比编号	砂率/(%)	水胶比	每 m³ 混凝土材料用量/kg					
			水泥	砂	石	水	掺合料	外加剂

送样人：_____　　收样人：_____

混凝土强度试验原始记录

实验室温度：_____　　　　　　仪器型号：_____

试验编号	成型日期	试验日期	试件编号	设计强度等级	龄期/d	试件尺寸/mm³	换算系数	破坏荷载/kN	代表值/MPa	占设计强度百分比/(%)	试验
								强度/MPa			审核

续表

试验编号	成型日期	试验日期	试件编号	设计强度等级	龄期/d	试件尺寸/mm³	换算系数	破坏荷载/kN		代表值/MPa	占设计强度百分比/(%)	试验审核
								强度/MPa				

混凝土抗压强度试验报告

委托日期：＿＿＿年＿＿月＿＿日　　　试验编号：＿＿＿＿＿＿＿＿

发出日期：＿＿＿年＿＿月＿＿日　　　建设单位：＿＿＿＿＿＿＿＿

委托单位：＿＿＿＿＿＿＿＿＿＿＿＿　　工程名称：＿＿＿＿＿＿＿＿＿

施工部位：＿＿＿＿＿＿＿＿＿＿＿＿　　设计强度等级：＿＿＿＿＿

试件规格：＿＿＿＿＿＿＿＿＿＿＿＿　　坍落度(工作度)：＿＿＿＿＿mm

搅拌方法：＿＿＿＿＿＿＿＿＿＿＿＿　　捣固方法：＿＿＿＿＿＿＿＿

工程量：＿＿＿＿＿＿＿＿＿＿＿m³　　养护方法和温度：＿＿＿＿＿℃

成型日期：＿＿＿年＿＿月＿＿日　　　试压日期：＿＿＿年＿＿月＿＿日

试件制作人：＿＿＿＿＿＿＿试件送试人：＿＿＿＿＿＿　监理工程师：＿＿＿＿＿

续表

试验单编号	水 泥				砂 子				石 子			
	品种强度等级	出厂日期	水泥厂	产地	细度模数	种类	水	产地	种类	规格	级配情况

配合比编号	砂率/(%)	水灰比	混凝土材料用量/(kg/m³)					
			水泥	砂	石子	水	掺合料	外加剂

受压面积/mm²	龄期/d	抗压强度/MPa				占设计强度/(%)
		1	2	3	强度代表值	

备注：

试验单位：   负责人：   审核：   试验：

**项目三
巩固练习题**

项目四 建筑砂浆及其应用

【能力目标】 能根据工程部位识别和选用砂浆种类;能完成建筑砂浆的原材料选用和试验操作任务;能根据相关标准对砂浆的稠度、保水性、分层度、立方体抗压强度进行检测并能判断砂浆试验结果是否合格;能根据用户要求进行砌筑砂浆的配合比设计和出具砂浆配合比;能填写建筑砂浆试验报告的基本内容。

【知识目标】 熟悉砂浆的定义和分类;掌握砌筑砂浆的组成材料及技术要求;掌握砌筑砂浆的主要技术性质和检验要求;掌握砌筑砂浆的配合比设计;了解其他砂浆的种类及应用情况。

【素质目标】 具备建筑砂浆的相关理论知识和技能水平;具备运用现行标准分析和解决建筑砂浆问题的能力;具备团队协作能力和吃苦耐劳的精神。

任务 4.1 建筑砂浆及选用

任务描述

1. 带有地下室的住宅工程选用建筑砂浆,所需要砂浆的部位有地下室地面、室内地面、室内砌筑墙体和抹面。请选出此工程砂浆的种类并说明理由。

2. 请根据相关标准选出砌筑砂浆的组成材料和技术要求。

4.1.1 建筑砂浆概述

1. 建筑砂浆定义

建筑砂浆就由胶凝材料、细集料、掺合料、水以及根据性能确定的其他组分按适当比例配合、拌制并经硬化而成的工程材料。

2. 建筑砂浆的作用

砂浆在建筑工程中是用量大、用途广泛的一种建筑材料。在结构工程中,砂浆可把散粒材料、块状材料和片状材料等胶结成整体结构,主要起黏结、衬垫和传递应力的作用,同时砖墙的勾缝、大型墙板和各种构件的接缝也离不开砂浆;在装饰工程中,砂浆可以起到装饰、保护主体材料的作用,如墙面、地面及梁柱结构等表面的抹灰,镶贴天然石材、人造石材、瓷砖、锦砖等都要使用砂浆;此外,随着砂浆的日益多功能化,某些砂浆还具有防水、吸声、保温、防辐射和耐腐蚀等特殊的功能。

3. 建筑砂浆分类

(1)按用途分:砌筑砂浆、抹灰砂浆、防水砂浆、装饰砂浆、隔热砂浆、吸声砂浆、保温砂浆等。建筑工程中使用较多的是砌筑砂浆和抹灰砂浆。

(2)按胶凝材料分:水泥砂浆、石灰砂浆、石膏砂浆、沥青砂浆、聚合物砂浆以及由两种或两种以上胶凝材料组成的混合砂浆,如水泥石灰混合砂浆、聚合物水泥砂浆等。

(3)按表观密度分:重砂浆、轻砂浆。

(4)按来源分:施工现场拌制的砂浆和由专业生产厂生产的预拌砂浆(湿拌砂浆和干混砂浆)。

4.1.2 砌筑砂浆的组成材料及技术要求

砌筑砂浆是指将砖、石、砌块等块材经砌筑成为砌体,起黏结、衬垫和传力作用的砂浆。砌筑砂浆所用原材料不应对人体、生物与环境造成有害的影响,并应符合现行国家标准《建筑材料放射性核素限量》(GB 6566)的规定。

1. 胶凝材料

砌筑砂浆常用的胶凝材料有水泥、石灰、石膏等。应根据砂浆的使用环境和用途来选择。在潮湿环境或水中使用的砂浆必须选用水泥作为胶凝材料。水泥品种以通用硅酸盐水泥或砌筑水泥为主。水泥强度等级应根据砂浆品种及强度等级的要求进行选择。M15及以下强度等级的砌筑砂浆宜选用32.5级的通用硅酸盐水泥或砌筑水泥;M15以上强度等级的砌筑砂浆宜选用42.5级通用硅酸盐水泥。

2. 细骨料

细骨料(砂),宜选用中砂。砂的技术指标还应符合《普通混凝土用砂、石质量及检验方法标准》(JGJ 52—2006)的规定,且应全部通过4.75 mm的筛孔。

由于砂浆层一般较薄,对砂最大粒径应有限制,通常情况下,砖砌体用砂浆宜选用中砂,并且应过筛,砂中不得含有杂质,最大粒径不大于2.5 mm为宜;石砌体用砂浆宜选用粗砂,砂的最大粒径不大于5.0 mm为宜;光滑的抹面及勾缝的砂浆宜采用细砂,其最大粒径不大于1.2 mm为宜。

另外,砂中含泥量不宜过大,含泥量太大不但会增加水泥用量,还可能使砂浆收缩,造成强度和耐久性下降。砌筑砂浆用砂的含泥量不应超过5%。

采用人工砂及细砂时,应经试配确认满足要求后才能使用。在配制保温砌筑砂浆、抹面砂浆及吸声砂浆时应采用轻砂,如膨胀珍珠岩、火山渣等。配制装饰砂浆或装饰混凝土时应采用白色或彩色砂、石屑、玻璃或陶瓷碎粒等。

3. 掺合料

掺合料是为改善新拌砂浆的和易性、节约水泥用量,充分利用工业废料,在砂浆中掺入一些无机细颗粒材料,如生石灰粉、粉煤灰、石灰膏、电石膏和黏土膏等。行业标准《砌筑砂浆配合比设计规程》(JGJT 98—2010)中对掺合料有相关的规定。

（1）生石灰粉、石灰膏和黏土膏必须配制成稠度为（120±5）mm 的膏状体，并用 3 mm×3 mm 的网过滤，熟化时间不得少于 7 d；磨细生石灰粉的熟化时间不得少于 2 d。严禁使用已经脱水硬化的石灰膏。因为消石灰粉是未充分熟化的石灰，颗粒太粗，起不到改善砂浆和易性的作用，因此消石灰粉不得直接用于砌筑砂浆中。

（2）采用黏土或亚黏土制备黏土膏时，宜用搅拌机加水搅拌，使黏土膏达到所需细度，以保证其塑化效果。

（3）此外，对于加入的粉煤灰、粒化高炉矿渣粉、硅灰和天然沸石粉等掺加料应符合相关标准要求。其经检验合格后才能使用，以保证不影响砂浆的质量。

4. 水

配制砂浆用水应符合现行行业标准《混凝土用水标准》(JGJ 63)中各项技术指标的规定。

5. 外加剂

与混凝土中掺加外加剂一样，为改善砂浆的某些性能，也可加入起到塑化、早强、防冻、缓凝等作用的外加剂。外加剂的品种和掺量应经试验确定。砌筑砂浆中掺入的砂浆外加剂，应具有法定检测机构出具的该产品砌体强度型式检验报告，并经砂浆试验合格后方可使用。

任务4.2 砌筑砂浆的技术性质

任 务 描 述

1. 根据建筑砂浆相关标准，掌握砌筑砂浆相关技术性质。
2. 新拌砂浆的和易性包括哪些含义？分别用什么表示？
3. 砌筑砂浆的强度及强度等级如何表示？砌筑砂浆的强度等级有哪些？

砌筑砂浆的技术性质包括新拌砂浆应具有良好的和易性，硬化后的砌筑砂浆应具有一定的强度、黏结力、变形性能及耐久性能。

4.2.1 新拌砂浆的和易性

新拌砂浆的和易性主要包括流动性、保水性和分层度。它们是反映新拌砂浆施工操作难易程度及质量稳定性的重要技术指标。和易性良好的砂浆易于施工，质量均匀，可在保证施工质量的前提下提高劳动生产率。

1. 流动性（又称稠度）

（1）流动性定义：流动性是指新拌砂浆在自重或外力作用下产生流动的性能。

（2）表示方法：流动性的大小用稠度值表示。

新拌砂浆的流动性用砂浆稠度仪测定,以试锥下沉深度作为新拌砂浆的稠度值,以mm计。稠度越大,砂浆流动性越大。

(3)稠度的选用:实际工程所用砌筑砂浆的稠度可根据砌体种类、施工条件和气候条件等因素来决定,可按表4-1选用。

表 4-1 砌筑砂浆的施工稠度

砌体种类	施工稠度/mm
烧结普通砖砌体、粉煤灰砖砌体	70~90
混凝土砖砌体、普通混凝土小型空心砌块砌体、灰砂砖砌体	50~70
烧结多孔砖砌体、烧结空心砖砌体、轻集料混凝土小型空心砌块砌体、蒸压加气混凝土砌块砌体	60~80
石砌体	30~50

2. 保水性

(1)保水性定义:保水性是指新拌砂浆能够保持内部水分不泌出、不流失的能力。

(2)表示方法:保水性用保水率来表示。

保水性不好的砂浆,在运输和存放过程中容易泌水、离析,即水分浮在上面,砂和水泥沉在下面,使用前必须重新搅拌。要使砂浆不容易失去水分,可掺石灰膏、黏土、粉煤灰等,以改善其保水性。实践证明,水泥石灰砂浆的保水性比水泥砂浆的保水性为好。

(3)保水率的选用:在预拌砂浆中要求湿拌砂浆和普通干混砂浆的保水率≥88%。工程领域中砌筑砂浆的保水率应符合表4-2的规定。

表 4-2 砌筑砂浆的保水率

砂浆种类	保水率/(%)
水泥砂浆	≥80
水泥混合砂浆	≥84
预拌砌筑砂浆	≥88

3. 分层度

(1)分层度定义:分层度是用来测定在运输和停放时砂浆拌和物的稳定性指标。

(2)表示方法:分层度以分层度值来表示。

(3)分层度的选用:分层度所用仪器是砂浆分层测定仪。分层度的测定是以砂浆拌和物静置30 min前后稠度的变化值来表示。分层度在10~20 mm之间为宜,不得大于30 mm,分层度大于30 mm的砂浆,容易产生泌水、离析,不便于施工;分层度接近零的砂浆,容易发生干缩裂缝。分层度大,表示砂浆的保水性不好,泌水离析现象严重。抹灰砂浆要求保水性良好,分层度应不大于20 mm。

4.2.2 砌筑砂浆硬化后的技术性质

1. 砌筑砂浆的强度及强度等级

标准 JGJ/T 70—2009 中规定,砌筑砂浆的强度等级试验应采用边长为70.7 mm(即

70.7 mm×70.7 mm×70.7 mm)的带底试模成型立方体试件,每组试件3个,按规定方法成型后在标准养护条件下养护至28 d,测定出砂浆的立方体抗压强度平均值(MPa),考虑具有85%强度保证率。砌筑砂浆中水泥砂浆及预拌砌筑砂浆的强度等级分为 M5、M7.5、M10、M15、M20、M25、M30 七个等级。水泥混合砂浆的强度等级可分为 M5、M7.5、M10、M15。对特别重要的砌体,对有较高耐久性要求的工程,宜采用 M20 以上的砂浆。

砌筑砂浆的强度与基层材料有关,对于水泥砂浆,可用下列强度公式计算其抗压强度。

(1) 不吸水基层(如致密的石材)。

用于不吸水基层的砂浆强度与混凝土相似,这时影响砂浆强度的主要因素主要为水泥的实际强度和水灰比。计算公式如下:

$$f_m = \alpha f_{ce} \left(\frac{C}{W} - \beta \right) \tag{4-1}$$

式中:f_m——砂浆 28 d 抗压强度(MPa);

f_{ce}——水泥的实测强度(MPa);

$\dfrac{C}{W}$——灰水比;

α,β——经验系数,用普通水泥时,$\alpha = 0.29$,$\beta = 0.4$。

(2) 吸水基层(如砖和其他多孔材料)。

用于吸水基层时,由于基层能吸水,砂浆中的水会被基层材料吸收一部分,当其吸水后,砂浆中保留水分的多少取决于其本身的保水性,而与水灰比关系不大。因而,此时砂浆强度主要取决于水泥强度及水泥用量,而与水灰比无关,计算公式如下:

$$f_m = \alpha f_{ce} Q_c / 1000 + \beta \tag{4-2}$$

式中:f_m——砂浆 28 d 抗压强度(MPa);

f_{ce}——水泥的实测强度(MPa);

Q_c——每立方米砂浆中水泥用量(kg);

α,β——砂浆的特征系数,对于水泥混合砂浆,$\alpha = 3.03$,$\beta = -15.09$。

注:各地区也可用本地区试验资料确定 α、β 值,统计用的试验组数不得少于30组。

在无法取得水泥的实测强度值时,可按式(4-3)计算 f_{ce}。

$$f_{ce} = \gamma_c f_{ce,k} \tag{4-3}$$

式中:$f_{ce,k}$——水泥强度等级值;

γ_c——水泥强度等级的富余系数,该值宜按实际统计资料确定,无统计资料时可取1.0。

注意:对于水泥砂浆,当计算的水泥用量不足 200 kg/m³ 时,应按 200 kg/m³ 采用。

2. 砌筑砂浆的黏结性

砌体中的砖、石、砌块等材料是靠砂浆黏结成一个坚固的整体并传递荷载的,因此,要求砂浆与基材之间应有一定的黏结强度,以便将砌体黏结成为坚固的整体。两者黏结得越牢固,则整个砌体的整体性、强度、耐久性及抗震性等越好。一般来说,砂浆的抗压强度越高,其黏结力越强。砌筑前,保持基层材料有一定的润湿程度也有利于黏结力的提高。此外,黏结力大小还与砖、石、砌块等表面清洁程度及养护条件等因素有关。

3. 砌筑砂浆的变形性

砌筑砂浆在承受荷载、温度变化或干缩过程中,会产生变形。如果变形过大或不均匀容易使砌体的整体性下降,产生沉陷或裂缝,影响到整个砌体的质量。因此要求砂浆具有较小的变形性。砂浆变形性的影响因素很多,如胶凝材料的种类和用量、用水量、细骨料的种类、级配和质量以及外部环境条件等。

4. 砌筑砂浆的抗冻性

有抗冻性要求的砌体工程或受冻融影响较多建筑部位的砌筑砂浆需进行冻融试验。砌筑砂浆的抗冻性应符合表 4-3 的规定,且当设计对抗冻性有明确要求时,尚应符合设计规定。

表 4-3　砌筑砂浆的抗冻性

使用条件	抗冻指标	质量损失率/(%)	强度损失率/(%)
夏热冬暖地区	F15		
夏热冬暖地区	F25	≤5%	≤25%
寒冷地区	F35		
严寒地区	F50		

4.2.3　砌筑砂浆的应用

水泥砂浆宜用于潮湿环境以及强度要求较高的砌体。多层房屋的墙体一般采用强度等级为 M5 的水泥石灰砂浆,砖柱、砖拱、钢筋砖过梁等一般采用强度等级为 M5、M7.5 或 M10 的水泥砂浆,砖基础一般采用强度等级为 M5 的水泥砂浆,低层房屋找平层可采用石灰砂浆,料石砌体多采用强度等级为 M5 的水泥砂浆或水泥石灰砂浆,简易房屋可用石灰黏土砂浆。

任务4.3　砌筑砂浆的配合比设计

任务描述

岗位业务训练:根据工程实例填写砂浆配合比试验委托单、砂浆配合比试验原始记录和砂浆配合比通知单,并能根据所填写的信息解读该砂浆相关知识。

4.3.1　砌筑砂浆配合比的确定与要求

1. 现场配制水泥混合砂浆配合比设计

砌体砂浆可根据工程类别及砌体部位的设计要求,确定砂浆的强度等级,然后选定其配合比。一般情况下可以查阅有关手册和资料来选择配合比,但如果工程量较大、砌体部位较为重要或掺入外加剂等非常规材料,为保证质量和降低造价,应进行配合比设计。经过计算、试配、调整,从而确定施工用的配合比。

根据《砌筑砂浆配合比设计规程》(JGJ/T 98),现场配制砌筑砂浆配合比设计步骤如下。

(1)计算砂浆试配强度 $f_{m,0}$。

$$f_{m,0} = k f_2 \qquad (4\text{-}4)$$

式中:$f_{m,0}$——砂浆的试配强度(MPa),精确至 0.1 MPa;

f_2——砂浆强度等级值(MPa),精确至 0.1 MPa;

k——系数,按表 4-4 取值。

表 4-4　砂浆强度标准差 σ 及 k 值

施工水平	强度标准差 σ/MPa							k
	M5	M7.5	M10	M15	M20	M25	M30	
优良	1.00	1.50	2.00	3.00	4.00	5.00	6.00	1.15
一般	1.25	1.88	2.50	3.75	5.00	6.25	7.50	1.20
较差	1.50	2.25	3.00	4.50	6.00	7.50	9.00	1.25

砂浆强度标准差的确定应符合下列规定。

①当有统计资料时,应按下式计算。

$$\sigma = \sqrt{\frac{\sum_{i=1}^{n} f_{m,i}^2 - n\mu_{fm}^2}{n-1}} \qquad (4\text{-}5)$$

式中:$f_{m,i}$——统计周期内同一品种砂浆第 i 组试件的强度(MPa);

μ_{fm}——统计周期内同一品种砂浆 n 组试件强度的平均值(MPa);

n——统计周期内同一品种砂浆试件的总组数,$n \geqslant 25$。

②当无统计资料时,砂浆强度标准差可按表 4-4 取值。

(2)计算每立方米砂浆中的水泥用量 Q_c(kg),可以按式(4-2)计算。

(3)按水泥用量 Q_c 计算出水泥混合砂浆中每立方米砂浆掺合料用量 Q_D(kg)。水泥混合砂浆的掺合料用量应按下式计算:

$$Q_D = Q_A - Q_c \qquad (4\text{-}6)$$

式中:Q_D——每立方米砂浆的掺合料用量,精确至 1 kg;石灰膏、黏土膏使用时的稠度为(120±5)mm;对于不同稠度的石灰膏,可按表 4-5 进行换算;

Q_c——每立方米砂浆的水泥用量,精确至 1 kg;

Q_A——每立方米砂浆中水泥和掺合料的总量,精确至 1 kg。根据标准规定:水泥混合砂浆中水泥和掺合料总量不应小于 350 kg/m³,Q_A 可取 350 kg。

表 4-5 石灰膏为不同稠度时的换算系数

石灰膏稠度/mm	120	110	100	90	80	70	60	50	40	30
换算系数	1.00	0.99	0.97	0.95	0.93	0.92	0.90	0.88	0.87	0.86

(4)确定每立方米砂浆中的砂用量 Q_s(kg),按式(4-7)计算。

$$Q_s = 1 \times \rho_{0干} \tag{4-7}$$

式中:$\rho_{0干}$ 不必计算,应按干燥状态(含水率小于 0.5%)的堆积密度值作为计算值。

(5)每立方米砂浆中的用水量 Q_w(kg),可根据砂浆稠度等要求选用。根据标准规定:一般混合砂浆为 210～310 kg/m³。

注:①混合砂浆中的用水量,不包括石灰膏中的水。

② 当采用细砂或粗砂时,用水量分别取上限或下限。

③ 稠度小于 70 mm 时,用水量可小于下限。

④ 施工现场气候炎热或干燥季节,可酌情增加用水量。

(6)砌筑砂浆配合比试配、调整与确定。

①试配时应采用工程中实际使用的材料进行试拌,搅拌要求应符合下列规定:

砂浆试配时应采用机械搅拌。搅拌时间应从投料结束时算起,对水泥砂浆和水泥混合砂浆,不得小于 120 s;对于掺用粉煤灰和外加剂的砂浆,不得小于 180 s。

②按计算或查表所得配合比进行试拌时,应测定其拌和物的稠度和保水率,若不满足要求,则应调整用材料水量,直到符合要求为止。然后确定为试配时的砂浆基准配合比。

③试配时至少采用三个不同的配合比,其中一个为基准配合比,另外两个配合比的水泥用量按基准配合比分别增加及减少 10%,在保证稠度、保水率合格的条件下,可将用水量、石灰膏、保水增稠材料或粉煤灰等用量做相应调整。

④对三个不同的配合比,经调整后,应按现行行业标准《建筑砂浆基本性能试验方法标准》(JGJ/T 70—2009)的规定成型试件,测定砂浆强度,并选定符合试配强度要求且水泥用量最低的配合比作为砂浆的试配配合比。

(7)砂浆配合比确定。

在工程中,应根据工程类别、砌筑部位、使用条件等要求来合理选择适宜的砂浆种类及强度等级。对于干燥条件下使用的建筑部位,可考虑采用水泥混合砂浆,而对于潮湿部位应采用水泥砂浆。

砂浆配合比以各种材料用量的比例形式表示:

$$水泥:掺合料:砂:水 = Q_c : Q_D : Q_s : Q_w$$

2. 现场配制水泥砂浆和水泥粉煤灰砂浆

现场配制水泥砂浆和水泥粉煤灰砂浆的试配可按相关规范查表选用。

（1）现场配制水泥砂浆的材料用量可按表 4-6 选用。

表 4-6　每立方米水泥砂浆材料用量

单位:kg/m³

强度等级	水泥	砂	用水量
M5	200～230		
M7.5	230～260		
M10	260～290		
M15	290～330	砂的堆积密度值	270～330
M20	340～400		
M25	360～410		
M30	430～480		

注:a. M15 及 M15 以下强度等级水泥砂浆,水泥强度等级为 32.5 级;M15 以上强度等级水泥砂浆,水泥强度为 42.5 级;b. 当采用细砂或粗砂时,用水量分别取上限或下限;c. 稠度小于 70 mm 时,用水量可小于下限;d. 施工现场气候炎热或干燥季节,可酌情增加用水量。

（2）现场配制水泥粉煤灰砂浆材料用量可按表 4-7 选用。

表 4-7　每立方米水泥粉煤灰砂浆材料用量

单位:kg/m³

强度等级	水泥和粉煤灰总量	粉煤灰	砂	用水量
M5	210～240			
M7.5	240～270	粉煤灰掺量可占胶凝材料总量的 15%～25%	砂的堆积密度值	270～330
M10	270～300			
M15	300～330			

注:a. 表中水泥强度等级为 32.5 级;b. 当采用细砂或粗砂时,用水量分别取上限或下限;c. 稠度小于 70mm 时,用水量可小于下限;d. 施工现场气候炎热可干燥季节,可酌情增加用水量。

4.3.2　砂浆配合比设计工程实例

某工程用砌砖砂浆设计强度等级为 M10,要求使用稠度为 80～100 mm 的水泥石灰砂浆,现有水泥的强度等级为矿渣水泥 32.5 级,细集料为堆积密度 1450 kg/m³ 的中砂,含水率为 2%,已有石灰膏的稠度为 100 mm,施工水平一般。计算此砂浆的配合比。

解:根据已知条件,施工水平一般的 M10 砂浆的系数 $k=1.2$(见表 4-4),则
此砂浆的试配强度为

$$f_{\text{m,0}} = kf_2 = 1.2 \times 10 = 12(\text{MPa})$$

计算水泥用量。
由 $\alpha = 3.03, \beta = -15.09$

$$Q_{\text{c}} = 1000 \times (12 + 15.09)/(3.03 \times 32.5) = 275(\text{kg/m}^3)$$

计算石灰膏用量 Q_{D}。

$$Q_A = 330 \text{ kg}$$

$$Q_D = Q_A - Q_c = 330 - 275 = 55(\text{kg/m}^3)$$

查表 4-5 得石灰膏稠度为 100 mm,换算为 120 mm 时需乘以 0.97,则应掺加石灰膏量为:

$$55 \times 0.97 = 53(\text{kg/m}^3)$$

砂用量为: $Q_s = 1 \times \rho_{0\text{干}} = 1450 \times (1 + 0.02) = 1479(\text{kg/m}^3)$

选择用水量为: $Q_w = 300 \text{ kg/m}^3$。

则砂浆的设计配比为:

水泥:石灰膏:砂:水 $= 275 : 53 : 1479 : 300$

该砂浆的设计配比亦可表示为:

水泥:石灰膏:砂 $= 1 : 0.19 : 5.38$(用水量为 300 kg/m³)

注:水泥砂浆配合比可通过查表选用。

【岗位业务训练表单】

砂浆配合比试验委托单

(取送样见证人签章)   委托单编号:＿＿＿＿＿＿＿＿＿＿＿＿

工程编号:＿＿＿＿＿＿＿＿＿＿＿＿＿＿

委托日期:＿＿＿年＿＿月＿＿日 委托单位:＿＿＿＿＿＿＿＿＿＿＿＿

工程名称:＿＿＿＿＿＿＿＿＿＿＿＿ 施工单位:＿＿＿＿＿＿＿＿＿＿＿＿

建设单位:＿＿＿＿＿＿＿＿＿＿＿＿ 使用部位:＿＿＿＿＿＿＿＿＿＿＿＿

砂浆种类:＿＿＿＿＿＿＿＿＿＿＿＿ 设计强度等级:＿＿＿＿＿＿＿＿＿＿

水泥品种标号:＿＿＿＿＿ 厂别牌号:＿＿＿＿＿ 出厂日期:＿＿＿＿ 试验编号:＿＿＿＿＿

砂的产地:＿＿＿＿＿ 种类:＿＿＿＿ 细度模数:＿＿＿＿ 试验编号:＿＿＿＿＿

外加剂名称:＿＿＿＿＿＿＿＿＿＿ 外加剂产地:＿＿＿＿＿＿＿＿＿＿

掺合料名称:＿＿＿＿＿＿＿＿＿＿ 掺合料产地:＿＿＿＿＿＿＿＿＿＿

水:＿＿＿＿ 稠度要求:＿＿＿＿＿ 搅拌方法:＿＿＿＿＿＿ 样品状态:＿＿＿＿＿

备注:

送样人: 电 话: 收样人: 年＿＿月＿＿日

砂浆配合比试验原始记录

委托日期	年 月 日	环境条件		试验编号	
试验日期	年 月 日	依据标准		水泥试验编号	
委托单位		工程名称		砂试验编号	
掺合料名称1		掺合料名称2		外加剂名称1	
外加剂名称2		仪器设备			

计算	①计算强度 $f_{m,0} = kf_2 =$ $\quad = \quad$ MPa
	②每立方米的水泥用量 $Q_c = \dfrac{1000(f_{m,0} - \beta)}{\alpha \cdot f_{ce}} =$ kg $\qquad \alpha = \qquad \beta =$
	$Q_C = \qquad Q_D = \qquad Q_S = \qquad Q_W = \qquad$ 外加剂1= $\qquad$ 外加剂2=
	掺合料1= $\qquad$ 掺合料2=

项目		水泥/kg	石灰膏/kg	砂/kg	水/kg	掺合料/kg		外加剂/kg		稠度/mm		砂含水率/(%)
						1	2	1	2	1次	2次	
制作试样1	每 m³ 用料											
	___ L 用料											
制作试样2	每 m³ 用料											
	___ L 用料											
制作试样3	每 m³ 用料											
	___ L 用料											

	试样编号	试样1	试样2	试样3	表观密度/(kg/m³)	试样1	试样2	试样3
保水率	底部不透水片与干燥试模质量 m_1							
	15片滤纸吸水前的质量 m_2					平均值	平均值	平均值
	试模、底部不透水片与砂浆总质量 m_3				砂浆含水率	试样编号	试样1	试样2	试样3
	15片滤纸吸水后的质量 m_4					烘干后砂浆样本的质量 m_5			
	砂浆保水率 $W/(\%)$					砂浆样本的总质量 m_6			
	平均值/(%)					砂浆含水率 $\alpha/(\%)$			
						平均值/(%)			

续表

试件编号			试样 1		试样 2		试样 3	
抗压强度	d₇ 月___日	荷载/kN						
		强度/MPa						
		代表/MPa						
	d₂₈ 月___日	荷载/kN						
		强度/MPa						
		代表/MPa						

配合比修正系数 δ	理论表观密度 $\rho_t=$	实测表观密度 $\rho_c=$	$\delta=$

配合比的确定	确定的砂浆设计配合比/(kg/m³)							
	强度等级(M)	水泥	白灰	砂	水	掺合料		外加剂	
						1	2	1	2

审核：　　试验：　d₇报告于　年　月　日发出　d₂₈报告于　年　月　日发出

砂浆配合比通知单

委托日期：_____年____月____日

发出日期：_____年____月____日　试验编号：_____

委托单位：_____　建设单位：_____　工程名称：_____

砂浆种类：_____　设计强度：_____　使用部位：_____

水泥品种及强度等级：_____　厂别及牌号：_____　出厂日期：_____

砂的产地：_____　种类：_____　细度模数：_____

掺合料名称：_____　外加剂名称：_____　水种类：_____

搅拌方法：_____　稠度要求：_____（mm）　委托人：_____

续表

材料品种	水泥	白灰膏	砂	水	掺合料	外加剂	试验结果			养护方法及温度
每 m³ 用量/kg							稠度/mm	抗压强度/MPa		
								7 d	28 d	表观密度/(kg/m³)
分次用量/kg										

试验单位: 　　负责人: 　　审核人: 　　试验员:

任务4.4　建筑砂浆试验

任 务 描 述

岗位业务训练:能够填写砂浆抗压强度试验委托单、砂浆抗压强度试验原始记录和砂浆抗压强度试验报告,并能根据试验报告判断砂浆是否合格。

1.参照的标准

《建筑砂浆基本性能试验方法标准》(JGJ/T 70—2009)、《砌筑砂浆配合比设计规程》(JGJ/T 98—2010)和《预拌砂浆》(GB/T 25181—2019)等。

2.砌筑砂浆的拌和试验

(1)试验目的。学会建筑砂浆拌和物的拌制方法,为测试和调整建筑砂浆的性能,进行砂浆配合比设计打下基础。

(2)主要仪器设备。砂浆搅拌机、磅秤、天平、拌和钢板、镘刀等。

(3)拌和方法。按所选建筑砂浆配合比备料,称量要准确。机械拌和法步骤如下。

①拌前先对砂浆搅拌机挂浆,即用按配合比要求的水泥、砂、水,在搅拌机中搅拌(涮膛),然后倒出多余砂浆。其目的是防止正式拌和时水泥浆挂浆损失影响到砂浆的配合比。

②将称好的砂、水泥倒入搅拌机内。

③开动搅拌机,将水徐徐加入(如是混合砂浆,应将石灰膏或黏土膏用水稀释成浆状),搅拌时间从加水完毕算起为 3 min。

④将砂浆从搅拌机倒在铁板上,再用铁铲翻拌两次,使之均匀。

3.砂浆和易性试验

1)稠度试验

(1)主要仪器设备。砂浆稠度仪、钢制捣棒、台秤、量筒、秒表等。

（2）试验步骤。

①应先采用少量润滑油轻擦滑杠，使滑杠能自由滑动。

②试验前应先用湿布将盛浆容器和试锥表面擦干净，再将砂浆拌和物一次装入容器，使砂浆表面低于容器口 10 mm，用捣棒自容器中心向边缘均匀地插捣 25 次，然后轻轻地将容器摇动或敲击 5～6 下，使砂浆表面平整，随后将容器置于稠度测定仪的底座上。

③拧开试锥滑杆的制动螺丝，向下移动滑杆，当试锥尖端与砂浆表面刚接触时，拧紧制动螺丝，使齿条侧杆下端刚接触滑杆上端，并将指针对准零点。

④拧开制动螺丝，同时计录时间，10 s 时立刻拧紧螺丝，将齿条测杆下端接触滑杆上端，从刻度盘上读出下沉深度（精确到 1 mm），即为砂浆的稠度值。

⑤盛浆容器内的砂浆，只允许测定一次稠度，重复测定时，应重新取样测定。

（3）稠度试验结果按下列要求进行评定。

同盘砂浆应取两次试验结果的算术平均值作为砂浆稠度的测定结果，计算值精确至 1 mm。两次试验值之差如大于 10 mm，则重新取样进行测定。

2）保水性试验

（1）仪器和材料。金属或硬塑圆环试模、可密封的取样容器、2 kg 的重物、金属滤网、超白滤纸、2 片金属或玻璃的方形或圆形不透水片（边长或直径应大于 110 mm）、天平、烘箱等。

（2）试验步骤。

①称量底部不透水片与干燥试模质量 m_1 和 15 片中速定性滤纸质量 m_2。

②将砂浆拌和物一次性装入试模，并用抹刀插捣数次，当装入的砂浆略高于试模边缘时，用抹刀以 45°角一次性将试模表面多余折砂浆刮去，然后再用抹刀以较平的角度在试模表面反方向将砂浆刮平。

③抹掉试模边的砂浆，称量试模、底部不透水片与砂浆总质量 m_3。

④用金属滤网覆盖在砂浆表面，再在滤网表面放上 15 片滤纸，用上部不透水片盖在滤纸表面，以 2kg 的重物把上部不透水片压住。

⑤静置 2 min 后移走重物及上部不透水片，取出滤纸（不包括滤网），迅速称量滤纸质量 m_4。

⑥按照砂浆的配合比及加水量计算砂浆的含水率。当无法计算时，可按照标准的有关规定测定砂浆含水率。

（3）砂浆的保水率应按式（4-8）计算。

$$W = \left[1 - \frac{m_4 - m_2}{\alpha \times (m_3 - m_1)} \right] \times 100\% \tag{4-8}$$

式中：W ——砂浆保水率（%）；

　　　m_1 ——底部不透水片与干燥试模质量（g），精确至 1 g；

　　　m_2 ——15 片中速定性滤纸吸水前的质量（g），精确至 0.1 g；

　　　m_3 ——试模、底部不透水片与砂浆总质量（g），精确至 1 g；

　　　m_4 ——15 片中速定性滤纸吸水后的质量（g），精确至 0.1 g；

　　　α ——砂浆含水率（%）。

（4）结果处理。

取两次试验结果的算术平均值作为砂浆的保水率,计算值精确至 0.1%,且第二次试验应重新取样测定。当两个测定值之差超过 2%时,此组试验结果无效。

3）分层度试验

（1）主要仪器设备。砂浆分层度测定仪、砂浆稠度测定仪、水泥胶砂振实台、秒表等。

（2）试验步骤。

①首先按稠度试验方法测定砂浆拌和物的稠度。

②将砂浆拌和物一次装入分层度筒内,待装满后,用木锤在容器周围距离大致相等的四个不同部位轻轻敲击 1～2 下,如砂浆沉落到低于筒口,则应随时添加,然后刮去多余的砂浆并用抹刀抹平。

③静置 30 min 后,去掉上节 200 mm 砂浆,然后将剩余的 100 mm 砂浆倒出放在拌和锅内拌 2 min,再按稠度试验方法测其稠度。前后测得的稠度之差即为该砂浆的分层度值（cm）。

（3）分层度试验结果按下列要求进行确定。

同盘砂浆应取两次试验结果的算术平均值作为砂浆稠度的测定结果,计算值精确至 1 mm。当两次分层度试验值之差大于 10 mm 时,则重新取样进行测定。

4. 砂浆立方体抗压强度试验

（1）主要仪器设备。试模、压力试验机、钢制捣棒、垫板、振动台等。

（2）试件制备。

①采用立方体试件,每组试件应为 3 个。

②采用黄油等密封材料涂抹试模的外接缝,试模内应涂刷薄层机油或隔离剂。应将拌制好的砂浆一次性注满砂浆试模内,成型方法应根据稠度而确定。当稠度大于 50 mm 时,宜采用人工插捣成型,当稠度不大于 50 mm 时,宜采用振动台振实成型。

a. 人工插捣:应采用捣棒均匀地由边缘向中心按螺旋方式插捣 25 次,插捣过程中当砂浆沉落低于试模口时,应随时添加砂浆,可用油灰刀插捣数次,并用手将试模一边抬高 5～10 mm 各振动 5 次,砂浆应高出试模顶面 5～10 mm。

b. 机械振动:将砂浆一次装满试模,放置到振动台上,振动时试模不得跳动,振动 5～10 s 或持续到表面泛浆为止,不得过振。

③待表面水分稍干后,再将高出试模部分的砂浆沿试模顶面刮去并抹平。

（3）试件养护。

①试件制作后应在(20±5)℃温度环境下停置(24±2) h,当气温较低时,或者凝结时间大于 24 h 的砂浆,可适用延长时间,但不应超过 2 d,然后对试件进行编号并拆模。试件拆模后,应立即放入温度(20±2)℃,相对湿度为 90%以上的标准养护室中养护。养护期间,试件彼此间隔不得小于 10 mm,混合砂浆、湿拌砂浆试件上面应覆盖,防止有水滴在试件上。

②从搅拌加水开始计时,标准养护龄期应为 28 d,也可根据相关标准要求增加 7 d 或 14 d 后进行试压。

（4）试验步骤。

①试件从养护地点取出后,应及时进行试验,以免试件内部的温度发生显著变化。试

验前先将试件擦试干净,测量尺寸,并检查其外观。试件尺寸测量精确至1 mm,并据此计算试件的承压面积。如实测尺寸与公称尺寸之差不超过1 mm,可按公称尺寸进行计算。

②将试件安放在试验机的下压板或下垫板上,试件的承压面应与成型时的顶面垂直,试件中心应与试验机下压板中心对准。开动试验机,当上压板与试件或上垫板接近时,调整球座,使接触面均衡承压。试验时应连续而均匀地加荷,加荷速度应为0.25~1.5 kN/s(砂浆强度不大于2.5 MPa时,宜取下限)。当试件接近破坏而开始迅速变形时,停止调整试验油门,直至试件破坏,然后记录破坏荷载。

(5)试验结果计算与处理。

①砂浆立方体抗压强度应按式(4-9)计算。

$$f_{m,cu} = K \frac{N_u}{A} \tag{4-9}$$

式中:$f_{m,cu}$——砂浆立方体试件抗压强度(MPa),精确至0.1MPa;

N_u——试件破坏荷载(N);

A——试件承压面积(mm^2);

K——换算系数,取1.35。

②立方体抗压强度试验的试验结果按下列要求确定。

a.应以三个试件测值的算术平均值作为该组试件的砂浆立方体抗压强度平均值,精确至0.1 MPa。

b.当三个测值的最大值或最小值中有一个与中间值的差值超过中间值的15%时,应把最大值及最小值一并舍去,取中间值作为该组试件的抗压强度值。

c.当两个测值与中间值的差值均超过中间值的15%时,该组试验结果无效。

【岗位业务训练表单】

砂浆抗压强度试验委托单

(取送样见证人签章)

委托日期:_____年_____月_____日　　　委托单编号:_____

工程名称:_____　　工程编号:_____

建设单位:_____　　委托单位:_____

砂浆种类:_____　　施工单位:_____

稠　　度:_____　　施工部位:_____

养护方法:_____　　设计强度:_____

成型日期:_____年_____月_____日　　　工程量:_____m^3

样品状态:_____　　　　　　　　制作人:_____

　　　　　　　　　　　　　　　　　见证人单位:_____年_____月_____日

续表

砂浆配合比编号	每 m³ 砂浆各种材料用量/kg					水泥强度和试验单号	砂的细度模数	掺合料种类	外加剂种类
	水泥	砂	白灰膏	掺合料	外加剂				

检测依据:□JGJ/T 70—2009　□GB 50203—2011　□其他标准:＿＿＿＿＿＿＿＿

送样人:＿＿＿＿＿　电话:＿＿＿＿　收样人:＿＿＿＿　年　月　日

砂浆抗压强度试验原始记录

序号	委托单位	工程名称使用部位	试件编号	试件尺寸/mm	成型日期	试验日期	龄期/d	养护方法	设计强度等级	破坏荷载/kN 强度/MPa			代表值/MPa	占设计强度/(%)	发出日期
										1	2	3			
1															
2															
3															

负责人:＿＿＿＿　审核:＿＿＿＿　试验:＿＿＿＿

砂浆抗压强度试验报告

委托日期:＿＿年＿＿月＿＿日　　　　试验编号:＿＿＿＿＿＿＿＿＿

发出日期:＿＿月＿＿日　　　　　　建设单位:＿＿＿＿＿＿＿＿＿

委托单位:＿＿＿＿＿＿＿＿＿　　　工程名称:＿＿＿＿＿＿＿＿＿

砂浆品种:＿＿＿＿＿＿＿设计强度等级:＿＿＿＿＿稠度:＿＿＿＿＿

养护方法与平均温度:＿＿＿＿(℃)砌筑工程量:＿＿＿＿(m³)使用部位:＿＿

水泥试验编号:＿＿＿＿品种:＿＿＿＿强度等级:＿＿＿＿水泥生产厂家:＿＿＿

砂的细度模数：_____ 砂的产地：_____ 流沙河_____

成型日期：_____ 年 ____ 月 ____ 日 试压日期：_____ 年 ____ 月 ____ 日

送样人：_____ 监理工程师：_____

取样和送检见证人：_____

砂浆配合比通知单编号							
试件编号	试件规格	受压面积 /mm²	28 天强度 /MPa	强度代表值 /MPa	养护期间平均温度 /℃	按温度换算后的标准强度 /(N/mm²)	占设计强度百分率/(%)

备注：试验依据 JGJ/T 70—2009《建筑砂浆基本性能试验方法标准》

单位工程技术负责人意见

签章：

试验单位： 负责人： 审核： 试验：

任务 4.5 其 他 砂 浆

任 务 描 述

1. 了解抹面砂浆、防水砂浆、装饰砂浆和其他特种砂浆的定义及应用。熟悉普通抹面砂浆的分类和施工技术要求。

2. 学会查阅《预拌砂浆》(GB/T 25181—2019)。

4.5.1 抹面砂浆

1. 抹面砂浆

抹面砂浆，又称抹灰砂浆，凡涂抹在建筑物表面的砂浆统称为抹面砂浆。其既可保护建筑物，增加建筑物的耐久性，又可使建筑物表面达到平整、光洁和美观的效果。

抹面砂浆的组成材料与砌筑砂浆基本上是相同的。但为了防止砂浆层的收缩开裂，有时需要加入一些纤维材料(如麻刀、纸筋、玻璃纤维等),以增强其抗拉强度,减少干缩和开裂。有时还需要加入有机聚合物,以便在提高砂浆与基层黏结力的同时,增加硬化砂浆的柔韧性,减少开裂,避免空鼓或脱落,或者为了使其具有某些特殊功能需要选用特殊骨料或掺合料(陶砂、膨胀珍珠岩等)。

2. 普通抹面砂浆

常用的普通抹面砂浆有水泥砂浆、石灰砂浆、水泥石灰混合砂浆、麻刀石灰砂浆(麻刀灰)、纸筋石灰砂浆(纸筋灰)等。抹面砂浆应与基面牢固地黏合,因此要求砂浆应有良好的和易性及较高的黏结力。

抹面砂浆一般可分为底层灰、中层灰和面层灰三层。

底层灰主要起与基层黏结作用,兼起初步找平作用。要有良好的保水性,这样水分才能不被基层材料吸走而影响砂浆的流动性,使砂浆与基面有良好的黏结力。用于砖墙的底层灰,多为石灰砂浆;有防水、防潮要求时用水泥砂浆。用于混凝土基层的底层灰,多采用水泥混合砂浆。

中层灰主要起找平作用。有时可省去中层灰。中层灰多为水泥混合砂浆和石灰砂浆。

面层灰主要起装饰作用。它能使面层获得平整美观的表面效果。面层灰多用水泥混合砂浆,水泥砂浆不得涂抹在石灰砂浆层上,容易造成脱落现象。

抹面砂浆根据抹灰质量等级分为普通、中级、高级抹灰三级。

确定抹灰砂浆组成材料和配合比的主要依据是工程使用部位及基层材料的性质。对于地面水泥砂浆面层,其灰砂比一般不大于 $1:2$,水灰比应为 $0.30\sim0.50$,稠度应大于 $40\ mm$。普通抹灰砂浆配合比,可参考表 4-8 选用。

表 4-8 普通抹灰砂浆配合比

材　料	体积配合比	材　料	配　合　比
水泥:砂	$1:2\sim1:3$	石灰:石膏:砂(体积比)	$1:0.4:2\sim1:2:4$
石灰:砂	$1:2\sim1:4$	石灰:黏土:砂(体积比)	$1:1:4\sim1:1:8$
水泥:石灰:砂	$1:1:6\sim1:2:9$	石灰膏:麻刀(质量比)	$100:1.3\sim100:2.5$

4.5.2 防水砂浆

制作防水层的砂浆叫作防水砂浆,主要用于抗渗防水的工程部位。砂浆防水层又称为刚性防水层,适用于不受振动和具有一定刚度的混凝土或砖石砌体工程,用于地下室、水塔、水池、储液罐等的防水。

防水砂浆一般采用以下方法制得:采用普通水泥砂浆作多层抹面用作防水砂浆;采用掺加防水剂的防水砂浆;采用膨胀水泥和无收缩水泥配制防水砂浆。

4.5.3 装饰砂浆

1. 装饰砂浆

涂抹在建筑物内外墙表面,以增加建筑物美观效果的砂浆称为装饰砂浆。装饰砂浆的底层和中层抹灰与普通抹面砂浆基本相同,装饰砂浆的面层一般会选用具有一定颜色的胶凝材料和集料并采用特殊的施工操作方法,使表面呈现出各种不同的色彩线条和花纹等装饰效果。装饰砂浆所采用的胶凝材料有普通水泥、矿渣水泥、火山灰水泥、白水泥和彩色水泥以及石灰、石膏等。集料常用大理石、花岗石等带颜色的细石碴或玻璃、陶瓷碎粒等。

2. 装饰砂浆分类

(1)灰浆类饰面。主要通过水泥砂浆的着色或对水泥砂浆表面进行艺术加工,从而获得具有特殊色彩、线条、纹理等质感的饰面。其主要优点是材料来源广泛,施工操作简便,造价比较低廉,而且通过不同的工艺加工,可以创造不同的装饰效果。常用的灰浆类饰面有拉毛灰、甩毛灰、搓毛灰、扫毛灰、拉条抹灰、假面砖、假大理石等。

(2)石碴类饰面。主要用水泥(普通水泥、白水泥或彩色水泥)、石碴(天然的大理石、花岗石以及其他天然石材经破碎而成)、水拌成石碴浆,同时采用不同的加工手段除去表面水泥浆皮,使石碴呈现不同的外露形式以及水泥浆与石碴的色泽对比,构成不同的装饰效果。常用的石碴类饰面包括水刷石、干粘石、斩假(剁斧)石、拉假石、水磨石等。

4.5.4　特种砂浆

1. 防辐射砂浆

防辐射砂浆是在砂浆中加入重晶石粉、砂等重质骨料配制而成的。其配合比约为水泥:重晶石粉:重晶石砂=1:0.25:(4~5),具有防 X 射线辐射的能力。若在水泥砂浆中掺入硼砂、硼酸可配制有抗中子辐射能力的砂浆。此类防辐射砂浆可应用于射线防护工程中。

2. 吸声砂浆

吸声砂浆与保温砂浆类似,由轻质多孔的骨料配制而成,由于其骨料内部孔隙率大,因此有良好的吸声性能。吸声砂浆还可以在砂浆中掺入锯末、玻璃纤维、矿物棉等材料拌制而成。主要用于室内吸声墙面和顶面。

3. 保温砂浆

保温砂浆是以水泥、石灰、石膏等胶凝材料与膨胀珍珠岩、膨胀蛭石、火山渣或浮石砂、陶砂等轻质多孔骨料,按一定比例配制成的砂浆,具有轻质和良好的保温性能,其导热系数为 0.07~0.1 W/(m·K)。它可用于屋顶保温层及顶棚、内墙抹灰及供热管道的保温防护。

4. 耐腐蚀砂浆

(1)水玻璃类耐酸砂浆。一般采用水玻璃作为胶凝材料拌制而成,常常掺入氟硅酸钠作为促硬剂。耐酸砂浆主要作为衬砌材料、耐酸地面或内壁防护层等。

(2)耐碱砂浆。耐碱砂浆可耐一定温度和浓度下的氢氧化钠和铝酸钠溶液的腐蚀,以及任何浓度的氨水、碳酸钠、碱性气体和粉尘等的腐蚀。

4.5.5　预拌砂浆

1. 预拌砂浆定义

预拌砂浆为专业生产厂生产的湿拌砂浆或干混砂浆。

(1) 湿拌砂浆:水泥、细骨料、矿物掺合料、外加剂和水,按一定比例,在搅拌站经计量、拌制后,运至使用地点,并在规定时间内使用的拌和物。

湿拌砂浆按用途分为湿拌砌筑砂浆、湿拌抹灰砂浆、湿拌地面砂浆、湿拌防水砂浆。湿拌砂浆符号如表4-9所示。

表 4-9　湿拌砂浆符号

品　种	湿拌砌筑砂浆	湿拌抹灰砂浆	湿拌地面砂浆	湿拌防水砂浆
符　号	WM	WP	WS	WW

湿拌砂浆按强度等级、稠度、凝结时间和抗渗等级进行分类并应符合标准的有关规定。

(2) 干混砂浆:水泥、干燥骨料或粉料、添加剂以及根据性能确定的其他组分,按一定比例,在专业生产厂经计量、混合而成的混合物,在使用地点按规定比例加水或配套组分拌和使用,也称为干拌砂浆。

干混砂浆按用途分为干混砌筑砂浆、干混抹灰砂浆、干混地面砂浆、干混普通防水砂浆、干混陶瓷砖黏结砂浆、干混界面砂浆、干混保温板黏结砂浆、干混保温板抹面砂浆、干混聚合物水泥防水砂浆、干混自流平砂浆、干混耐磨地坪砂浆和干混饰面砂浆,并采用相应的代号。干混砂浆符号如表4-10所示。

表 4-10　湿拌砂浆符号

品　种	干混砌筑砂浆	干混抹灰砂浆	干混地面砂浆	干混普通防水砂浆
符　号	DM	DP	DS	DW

2. 预拌砂浆的原材料

(1) 水泥:宜采用通用硅酸盐水泥,采用其他水泥时应符合相关标准规定。宜采用散装水泥。水泥进厂应有质量证明文件。

(2) 细骨料:细骨料应符合 GB/T 14684 的规定,且不应含有粒径大于 4.75 mm 的颗粒。天然砂的含泥量应小于 5.0%,泥块含量应小于 2.0%。细骨料最大粒径应符合相应砂浆品种的要求。骨料进厂应有质量证明文件。

(3) 矿物掺合料:可用粉煤灰、矿渣粉、沸石料、硅灰等。符合相关标准规定。

(4) 外加剂:加入时符合相关标准规定。

(5) 水:选用自来水。

此外,还可根据需要加入保水增稠材料、添加剂、填料等。

3. 预拌砂浆的技术要求

(1) 预拌砂浆的标记方式。预拌砂浆和干粉砂浆标记方式不同,详见相关标准。

(2) 凝结时间。凝结时间的试验方法可按 JGJ/T 70—2009 的规定进行。

4. 预拌砂浆的检验

常见项目有强度、稠度、保水性、凝结时间、抗渗等级、拉伸黏结强度、晾置时间、外观、集料含量偏差等，不同的预拌砂浆检验要求不同。预拌砂浆进场时，供应方应按规定批次向需求方提供质量证明文件。质量证明文件应包括产品型式检验报告和出厂检验报告等。预拌砂浆进场时应进行外观检验，并符合下列要求。

（1）湿拌砂浆应外观均匀，无离析、泌水现象。

（2）散装干混砂浆应外观均匀、无结块、受潮现象。

（3）袋装干混砂浆应包装完整，无受潮现象。

根据《预拌砂浆》（GB/T 25181—2019），湿拌砂浆应进行稠度检验，且稠度允许偏差应符合表 4-11 要求。

表 4-11 湿拌砂浆稠度偏差

规定稠度/mm	允许偏差/mm
50、70、90	±10
110	+5
	−10

项目四
巩固练习题

项目五　建筑钢材及其应用

【能力目标】　能识别钢结构用钢和钢筋混凝土结构用钢的牌号；能根据工程特点合理选用钢材品种及牌号；能进行钢材的进场验收和取样送检工作；能根据相关标准对建筑钢材进行质量检测并填写试验报告；能根据相关指标判定钢材是否合格。

【知识目标】　掌握建筑钢材的定义、分类和牌号；了解钢材化学成分对钢性质的影响和钢材的锈蚀及控制措施；掌握钢筋混凝土结构用钢和钢结构用钢的种类和牌号、进场验收、复检和取样方法及检测报告等知识；掌握建筑钢材的主要力学性能、工艺性能和应用。

【素质目标】　具有从事本行业应具备的建筑钢材的相关理论知识和技能水平；具备运用现行建筑钢材的标准分析问题和解决工程实际问题的能力；具备团队协作能力和吃苦耐劳的精神。

任务 5.1　建筑钢材概述

任 务 描 述

1. 明确钢的定义，了解建筑钢材冶炼方法和性能特点。
2. 掌握建筑钢材如何按化学成分、质量、用途、冶炼时脱氧程度的不同进行分类。

5.1.1　钢材的冶炼

建筑钢材是指建筑工程中使用的各种钢材。包括钢结构用各种型钢（如圆钢、角钢、槽钢和工字钢）、板材以及钢筋混凝土结构中用的各种钢筋、钢丝、钢绞线等。

1. 钢材的冶炼方法

钢的定义：凡是含碳量在2%以下，含有害杂质较少的铁碳合金都可以称为钢。

炼钢方法有转炉法、平炉法、电炉法、电弧炉法等。

钢是由生铁冶炼而成的。生铁冶炼的过程是将铁矿石、熔剂（石灰石）、燃料（焦炭）置于高炉中，约在1750℃高温下，石灰石与铁矿石中的硅、锰、硫、磷等经过化学反应，生成铁渣，浮于铁水表面。铁渣和铁水分别从出渣口和出铁口排出，铁渣排出时用水急冷得到水淬矿渣；排出的生铁中含有碳、硫、磷、锰等杂质。生铁又分为炼钢生铁(白口铁)和铸造生铁(灰口铁)。生铁和钢的性能比较如表5-1所示。

表 5-1　生铁和钢的性能比较

铁的合金	生　铁	钢
含碳量	2%～4.3%	0.04%～2%
其他杂质	Si、Mn、S、P 较多	Si、Mn、S、P 较少
机械性能	硬、脆、无韧性	坚硬、塑性好、韧性好
机械加工	可铸不可锻	可铸可锻、可压延
主要种类	炼铁生铁、锻造生铁、球墨铸铁	碳素钢、合金钢

2. 钢材的特点

钢材是在严格的技术控制条件下生产的，与非金属材料相比，具有自重小，强度高(比强度)；弹性、塑性、韧性好；品质均匀、性能可靠；可以承受冲击和振动荷载；易于连接、可加工性好；能够焊接、铆接、切割，便于装配等优异性能。钢材主要的缺点是易锈蚀、维护费用大；耐热，但耐火性差、防火性差；生产能耗大等。

3. 新中国成立以来钢铁工业的历史经验与启示

(以下内容摘自工业和信息化部党史学习教育领导小组办公室相关文件)。

钢铁工业是国民经济的重要基础产业，是衡量国家综合国力和国防实力的重要标志。中国共产党成立百年来，尤其是中华人民共和国成立以来，钢铁工业在党中央的坚强领导下，筚路蓝缕、披荆斩棘、艰苦创业、奋发图强，实现了由小到大、由弱到强的飞速发展，创造了世界钢铁发展史上的奇迹，为中华民族强国富民奠定了"钢铁"基础。

70多年来，中国钢产量从缺钢少铁到世界第一，产生了质的飞跃。1949年中国钢产量仅有15.8万吨，占世界钢产量的比例不到0.1%。1996年，中国钢产量突破1亿吨，仅用47年就成为全球第一产钢大国，连续25年稳居全球钢铁生产和消费第一位，创造了世界钢铁发展史上的奇迹。2020年钢产量达到10.65亿吨。我国建立起了全世界产业链最完备、规模最大的现代化钢铁工业生产体系，钢铁工业成为中国工业中具有全球竞争力的行业之一。

5.1.2　建筑钢材的分类

按钢材的化学成分、质量、用途、冶炼时脱氧程度的不同，可将钢分为以下种类。

1. 按化学成分

按化学成分，钢分为碳素钢和合金钢两大类。

(1)碳素钢。碳素钢按含碳量可分为低碳钢、中碳钢和高碳钢三类。

低碳钢(含碳量≤0.25%)、中碳钢(0.25%＜含碳量＜0.6%)、高碳钢(含碳量≥0.6%)。

(2)合金钢。合金钢按合金元素含量可分为低合金钢、中合金钢和高合金钢三类。

低合金钢(合金元素总含量≤5%)、中合金钢(合金元素总含量5%～10%)、高合金钢(合金元素总含量＞10%)。

建筑工程中,钢结构用钢和钢筋混凝土结构用钢,主要使用低碳钢和中低合金钢。此外,根据钢中所含主要合金元素种类不同,也可分为锰钢、铬钢、铬镍钢、钛钢等。

2. 按质量(硫、磷的含量)

按质量划分,钢分为普通钢、优质钢、高级优质钢和特级优质钢。

(1) 普通钢:含硫量≤0.045%,含磷量≤0.045%。

(2) 优质钢:含硫量≤0.035%,含磷量≤0.035%。

(3) 高级优质钢:含硫量≤0.025%,含磷量≤0.025%。其钢号后加"高"字或"A"。

(4) 特级优质钢:含硫量≤0.015%,含磷量≤0.025%。其钢号后加"E"。

3. 按用途

按钢材的用途钢可分为结构钢、工具钢、特殊性能钢三大类。

(1) 结构钢:用作工程结构的钢,包括碳素结构钢、普通低合金钢以及用作各种机器零件的钢,包括渗碳钢、调质钢、弹簧钢及滚动轴承钢。

(2) 工具钢:用来制造各种工具的钢。根据工具用途可分为刃具钢、模具钢与量具钢。

(3) 特殊性能钢:是具有特殊物理化学性能的钢。可分为不锈钢、耐热钢、耐磨钢、磁钢等。

4. 按冶炼时脱氧程度

按冶炼时脱氧程度,钢分为沸腾钢(F)、镇静钢(Z)、特殊镇静钢(TZ)。

沸腾钢的气泡明显多于镇静钢,沸腾钢是脱氧不完全的钢,浇铸后在钢液冷却时有大量一氧化碳气体外逸,引起钢液剧烈沸腾。沸腾钢内部杂质和夹杂物多,化学成分和力学性能不够均匀、强度低、冲击韧性和可焊性差,但生产成本低,可用于一般建筑结构。而镇静钢是指在浇铸时,钢液平静地冷却凝固,基本无一氧化碳气泡产生,是脱氧较完全的钢。钢质均匀密实,品质好,但成本高。镇静钢可用于承受冲击荷载的重要结构。比镇静钢脱氧程度还要充分彻底的钢,其质量最好,称特殊镇静钢,适用于特别重要的结构工程。

建筑钢材主要包括钢结构用型钢(如钢板、型钢、钢管等)和钢筋混凝土用钢(如钢筋、钢丝、钢绞线等)。

任务5.2 建筑钢材的技术性质

任 务 描 述

1. 掌握低碳钢拉伸过程的四个阶段及其特点。重点掌握屈服强度、抗拉强度、屈强比、伸长率的概念、含义和计算公式。

2. 根据标准,能够进行冷弯试验。知晓冷弯试验的意义和冷弯的表示方法。

3. 掌握钢材的冷加工强化和时效定义及其意义。

建筑钢材的主要性质包括两大类:力学性能(包括拉伸性能、冲击性能、硬度、疲劳性能等)和工艺性能(包括冷弯性能、焊接性能、热处理性能等)。

5.2.1 力学性能

1. 拉伸性能

拉伸性能是钢材重要的力学性能。测定钢材力学性能的方法主要是拉伸试验,钢材受拉时,在产生应力的同时,产生相应的应变。应力-应变的关系反映钢材的主要力学特征。

钢材在拉伸时的性能,可用应力-应变关系曲线表示。对于有明显塑性变形的低碳钢,在拉力作用下产生变形直至破坏,通过观察应力(σ)-应变(ε)关系曲线可以分为弹性阶段、屈服阶段、强化阶段和颈缩阶段四个阶段。具体如图 5-1 所示。

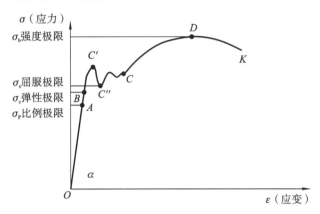

图 5-1 低碳钢拉伸的应力-应变曲线

(1)弹性阶段(OB)。

钢材受力初期,应力与应变成比例增长,应力与应变之比为常数,称为弹性模量 E。弹性阶段中,OA 段为直线段。在 OA 段中,应变随应力增加而增大,应力与应变成正比例直线关系。弹性模量 E 的计算式如下。

$$\frac{\sigma}{\varepsilon} = \tan\alpha = E \tag{5-1}$$

弹性模量(E)反映了钢材受力时抵抗弹性变形的能力,即钢材的刚度,它是钢材在静荷载作用下计算结构变形的一个重要指标。工程上常用的碳素结构钢 Q235 的弹性模量 $E=(2.0\sim2.1)\times10^5$ MPa。A 点对应的应力称为比例极限,用符号 σ_p 表示。

AB 段为曲线段,应力与应变不再成正比例的线性关系,但钢材仍表现出弹性性质,B 点对应的应力称为弹性极限,用符号 σ_e 表示。在曲线中 A、B 两点很接近,所以在实际应用时,往往将两点看作一点。

(2)屈服阶段(BC)。

应力过 B 点后,曲线呈锯齿形。此时,应力在很小范围内波动,而应变显著增加,应力与应变之间不再成正比关系。当荷载消除后,钢材不会恢复原有形状和尺寸,产生屈服现象,故 BC 段称屈服阶段。当金属材料呈现屈服现象时,在试验期间达到塑性变形发生而力不增加的应力点(也称屈服点或屈服强度)。屈服强度区分上屈服强度和下屈服强度。上屈服强度是指试样发生屈服而力首次下降前的最大应力;下屈服强度是指在屈服期间,不计初始瞬时效应时的最小应力。在 BC 段中 C' 点为上屈服强度,C'' 点为下屈服强度,工程上将屈服强度用符号"R_{eL}"表示。屈服强度是结构设计的重要指标。

对无明显塑性变形的高碳钢,以产生 0.2% 残余应变时所对应的应力为条件屈服点,用符号 $R_{0.2}$ 表示,如图 5-2 所示。

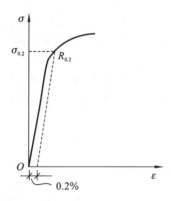

图 5-2 高碳钢拉伸的应力-应变图

(3) 强化阶段(CD)。

应力超过 C 点后,曲线呈上升趋势,此时钢材内部组织产生变化,钢材恢复了抵抗变形的能力,应变随应力提高而增大,故称强化阶段。曲线最高点 D 点对应的应力称为强度极限,即抗拉强度,用符号"R_m"表示。在工程设计中,强度极限不作为结构设计的依据,但应考虑屈服强度与抗拉强度极限的比值"R_{eL}/R_m",即屈强比,它反映了结构在超载情况下继续使用的可靠性大小和利用率的高低。屈强比过小表明结构在超载情况下继续使用的可靠性降低,但利用率提高。反之,可靠性提高,利用率降低。合理的屈强比为 $0.60\sim0.75$。

(4) 颈缩阶段(DK)。

应力达到 D 点后,曲线呈下降趋势,钢材标距长度内某一截面产生急剧缩小,形成颈缩,当应力达到 K 点时钢材断裂。将断裂后的试件拼接起来,测量出拉断后的试件的标距长度 L_1,按式(5-2)计算钢材的伸长率。

钢材的塑性常用拉伸试验时的伸长率或断面缩减率来表示。

①伸长率是指试件拉断后标距部分的长度 L_1 和原始标距 L_0 的差值与原始标距 L_0 的百分比。

$$A = \frac{L_1 - L_0}{L_0} \times 100\% \tag{5-2}$$

式中:A——断后伸长率(%);

L_0——原始标距长度(mm),精确至 1 mm($L_0 = 5 d_0$ 或 $L_0 = 10 d_0$);

L_1——断后标距长度(mm),精确至 1 mm。

伸长率是衡量钢材塑性好坏的重要指标,同时也反映钢材的韧性、冷弯性能、焊接性能。拉伸试件分为标准短试件和标准长试件,其伸长率分别用 A_5($L_0 = 5 d_0$)和 A_{10}($L_0 = 10 d_0$)表示。有些钢材的伸长率是采用定标距试件测定的,如定标距 100 mm 或 200 mm,则伸长率用 δ_{100} 或 δ_{200} 表示。

②断面缩减率:断面缩减率按式(5-3)计算。

$$\psi = \frac{A_0 - A_1}{A_0} \times 100\% \tag{5-3}$$

式中:ψ——断面缩减率(%);

A_0——试件原始截面积;

A_1——试件拉断后颈缩处的截面积。

伸长率和断面缩减率表示钢材断裂前经受塑性变形的能力。伸长率越大或断面缩减率越高,说明钢材塑性越大。钢材塑性大,不仅便于进行各种加工,而且能保证钢材在建筑上的安全使用。

受交变荷载反复作用,钢材在应力低于其屈服强度的情况下突然发生脆性断裂破坏的现象,称为疲劳破坏。疲劳破坏是在低应力状态下突然发生的,所以危害极大,往往造成灾难性的事故。

2. 冲击韧性

冲击韧性是钢材抵抗冲击荷载的能力。钢材的冲击韧性用试件冲断时单位面积上所吸收的能量来表示(或用摆锤冲断 V 形缺口试件时单位面积上所消耗的功来表示,如图5-3 所示)。冲击韧性按式(5-4)计算。

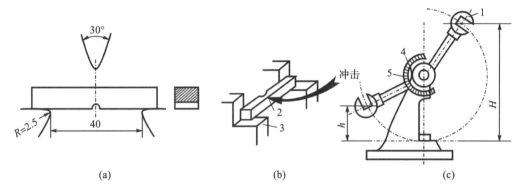

图 5-3　冲击韧性试验示意图

(a)试件尺寸;(b)试验装置;(c)试验机

1—摆锤;2—试件;3—试验台;4—刻度盘;5—指针

$$\alpha_k = \frac{P(H-h)}{A} \tag{5-4}$$

式中:α_k——冲击韧性(J/cm^2);

　　H、h——摆锤冲击前后的高度(m);

　　A——试件槽口处最小横截面积(cm^2)。

　　P——摆锤的重量(N)。

影响钢材冲击韧性的主要因素有化学成分、冶炼质量、冷作及时效、环境温度等。

α_k越大,表示冲断试件消耗的能量越大,钢材的冲击韧性越好,即其抵抗冲击作用的能力越强,脆性破坏的危险性越小。对于重要的结构物以及承受动荷载作用的结构,特别是处于低温条件下,为了防止钢材的脆性破坏,应保证钢材具有一定的冲击韧性。

钢材的冲击韧性随温度的降低而下降,其规律是:开始冲击韧性随温度的降低而缓慢下降,但当温度降至一定的范围(狭窄的温度区间)时,钢材的冲击韧性骤然下降而呈脆性,即冷脆性,这时的温度称为脆性转变温度,如图 5-4 所示。脆性转变温度越低,表明钢材的低温冲击韧性越好。为此,在负温下使用的结构,设计时必须考虑钢材的冷脆性,应选用脆性转变温度低于最低使用温度的钢材,并满足规范规定的 -20 ℃ 或 -40 ℃条件下冲击韧性指标的要求。

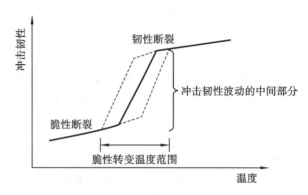

图 5-4　钢的脆性转变温度

3. 硬度

硬度是指钢材抵抗硬物压入表面的能力,即表示钢材表面局部体积内抵抗变形的能力。它是衡量钢材软硬程度的一个指标。硬度值与钢材的力学性能之间有着一定的相关性。

我国现行标准测定金属硬度的指标有布氏硬度和洛氏硬度。

(1)布氏硬度。

布氏硬度试验是按规定选择一个直径为 D(mm)的淬硬钢球或硬质合金球,以一定荷载 P(N)将其压入试件表面,持续至规定时间后卸去荷载,测定试件表面上的压痕直径 d(mm),根据计算或查表确定单位面积上所承受的平均应力值,如图 5-5 所示(或以压力除以压痕面积即得布氏硬度值),其值作为硬度指标(无量纲),称为布氏硬度,代号为 HB。布氏硬度值越大表示钢材越硬。

布氏硬度法比较准确,但压痕较大,不宜用于成品检验。

(2)洛氏硬度。

洛氏硬度试验是将金刚石圆锥体或钢球等压头,按一定试验力压入试件表面,以压头压入试件的深度来表示硬度值(无量纲),称为洛氏硬度,代号为 HR。

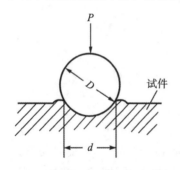

图 5-5　布氏硬度测定示意图

5.2.2　工艺性能

工艺性能表示钢材在各种加工过程中的行为。良好的工艺性能是钢制品或构件的质量保证,而且可以提高成品率,降低成本。

1. 冷弯性能

冷弯性能是钢材在常温条件下,承受弯曲变形而不破裂的能力,是反映钢材缺陷的一种重要工艺性能。

钢材的冷弯性能指标是用弯曲角度和弯心直径对试件厚度(直径)的比值来衡量的。试验时采用的弯曲角度愈大,弯心直径对试件厚度(直径)的比值愈小,表示对冷弯性能的要求愈高,如图 5-6 所示。

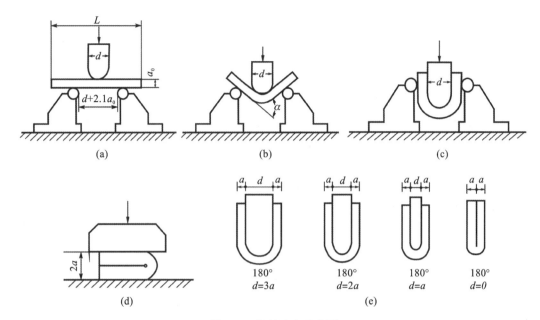

图 5-6　钢材冷弯示意图

(a)试样安装;(b)弯曲 90°;(c)弯曲 180°;(d)弯曲至两面重合;(e)规定弯心

钢材的冷弯性能与伸长率一样,也是反映钢材在静荷载作用下的塑性,而且冷弯是在更苛刻的条件下对钢材塑性的严格检验,它能反映钢材内部组织是否均匀、是否存在内应力及夹杂物等缺陷。试件弯曲处若无裂纹、断裂及起层等现象,则认为其冷弯性能合格。

在工程中,冷弯试验还被用作对钢材焊接质量进行严格检验的一种手段。

2. 钢材的冷加工强化和时效

(1)冷加工强化。

将钢材在常温下进行冷拉、冷拔或冷轧,使之产生塑性变形,从而提高屈服强度,这个过程称为钢材的冷加工强化。以钢筋的冷拉为例(图 5-7),图中 $OBCD$ 为未经冷拉时的应力-应变曲线。

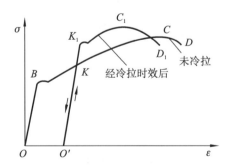

图 5-7　钢筋冷加工强化和时效应力-应变图

冷加工强化的原理是:钢材在塑性变形中晶格的缺陷增多,而缺陷的晶格严重畸变,对晶格的进一步滑移将起到阻碍作用,故钢材的屈服点提高,塑性和韧性降低。由于塑性变形中产生内应力,故钢材的弹性模量 E 降低。

（2）时效。

钢材冷加工时随时间延长而表现出强度提高,塑性和冲击韧性下降,这种现象称为时效。将经过冷拉的钢筋于常温下存放 15～20 d,或加热到 100～200 ℃并保持一段时间,这个过程称为时效处理。前者称为自然时效,后者称为人工时效。

3.焊接性能(可焊性)

焊接是把两块金属局部加热并使其接缝处迅速呈熔融或半熔融状态,从而使之更牢固的连接起来。焊接性能是指钢材在通常的焊接方法与工艺条件下获得良好焊接接头的性能。

可焊性好的钢材易于用一般焊接方法和工艺施焊,焊接时不易形成裂纹、气孔、夹渣等缺陷,焊接接头牢固可靠,焊缝及其附近受热影响区的性能不低于母材的力学性能。

在建筑工程中,焊接结构应用广泛,如钢结构构件的连接、钢筋混凝土的钢筋骨架、接头及预埋件、连接件等。这就要求钢材要有良好的焊接性能。

5.2.3 钢的化学成分对其性质的影响

钢材主要化学成分是铁(Fe)和碳(C),故常把钢称为铁碳合金。但是,钢中还含有硅(Si)、锰(Mn)、磷(P)、硫(S)、氧(O)、氮(N)、钛(Ti)、钒(V)等其他合金元素,这些合金元素虽然含量少,但对钢材性能有很大影响。

1.碳

碳是决定钢材性能的最重要元素。碳对钢材性能的影响如图 5-8 所示:当钢中含碳量在 0.8％以下时,随着含碳量的增加,钢材的强度和硬度提高,而塑性和韧性降低;但当含碳量在 1.0％以上时,随着含碳量的增加,钢材的强度反而下降。

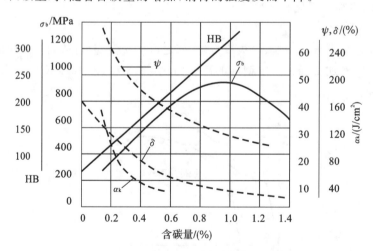

图 5-8 含碳量对碳素钢性能的影响

σ_b—抗拉强度;α_k—冲击韧性;δ—伸长率;ψ—断面收缩率;HB—硬度

随着含碳量的增加,钢材的焊接性能变差(含碳量大于 0.3％的钢材,可焊性显著下降),冷脆性和时效敏感性增大,耐大气锈蚀性下降。

2．硅

硅是作为脱氧剂而残留于钢中，是钢中的有益元素。硅含量较低（小于1.0％）时，能提高钢材的强度和硬度以及耐腐蚀性，而对塑性和韧性无明显影响。但当硅含量超过1.0％时，将显著降低钢材的塑性和韧性，增大冷脆性和时效敏感性，并降低可焊性。

3．锰

锰是炼钢时用来脱氧去硫而残留于钢中的，是钢中的有益元素。锰具有很强的脱氧去硫能力，能消除或减轻氧、硫所引起的热脆性，大大改善钢材的热加工性能，同时能提高钢材的强度和硬度，但塑性和韧性略有降低。但钢材中含锰量太高，则会降低钢材的塑性、韧性和可焊性。锰是我国低合金结构钢中的主要合金元素。

4．磷

磷是钢中的有害元素。随着磷含量的增加，钢材的强度、屈强比、硬度均提高，而塑性和韧性显著降低。特别是温度愈低，对塑性和韧性的影响愈大，将显著加大钢材的冷脆性。磷也显著降低可焊性。

5．硫

硫是钢中的有害元素。硫的存在会加大钢材的热脆性，降低钢材的各种机械性能，也使钢材的可焊性、冲击韧性、耐疲劳性和耐腐蚀性等均降低。为消除硫的这些危害，可在钢中加入适量的锰。

6．氧

氧是钢中的有害元素。随着氧含量的增加，钢材的强度有所提高，但塑性特别是韧性显著降低，可焊性变差。氧的存在还会造成钢材的热脆性。

7．氮、氢

氮对钢材性能的影响与碳、磷相似，随着氮含量的增加，可使钢材的强度提高，但塑性特别是韧性显著降低，可焊性变差，冷脆性加剧。氮在铝、铌、钒等元素的配合下可以减少其不利影响，改善钢材性能，可作为低合金钢的合金元素使用。钢中氢的存在则会引起钢的白点（圆圈状的断裂面）和内部裂纹，断口有白点的钢一般不能用于建筑结构。

8．钛

钛能显著提高钢材的强度，改善韧性、可焊性，但稍降低塑性。

9．钒

钒加入钢中可减弱碳和氮的不利影响，有效地提高强度，但有时也会增加焊接淬硬倾向。

5.2.4　钢材的锈蚀与防护

1．钢材的锈蚀种类及原因

（1）钢材的锈蚀是指钢的表面与周围介质发生化学作用或电化学作用而遭到侵蚀破坏的过程。这种侵蚀作用使钢结构有效截面减小，而且会形成程度不等的锈坑、锈斑，造成应力集中，加速结构破坏；若受到交变荷载、冲击荷载作用，将产生锈蚀疲劳现象，使钢材疲劳强度下降,甚至出现脆性断裂。

(2)钢材锈蚀的种类。

钢材的锈蚀可分为化学锈蚀和电化学锈蚀两类。

①化学锈蚀:指钢材直接与周围介质发生化学反应而产生的锈蚀,这种锈蚀多数是氧化作用,使钢材表面形成疏松的氧化物。

②电化学锈蚀:指钢材与电解质溶液接触,形成微电池而产生的锈蚀。

潮湿环境中钢材表面会被一层电解质水膜所覆盖,即钢表面与一些气体(O_2、CO_2、SO_2、Cl_2等)接触形成电解质溶液接触。而钢材本身含有铁、碳等多种成分,由于这些成分的电极电位不同,形成许多微电池。在阳极区,铁被氧化成为 Fe^{2+} 离子进入水膜;在阴极区,溶于水膜中的氧被还原为 OH^- 离子,随后两者结合生成不溶于水的 $Fe(OH)_2$,并进一步氧化成为疏松易剥落的红棕色铁锈 $Fe(OH)_3$,电化学锈蚀是钢材锈蚀的主要形式。

(3)钢材锈蚀的原因。

①相对湿度的影响。空气中相对湿度越高,金属表面水膜越厚,空气中的氧透过水膜到金属表面作用。相对湿度达到一定数值时,腐蚀速度大幅上升,这个数值称为临界相对湿度,钢的临界相对湿度约为 70%。

②温度的影响。环境温度与相对湿度关联,干燥的环境(沙漠)下,气温再高金属也不容易锈蚀。当相对湿度达到临界值时,温度的影响明显加剧,温度每增加 10℃,锈蚀速度提高两倍。因此,在湿热带或雨季,气温越高,锈蚀越严重。

③氧气的影响。可见没有水和氧气,金属就不会生锈,空气中 20% 体积是氧气,它是无孔不入的。

④大气中其他物质的影响。大气中含有盐雾、二氧化硫、硫化氢和灰尘时,会加速腐蚀。因此,不同环境下受腐蚀程度的大小差别是明显的:城市大于农村;工业区大于生活区;沿海大于内陆;高粉尘区大于低粉尘区。

2. 钢结构锈蚀的防护

防止钢结构的锈蚀常用的方法是采用保护膜法,即表面涂刷防锈漆。做法如下:先涂防锈底漆如红丹、环氧富锌漆、铁红环氧底漆等,面漆采用灰铅油、醇酸磁漆、酚醛磁漆等。

3. 混凝土中钢筋的锈蚀与防止措施

(1)钢筋的锈蚀。

埋于混凝土中的钢筋是不易锈蚀的,因为混凝土为钢筋提供了一个弱碱性的环境,钢材在此环境下不锈蚀。若混凝土被碳化,使混凝土中性化后,其中的钢筋也会发生电化学锈蚀,结果不但损失受力截面,而且形成的铁锈因膨胀会导致混凝土顺筋开裂。

(2)钢筋锈蚀的防止措施。

提高混凝土的密实程度;保证足够的钢筋保护层厚度;施工时,限制氯盐外加剂的使用量;钢材的化学成分对耐锈性影响很大,通过加入某些合金元素,可以提高钢材的耐锈蚀能力。例如,在钢中加入一定量的铬、镍、钛等合金元素,可制成不锈钢。

任务5.3 建筑工程用钢材

任务描述

1. 根据标准能够识读钢筋混凝土用热轧光圆钢筋、热轧带肋钢筋、热处理钢筋、冷轧带肋钢筋的品种、性能、规格、牌号及表示方法等知识。

2. 根据标准能够识读钢结构用碳素结构钢、优质碳素结构钢和低合金高强度结构钢的品种、性能、规格、牌号及表示方法等知识。

钢材在建筑工程中应用可分为钢筋混凝土结构用钢和钢结构用钢两大类。其主要根据结构的重要性、荷载性质(动荷载或静荷载)、连接方法(焊接或铆接)、温度条件(正温或负温)等,综合考虑钢种或钢牌号、质量等级和脱氧程度等进行选用,以保证结构的安全。

5.3.1 钢筋混凝土结构用钢

钢筋是建筑工程中用途最多、用量最大的钢材品种。目前,钢筋混凝土用钢主要有热轧钢筋、热处理钢筋、冷轧带肋钢筋、冷轧扭钢筋及预应力混凝土用钢丝与钢绞线。

1. 热轧光圆钢筋

热轧钢筋根据其表面形状分热轧光圆钢筋和热轧带肋钢筋两大类。

热轧光圆钢筋相关标准为《钢筋混凝土用钢 第1部分:热轧光圆钢筋》(GB/T 1499.1—2017)。

(1)热轧光圆钢筋定义:经热轧成型,横截面通常为圆形,表面光滑的成品钢筋。

(2)牌号。钢筋按屈服强度特征值为300级。热轧光圆钢筋牌号的构成及其含义如表5-2所示。

表5-2 热轧光圆钢筋牌号的构成及其含义

产品名称	牌号	牌号构成	英文字母含义
热轧光圆钢筋	HPB300	由HPB+屈服强度特征值构成	HPB—热轧光圆钢筋的英文(hot rolled plain bars)缩写

(3)钢筋的公称直径范围为6~22 mm。钢筋直径的测量应精确到0.1 mm。理论重量按密度为7.85 g/cm² 计算。

(4)钢筋实际重量与理论重量的允许偏差应符合表5-3的规定。

表 5-3 钢筋实际重量与理论重量的允许偏差

公称直径/mm	实际重量与理论重量的允许偏差/（%）
6～12	±6
14～22	±5

（5）热轧光圆钢筋的力学性能特征值应符合表 5-4 规定,作为交货检验的最小保证值。

表 5-4 热轧光圆钢筋的力学性能特征值

牌号	下屈服强度 R_{eL} /MPa	抗拉强度 R_m /MPa	断后伸长率 A /（%）	最大力总延伸率 A_{gt} /（%）	冷弯试验 D—弯心直径 d—钢筋公称直径
	不小于				
HPB300	300	420	25	10.0	180°,$D=d$

对于没有明显屈服的钢筋,下屈服强度特征值 R_{eL} 应采用规定非比例延伸强度 $R_{0.2}$。伸长率类型可从 A 或 A_{gt} 中选定,仲裁检验时采用 A_{gt}。按表 5-4 规定的弯心直径弯曲 180°后,钢筋受弯曲部位表面不得产生裂纹。

（6）热轧光圆钢筋检验项目、取样数量和检验结果应符合标准 GB/T1499.1—2017 的相关规定。钢筋的复验与判定应符合 GB/T 17505 的规定,但钢筋的重量偏差项目不合格时不准许复验。

2. 热轧带肋钢筋

热轧带肋钢筋相关标准为《钢筋混凝土用钢 第 2 部分:热轧带肋钢筋》（GB/T 1499.2—2018）。

（1）热轧带肋钢筋定义:经热轧成型,横截面通常为圆形,且表面带肋的钢筋混凝土结构用钢材。

（2）分类和分级。热轧带肋钢筋分为普通热轧钢筋和细晶粒热轧钢筋两大类。

热轧带肋钢筋的分级:钢筋按屈服强度特征值分为 400、500、600 级。

（3）牌号。热轧带肋钢筋牌号的构成及其含义如表 5-5 所示。

表 5-5 热轧带肋钢筋牌号的构成及其含义

类别	牌号	牌号构成	英文字母含义
普通热轧钢筋	HRB400	由 HRB+规定的屈服强度特征值构成	HRB—热轧带肋钢筋的英文（hot rolled ribbed bars）缩写。 E—"地震"的英文（earthquake）首位字母
	HRB500		
	HRB600	由 HRB+规定的屈服强度特征值+E构成	
	HRB400E		
	HRB500E		

类别	牌号	牌号构成	英文字母含义
细晶粒热轧钢筋	HRBF400	由 HRBF＋规定的屈服强度特征值构成	HRBF—在热轧带肋钢筋的英文缩写后加"细"的英文(fine)首位字母。 E—"地震"的英文(earthquake)首位字母
	HRBF500		
	HRBF400E	由 HRB＋规定的屈服强度特征值＋E 构成	
	HRBF500E		

（4）钢筋的公称直径范围：6～50 mm。

（5）钢筋实际重量与理论重量的允许偏差应符合表 5-6 的规定。

表 5-6 钢筋实际重量与理论重量的允许偏差

公称直径/mm	实际重量与理论重量的允许偏差/(%)
6～12	±6.0
14～20	±5.0
22～50	±4.0

（6）热轧带肋钢筋的力学性能特征值应符合表 5-7 规定，作为交货检验的最小保证值。

表 5-7 热轧带肋钢筋的力学性能特征值

牌号	下屈服强度 R_{eL}/MPa	抗拉强度 R_m/MPa	断后伸长率 A/(%)	最大力总延伸率 A_{gt}/(%)	R_m°/R_{eL}°	R_m°/R_{eL}
			不小于			不大于
HRB400 HRBF400	400	540	16	7.5	—	—
HRB400E HRBF400E			—	9.0	1.25	1.30
HRB500 HRBF500	500	630	15	7.5	—	—
HRB500E HRBF500E			—	9.0	1.25	1.30
HRB600	600	730	14	7.5	—	—

注：R_m° 为钢筋实测抗拉强度，R_{eL}° 为钢筋实测下屈服强度。

（7）热轧带肋钢筋检验项目、取样数量和检验结果应符合标准 GB/T 1499.2—2018 的相关规定。钢筋的复验与判定应符合 GB/T 17505 的规定，但钢筋的重量偏差项目不合格时不准许复验。

HPB300 钢筋的强度较低，但塑性及焊接性较好，便于各种冷加工，因而广泛用于小型钢筋混凝土结构中的主要受力筋以及各种钢筋混凝土结构中的构造筋。

推广 400 和 500 级钢筋作为纵向受力的主导钢筋。HRB400 和 HRB500 钢筋强度较高,塑性和焊接性能也较好,故广泛用作大、中型钢筋混凝土结构的主要用钢筋(作受力筋和构造筋);HRB600 钢筋强度高,但塑性和焊接性能较差,可用作预应力钢筋。

3. 冷轧带肋钢筋(《冷轧带肋钢筋》(GB/T 13788—2017))

(1)冷轧带肋钢筋定义:热轧圆盘条经冷轧后,在其表面带有沿长度方向均匀分布的横肋的钢筋。

(2)分类及代号:冷轧带肋钢筋按延性高低分为两类。

①冷轧带肋钢筋,代号为"CRB"。

②高延性冷轧带肋钢筋,代号为"CRB+抗拉强度特征值+H"。其中 C、R、B、H 分别为冷轧(cold rolled)、带肋(ribbed)、钢筋(bar)、高延性(high elongation)四个词的英文首位字母。

(3)牌号。冷轧带肋钢筋按抗拉强度分为 CRB550、CRB650、CRB800、CRB600H、CRB680H、CRB800H 共六个牌号。CRB550、CRB600H 为普通钢筋混凝土用钢筋,CRB650、CRB800、CRB800H 为预应力混凝土用钢筋,CRB680H 既可作为普通钢筋混凝土用钢筋,也可作为预应力混凝土用钢筋使用。

(4)公称直径范围:CRB550、CRB600H、CRB680H 钢筋的公称直径范围为 4～12 mm。CRB650、CRB800、CRB800H 公称直径为 4 mm、5 mm、6 mm。

(5)冷轧带肋钢筋的力学性能和工艺性能应符合表 5-8 的规定。

表 5-8　冷轧带肋钢筋的力学性能和工艺性能

分类	牌号	规定塑性延伸强度 $R_{0.2}$/MPa,不小于	抗拉强度 R_m/MPa,不小于	$R_m/R_{0.2}$,不小于	断后伸长率/(%),不小于		最大力总延伸率/(%),不小于	弯曲试验 180°	反复弯曲次数	应力松弛 1000 h/(%),不大于
					A	A_{100}	A_{gt}			
普通钢筋混凝土用	CRB550	500	550	1.05	11.0	—	2.5	$D=3d$	—	—
	CRB600H	540	600	1.05	14.0	—	5.0	$D=3d$	—	—
	CRB680H	600	680	1.05	14.0	—	5.0	$D=3d$	4	5
预应力混凝土用	CRB650	585	650	1.05	—	4.0	2.5	—	3	8
	CRB800	720	800	1.05	—	4.0	2.5	—	3	8
	CRB800H	720	800	1.05	—	7.0	4.0	—	4	5

注:D 为弯心直径,d 为钢筋公称直径。

(6) 钢筋的检验符合相关标准规定。

冷轧带肋钢筋既具有冷拉钢筋强度高的特点，同时又具有很强的握裹力，混凝土对冷轧带肋钢筋的握裹力是同直径冷拔低碳钢丝的 3～6 倍，大大提高了构件的整体强度和抗震能力。这种钢筋适用于中、小型预应力混凝土结构构件和普通钢筋混凝土结构构件。

4. 低碳钢热轧圆盘条

根据《低碳钢热轧圆盘条》(GB/T 701—2008)，低碳钢热轧圆盘条的公称直径为 5.5～30 mm，大多通过卷线机成盘卷供应，因此称为盘条、盘圆或线材。

低碳钢热轧圆盘条牌号分为 Q195、Q215、Q235、Q275；反映低碳钢热轧圆盘条的力学性能指标为抗拉强度和断后伸长率；检验工艺性能需进行冷弯试验。

5. 热处理钢筋

热处理钢筋是经过淬火和回火调质处理的螺纹钢筋。有纵肋和无纵肋两种；公称直径有 6 mm、8.2 mm、10 mm 三种；有 $40Si_2Mn$、$48Si_2Mn$ 和 $45Si_2Cr$ 三个牌号。

热处理钢筋具有很高的强度，还具有较好的塑性和韧性，特别适用于预应力构件。但其对应力腐蚀及缺陷敏感性强，应防止产生锈蚀及刻痕等现象。热处理钢筋不适用于焊接和点焊的钢筋。

6. 预应力混凝土用钢丝

预应力混凝土用钢丝是用优质碳素结构钢制作，经冷拉或冷拉后消除应力处理制成。

《预应力混凝土用钢丝》(GB/T 5223—2014)规定，钢丝按加工状态分为冷拉钢丝(代号为 WCD)和低松弛钢丝(代号为 WLR)。钢丝按外形分光圆钢丝(代号为 P)、刻痕钢丝(代号为 I)、螺旋肋钢丝(代号为 H)三种。

标记示例如下。

示例 1，直径为 4.00 mm，抗拉强度为 1670 MPa 冷拉光圆钢丝，其标记为：预应力钢丝 4.0-1670-WCD-P-GB/T 5223—2014。

示例 2，直径为 7.00 mm，强度为 1570 MPa 低松弛的螺旋肋钢丝，其标记为：预应力钢丝 7.00-1570-WLR-H-GB/T 5223—2014

预应力混凝土用钢丝质量稳定、安全可靠、强度高、无接头、施工方便，主要用于大跨度的屋架、薄腹架、吊车梁或桥梁等大型预应力混凝土构件，还可用于轨枕、压力管道等预应力混凝土构件。

7. 预应力混凝土用钢绞线

预应力混凝土用钢绞线是由若干根直径为 2.5～5.0 mm 的高强度钢丝，以一根钢丝为中心，其余钢丝围绕其中心钢丝绞捻，再经消除应力热处理而制成。预应力钢绞线截面图如图 5-9 所示。

根据《预应力混凝土用钢绞线》(GB/T 5224—2014)规定，钢绞线按结构分为以下 8 类：①用两根钢丝捻制的钢绞线，1×2；②用三根钢丝捻制的钢绞线，1×3；③用三根刻痕钢丝捻制的钢绞线，1×3I；④用七根钢丝捻制的标准型钢绞线，1×7；⑤用六根刻痕钢丝和一根光圆中心钢丝捻制的钢绞线，1×7I；⑥用七根钢丝捻制又经模拔的钢绞线，(1×7)C；⑦用十九根钢丝捻制的 1+9+9 西鲁式钢绞线，1×19S；⑧用十九根钢丝捻制的 1+6+6/6 瓦林吞式钢绞线，1×19W。

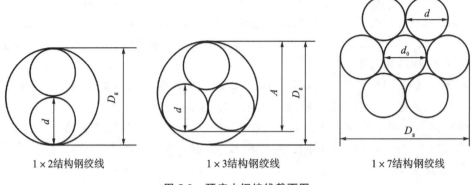

1×2结构钢绞线　　　　　　1×3结构钢绞线　　　　　　1×7结构钢绞线

图 5-9　预应力钢绞线截面图

预应力混凝土用钢绞线的标记内容为:预应力钢绞线 结构代号-公称直径-强度级别-标准编号。

标记示例:公称直径为 15.20 mm,抗拉强度为 1860 MPa 的七根钢丝捻制的标准型钢绞线标记为:预应力钢绞线 1×7-15.2-1860-GB/T 5224—2014。

预应力混凝土用钢丝与钢绞线具有强度高、柔性好、松弛率低、抗腐蚀性强、无接头、质量稳定、安全可靠等特点。适用于作大型建筑、公路或铁路桥梁、吊车梁等大跨度预应力混凝土构件的预应力钢筋,广泛地应用于大跨度、重荷载的结构工程中。

5.3.2　钢结构用钢

钢结构工程用钢的主要品种是碳素结构钢和低合金高强度结构钢。

1. 碳素结构钢(《碳素结构钢》(GB/T 700—2006))

(1)碳素结构钢牌号表示方法及符号。

①牌号及牌号表示方法:碳素结构钢分四个牌号,即 Q195、Q215、Q235 和 Q275。牌号表示方法由代表屈服强度的字母(Q)、屈服强度数值(N/mm² 或 MPa)、质量等级符号(A、B、C、D)、脱氧方法符号(F、Z、TZ)等四部分按顺序组成。

②符号及含义。

Q——屈服强度"屈"字汉语拼音首位字母。

A、B、C、D——按其硫、磷含量由多至少分为 A、B、C、D 四个质量等级。

F——沸腾钢"沸"字汉语拼音首位字母。

Z——镇静钢"镇"字汉语拼音首位字母。

TZ——特殊镇静"特镇"两字汉语拼音首位字母。

在牌号组成表示方法中"Z"与"TZ"符号可予以省略。例如:Q235A·F 表示屈服强度为 235MPa、质量等级为 A 级的沸腾钢。

(2)碳素结构钢的技术要求。

碳素结构钢的力学性质要求应符合表 5-9 的规定。

表 5-9　碳素结构钢的力学性质要求

牌号	等级	拉 伸 试 验												冲击试验	
		屈服强度/MPa						抗拉强度/MPa	伸长率 A/(%)					V 型冲击功(纵向)/J	
		厚度(直径)/mm							钢材厚度(直径)/mm					温度/℃	
		≤16	16～40	40～60	60～100	100～150	150～200		≤40	40～60	60～100	100～150	150～200		
		不小于							不小于						不小于
Q195	—	195	185	—	—	—	—	315～430	33	32	—	—	—	—	—
Q215	A	215	205	195	185	175	165	335～450	31	30	29	28	27	—	—
	B													+20	27
Q235	A	235	225	215	215	195	185	370～500	26	25	24	23	22	—	27
	B													+20	
	C													0	
	D													−20	
Q275	A	275	265	255	245	225	215	410～540	22	21	20	18	17	—	27
	B													+20	
	C													0	
	D													−20	

注:牌号 Q195 的屈服点仅供参考,不作为交货条件。

碳素结构钢冷弯的要求应符合表 5-10 的规定。

表 5-10　碳素结构钢冷弯的要求

牌　号	试 样 方 向	冷弯试验 180°, $B=2a$	
		钢材厚度(直径)/mm	
		≤60	60～100
		弯心直径 d	
Q195	纵	0	—
	横	0.5a	
Q215	纵	0.5a	1.5a
	横	a	2a

牌　　号	试样方向	冷弯试验 180°，$B=2a$	
		钢材厚度（直径）/mm	
		≤60	60～100
		弯心直径 d	
Q235	纵	a	$2a$
	横	$1.5a$	$2.5a$
Q275	纵	$1.5a$	$2.5a$
	横	$2a$	$3a$

注：B 为试样宽度，n 为钢材厚度（直径）。

碳素结构钢的牌号和化学成分（熔炼分析）应符合表 5-11 的规定。

表 5-11　碳素结构钢的牌号和化学成分（熔炼分析）

牌号	等级	化学成分/（%），不大于					脱氧方法
		C	Si	Mn	P	S	
Q195	—	0.12	0.30	0.50	0.035	0.040	F、Z
Q215	A	0.15	0.35	1.20	0.045	0.050	F、Z
	B					0.045	
Q235	A	0.22	0.35	1.40	0.045	0.050	F、Z
	B	0.20				0.045	
	C	0.17			0.040	0.040	Z
	D				0.035	0.035	TZ
Q275	A	0.24	0.35	1.50	0.045	0.050	F、Z
	B	0.21			0.045	0.045	Z
	C	0.22			0.040	0.040	Z
	D	0.20			0.035	0.035	TZ

注：Q235A、B 级沸腾钢锰含量上限为 0.60%。

从表 5-9、表 5-10、表 5-11 可看出：碳素结构钢随牌号递增而含碳量提高，强度提高，塑性和冷弯性能降低。

（3）碳素结构钢的选用。

碳素结构钢各钢牌号中 Q195、Q215 强度较低、塑性韧性较好，易于冷加工和焊接，常用作铆钉、螺丝、铁丝等；Q235 强度较高，塑性韧性也较好，可焊性较好，为建筑工程中主要用钢牌号；Q275 强度高、塑性韧性较差，可焊性较差，且不易冷弯，多用于机械零件，极少用混凝土配筋及钢结构或制作螺栓。同时,应根据工程结构的荷载情况、焊接情况及环境温度等因素来选择钢的质量等级和脱氧程度。如受振动荷载作用的重要焊接结构,处于计算温度低于−20℃的环境下,宜选用质量等级为 D 的特种镇静钢。

在选用钢材时,应考虑工程结构的荷载类型、焊接情况及环境温度等条件,尤其是使用沸腾钢时应注意在下列情况时,应限制使用:①直接承受动荷载的焊接结构;②非焊接结构而计算温度等于或低于−20℃;③受静荷载及间接动荷载作用,而计算温度等于或低于−30℃时的焊接结构。

(4)常用品种。

Q235 的强度、塑性、韧性以及可加工性等综合性能好,且价格较低,故在工程中采用得多。而 Q235D 韧性好,抵抗冲击或振动荷载能力强,在负温条件下使用更为适宜。

2. 优质碳素结构钢(《优质碳素结构钢》(GB/T 699—2015))

优质碳素结构钢全部由镇静钢炼制,含有害杂质 P、S 及非金属夹杂物较少,均匀性及表面质量都比较好,通常要经过热处理后才能保证钢的化学成分和力学性能。这类钢的力学性能较好,广泛用于制作各种机械零件和结构件。

(1)分类及代号。

钢棒按加工方法分为压力加工用钢(UP)(包括热加工、顶锻、冷拔坯料用钢)和切削加工用钢(UC);按表面种类分为压力加工表面、酸洗、喷丸(砂)、剥皮、磨光五种。

(2)牌号表示方法及符号。

牌号:08、10、15、20、25、30⋯85、15 Mn、20 Mn、25 Mn⋯70 Mn。

优质碳素合金钢的牌号是用两位数字表示钢中 C 的质量分数,以万分之几表示。例如,"40"表示平均 C 的质量分数为 0.40% 的优质碳素结构钢。不足两位数时,前面补 0。从数字"5"为变化幅度上升一个牌号。优质碳素结构钢按含锰不同,分为普通含锰量(0.35%~0.8%)和较高含锰量(0.7%~1.2%)两组。较高的一组,在牌号后加"Mn",如 15 Mn、20 Mn 等。

常用的优质碳素结构钢的性质、应用范围及热处理方式如下。

08 钢、10 钢的含碳量很低,其强度低而塑性好,具有较好的焊接性能和压延性能,通常轧成薄板或钢带。主要用于制造受力不大但要求高韧度的冷冲压零件、焊接件、紧固件,如各种仪表板、容器、螺母及垫圈等零件。

15 钢、20 钢、25 钢也具有较好的焊接性和压延性能,常用于制造受力不大、韧度较高的结构件和零件,如焊接容器、制造螺母、螺钉等,以及制造强度要求不太高的渗碳零件,如凸轮、齿轮等。渗碳零件的热处理一般是在渗碳后再进行一次淬火及低温回火处理。

35 钢、40 钢、45 钢、50 钢、55 钢属于调质钢,可用来制造性能要求高、负荷较大的零件,如连杆、曲轴、主轴、活塞销、表面淬火齿轮、凸轮等。调质钢一般要进行调质处理,以得到强度与韧度良好配合的综合力学性能。对综合要求不高或截面尺寸很大、淬火效果差的工件,可采用正火代替调质。

60 钢、65 钢、70 钢、75 钢、80 钢、85 钢属于弹簧钢,经适当热处理后,可用来制造要求弹性好、强度较高的零件,如轧辊、弹簧、弹簧垫圈等,也可以用于制造耐磨零件,如钢丝绳、偏心轮等。冷成型弹簧一般只进行低温去应力处理。热成型弹簧一般要进行淬火及低温回火处理。

3. 低合金高强度结构钢(《低合金高强度结构钢》(GB/T 1591—2018))

(1)定义。

低合金高强度结构钢一般是在普通碳素钢的基础上,添加少量的一种或几种合金元素而制成。常用的合金元素有硅、锰、钛、钒、铬、镍、铜及稀土元素。其目的是为了提高钢的屈服强度、抗拉强度、耐磨性、耐蚀性及耐低温性能等。

(2)牌号表示方法及符号。

牌号有 Q355、Q390、Q420、Q460、Q500、Q550、Q620、Q690。

牌号由代表屈服强度"屈"字的汉语拼音首字母"Q"、规定的最小上屈服强度数值、交货状态代号、质量等级符号(按硫、磷含量分 B、C、D、E、F 五个质量等级)四个部分组成。

注:交货状态为热轧时,交货状态代号 AR 或 WAR 可省略;交货状态为正火或正火轧制状态时,交货状态代号均用 N 表示。

例如:Q355ND,表示规定的最小上屈服强度数值为 355MPa,交货状态为正火或正火轧制,质量等级为 D 级的低合金结构钢。

低合金高强度结构钢综合性能较为理想,尤其在大跨度、承受动荷载和冲击荷载的结构中更适用,而且与使用碳素钢相比,可节约钢材 20%~30%,成本也不是很高。

任务 5.4　建筑钢材试验

任务描述

1. 能根据标准进行钢筋拉伸和冷弯试验,并对计算结果进行评定。

2. 能进行钢筋进场验收,具备识读进场检测报告的能力。

3. 对于有较高要求的抗震结构应采用哪些钢筋,其强度和最大力下总伸长率的实测值应符合哪些要求?

4. 岗位业务训练:能填写钢筋试验委托单,能解读钢筋试验原始记录和钢筋试验报告,并能根据钢筋试验报告判断该批钢筋是否合格。

5.4.1　取样规定

一般以同一牌号、同一等级、同一品种、同一截面尺寸、同一交货状态、同一进场时间、同一炉罐号组成的钢筋为一验收批。热轧钢筋每批质量不大于 60 t;冷轧带肋钢筋每批质量不大于 50t;冷轧扭钢筋每批质量不大于 10 t。

从外观和尺寸合格的每批钢筋中随机抽取两根,试件在截取时,应先在钢筋的任意一端切去 500 mm 后截取。于每根距端部 500 mm 处截取拉伸试件一根(共两根)、冷弯试件一根(共两根)。试件长度同时还应考虑试验机的有关参数,施工现场钢筋拉伸试件长度取不小于 500 mm,冷弯试件长度为 5 d+150 mm。一般取 350~400 mm。钢筋送样如图 5-10 所示。

图 5-10　钢筋送样

钢筋出厂每捆(盘)应挂有两个标牌(厂名、牌号、出厂日期、钢筋级别和直径等),钢筋还应有出厂合格证或试验报告单。验收时应抽样作力学性能试验,包括拉力试验和冷弯试验两个项目。两个项目中如有一个项目不合格,该批钢筋即为不合格品。

在进行拉伸试验的两根试件中,如其中一根试件的屈服强度、抗拉强度和伸长率三个指标中有一个指标达不到标准中规定的数值,则应从同一验收批中再抽取双倍试件(四根)进行复验;复验结果如仍有一根试件的某一个指标达不到标准规定,则不论这个指标在初验中是否达到标准要求,拉伸试验项目也为不合格。应不予验收或降级使用。

试验条件:试验应在(20±10) ℃的条件下进行,如试验温度超出这一范围,应于试验记录和报告中注明。拉伸试验用钢筋试件不应进行切削加工。

5.4.2　拉伸试验

1. 试验原理及方法

将标准试件放在拉力机上,逐渐施加拉力荷载,观察由于这个荷载作用产生的弹性和塑性变形,直至试件拉断为止,并记录拉力值。然后计算钢筋的屈服点、抗拉强度及伸长率。

2. 试验目的

测定低碳钢的屈服荷载、抗拉荷载和断后标距,观察拉力与变形之间的变化。确定应力与应变之间的关系曲线,计算钢筋的屈服点、抗拉强度及伸长率,并评定钢筋的强度等级。

3. 主要仪器设备

①万能材料试验机。为保证机器安全和试验准确,其吨位选择最好是使试件达到最大荷载时,指针位于第三象限内(即 180°~270°)。试验机的测力误差不大于 1%。

②游标卡尺。精度为 0.1 mm。

③钢锯条或打点机等。

4. 试验步骤

（1）试件制作。

抗拉试验用钢筋试件不得进行切削加工，可以用两个或一系列等分小冲点或细画线标出原始标距（标记不应影响试样断裂），测量标距长度 L_0（精确至 0.1 mm）。计算钢筋强度所用公称横截面面积采用表 5-12 所列数值。

表 5-12　钢筋的公称横截面面积

公称直径/mm	公称横截面面积/mm²	公称直径/mm	公称横截面面积/mm²
8	50.27	22	380.1
10	78.54	25	490.9
12	113.1	28	615.8
14	153.9	32	804.2
16	201.1	36	1018
18	254.5	40	1257
20	314.2	50	1964

（2）屈服强度和抗拉强度的测定。

①调整试验机测力度盘的指针，使之对准零点，并拨动副指针，使之与主指针重叠。

②将试件固定在试验机夹头内，开动试验机进行拉伸，屈服前，应力速率按表 5-13 的规定确定，并保持试验机控制器固定于这一速率上，直至试件屈服为止；屈服后或只须测定抗拉强度时，试验机活动夹头在荷载下的移动速度不大于 $0.5L_C/\text{min}$（L_C 为试件长度）。

表 5-13　屈服前的应力速率

金属材料的弹性模量 E/MPa	应力速率/(N·mm⁻²·s⁻¹)	
	最小	最大
<150000	2	20
$\geqslant150000$	6	60

③屈服点 R_{eL} 的计算：拉伸过程中，测力度盘的指针停止转动时的恒定荷载，或第一次回转时的最小荷载，即为所求的屈服点荷载 F_{eL}。按式（5-5）算试件的屈服点 R_{eL}。

$$R_{eL} = \frac{F_{eL}}{S_0} \tag{5-5}$$

式中：R_{eL}——屈服点（MPa）；

F_{eL}——屈服点荷载（N）；

S_0——试件的公称横截面面积（mm²）（可以查表 5-12 获得）。

④抗拉强度 R_m 的计算：向试件施加荷载直至拉断，由测力度盘读出最大荷载 F_m，即为抗拉强度所对应的荷载。按式（5-6）计算试件的抗拉强度 R_m。

$$R_m = \frac{F_m}{S_0} \tag{5-6}$$

式中：R_m——抗拉强度（MPa）；

F_{m}——试件断时最大荷载（N）；

S_0——试件的公称横截面面积（mm^2）。

⑤强度试验数据的处理：

当 R_{eL}（或 R_{m}）$\leqslant 200$ MPa 时，修约间隔 1 MPa；

当 R_{eL}（或 R_{m}）为 $200\sim 1000$ MPa 时，修约间隔 5 MPa；

当 R_{eL}（或 R_{m}）$\geqslant 1000$ MPa 时，修约间隔 10 MPa。

（3）伸长率的测定。

①将已经拉断的试件的两段在断裂处对齐，尽量使其轴线位于一条直线上。如拉断处由于各种原因形成缝隙，则此缝隙应计入拉断后的标距部分长度内。

②如拉断处到邻近的标距端点的距离大于 $1/3$ 标距（L_0），可用卡尺直接量出已被拉长的标距长度 L_1（mm）。

③如拉断处到邻近的标距端点的距离小于或等于 $1/3$ 标距（L_0），可用下述移位法确定 L_1（mm）：在长段上，从拉断处 O 取基本等于短段格数，得 B 点，接着取等长段所余格数（偶数，图 5-11(a)）之半，得 C 点；或者取所余格数（奇数，图 5-11(b)）减 1 与加 1 之半，得 C 与 C_1 点。移位后的 L_1 为 $AO+OB+2BC$ 或者 $AO+OB+BC+BC_1$。

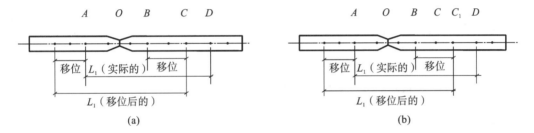

图 5-11　用移位法计算标距

如果直接量测所求得的伸长率能达到技术条件的规定值，则可不采用移位法。

④伸长率 A 按式（5-2）计算。

⑤试验数据的处理：伸长率试验结果修约间隔 0.5%。

（4）试验结果的评定。

上述计算的结果要对照相关标准规定，以此来评定该批所检钢筋是否合格。

5.4.3　冷弯试验

1. 试验原理及方法

冷弯性能试验是一种工艺试验。常温条件下将标准试件放在拉力机的弯头上，逐渐施加荷载，观察试件由于荷载的作用绕一定弯心直径弯曲至规定角度时，其弯曲处外表面是否有裂纹、起皮、断裂等现象。

2. 试验目的

检验钢筋承受规定弯曲程度的弯曲变形性能，并显示其缺陷。

3. 主要仪器设备

压力机或万能试验机、具有不同直径的弯心、具有足够硬度的支承辊。

4. 试验步骤

①试样选取的长度按下式确定:$L \approx 5a + 150$ mm(a 为试件原始直径,单位为 mm)。

②半导向弯曲。试样一端固定,绕弯心直径进行弯曲,直至试样弯曲到规定的弯曲角度或出现裂纹、裂缝或断裂为止。

③导向弯曲。试样放置于两个支点上,将一定直径的弯心放在试样上(两支点中间)施加压力,弯曲程度可分为以下三种情况。第一种是使试样弯曲到规定的角度。第二种是使试样弯曲至两臂平行,可一次完成试验;或弯曲到一定状态,然后放置在试验机平板之间继续施加压力,压至试样两臂平行,此时可以加与弯心直径相同的衬垫进行试验。第三种是使试样弯曲至两臂接触。首先将试样弯曲到一定状态,然后放置在两平板间继续施加压力,直至两臂接触。

注意事项:应在平稳压力作用下,缓慢施加试验压力。两支辊间距离为 $(d + 2.5a) \pm 0.5a$,并在试验过程中不允许有变化。试验温度应保持在 $10 \sim 35℃$。

热轧带肋钢筋规定的弯心直径参照《钢筋混凝土用钢 第 2 部分 热轧带肋钢筋》(GB/T 1499.2—2018)中对热轧带肋钢筋进行检验时弯心直径与公称直径的选用关系表。

5. 结果评定

弯曲后按有关标准规定检查试样弯曲外表面,进行结果评定。若试样弯曲外表面无裂纹、裂缝或断裂等现象,则评定试样合格。

5.4.4 重量偏差试验及抗震结构规定

1. 热轧钢筋的重量偏差试验

测量钢筋重量偏差时,试样应从不同根钢筋上截取,数量不少于 5 支,每支试样长度不小于 500 mm。长度应逐支测量,应精确到 1 mm。测量试样总重量时,应精确到不大于总重量的 1%。钢筋实际重量与理论重量的偏差(%)按式(5-7)计算。

$$重量偏差 = \frac{试样实际总重量 - (试样总长度 \times 理论重量)}{试样总长度 \times 理论重量} \quad (5-7)$$

2. 有较高要求的抗震结构所用钢筋规定

对于有较高要求的抗震结构所用的钢筋应采用 HRB335E、HRB400E、HRB500E、HRBF335E、HRBF400E、HRBF500E 钢筋,其强度和最大力下总伸长率的实测值应符合以下要求。

(1)钢筋的抗拉强度实测值与屈服强度实测值的比值不应小于 1.25。

(2)钢筋的屈服强度实测值与屈服强度标准值的比值不应大于 1.30。

(3)钢筋的最大力下总伸长率不应小于 9%。

例题:有两根直径 18 mm 热轧光圆钢筋,公称横截面面积为 254.5 mm^2。原始标距为 90 mm,拉伸试验结果是:屈服荷载 $F_{eL1} = 64.3$ kN、$F_{eL2} = 65.6$ kN,极限荷载 $F_{m1} = 109.8$ kN,$F_{m2} = 112.5$ kN,断后标距长度分别为 $L_{u-1} = 114.00$ mm、$L_{u-2} = 115.00$ mm,计算钢筋的屈服强度 R_{eL}、抗拉强度 R_m、伸长率 A。(要求列出公式、计算过程)。

【岗位业务训练表单】

钢筋试验委托单

(取送样见证人签章)

委托日期：＿＿＿＿年＿＿月＿＿日

委托单位：＿＿＿＿＿＿＿＿＿＿＿

施工单位：＿＿＿＿＿＿＿＿＿＿＿

见证单位：＿＿＿＿＿＿＿＿＿＿＿

使用部位：＿＿＿＿＿＿＿＿＿＿＿

规格：＿＿＿＿＿＿＿＿＿＿＿＿＿

炉号：＿＿＿＿＿＿＿＿＿＿　生产厂家：＿＿＿＿＿　经销单位：＿＿＿＿＿＿＿

试验编号：＿＿＿＿＿＿＿＿＿＿＿

委托编号：＿＿＿＿＿＿＿＿＿＿＿

工程名称：＿＿＿＿＿＿＿＿＿＿＿

建设单位：＿＿＿＿＿＿＿＿＿＿＿

抗震等级：＿＿＿＿＿＿＿＿＿＿＿

钢筋牌号：＿＿＿＿＿＿＿＿＿＿＿

进场数量：＿＿＿＿＿＿（t）

样品状态描述：＿＿＿＿＿＿＿＿　（未加工调直、无延伸调直）　□符合　□不符合

初复检标记：□初　检	□复　检	初检试验单号：＿＿＿＿＿
检验项目：□拉　伸	□弯　曲	□其他项目：＿＿＿＿＿
执行标准：□GB/T 1499.1—2017	□GB/T 1499.2—2018	□GB/T 13788—2017
□其他标准：＿＿＿＿＿＿＿＿＿＿＿＿		

送样人：　　　　电话：　　　　收样人：　　　　　　年　月　日

码 5-1 为钢筋试验原始记录举例,码 5-2 为钢筋试验报告举例。

码 5-1　钢筋
试验原始记录
举例

码 5-2　钢筋
试验报告举例

项目五
巩固练习题

项目六　墙体材料及其应用

【能力目标】　能识别砌墙砖和建筑砌块的种类；根据砖和砌块的相关标准，掌握材料性能、技术性质及适用范围，能够科学合理地选择并正确使用；根据标准能正确对砖和砌块等墙体材料进行进场验收、取样送检、外观检验工作；通过查标准能对砖和砌块进行合格性判定；能根据实验检测结果评价墙体材料质量。

【知识目标】　了解墙体材料的品种与发展情况；熟悉砌墙砖和建筑砌块的基本概念；掌握烧结砖和非烧结砖的品种、规格、技术标准与应用；掌握建筑砌块的品种、规格、技术标准与应用。

【素质目标】　具有从事本行业应具备的墙体材料的相关理论知识和技能水平；具备运用现行标准分析问题和解决问题的能力；具备团队协作能力和吃苦耐劳的精神。

墙体材料在整个建筑工程中主要起承重、传递重力、围护和隔断等作用。在房屋建筑中，墙体约占整个建筑物质量的1/2，用工量和造价约占1/3，因此，合理选用墙体材料，对建筑物的自重、功能、节能及降低造价等方面均有十分重要的意义。

随着社会发展，建筑结构形式也在不断发展，尤其是高层框架结构发展迅速，因此对墙体材料的要求也在不断更新中。传统的墙体材料（如烧结普通黏土砖）由于其块体小、施工效率低、毁坏耕地、污染环境，已经不适应现代建筑的需要。为保护耕地、节约能源、改善环境、实施可持续发展战略、稳步推进碳达峰及碳中和，同时为提高建筑工程质量和改善建筑功能，推广应用向轻质、高强、大块方向发展，实现机械化、装配化施工的新型墙体材料是大势所趋。

任务6.1　砌　墙　砖

任务描述

1. 岗位业务训练：对某承重墙用烧结空心砖进行取样和送检工作，并依据标准填写砖检验委托单，能对烧结空心砖进行相关项目试验。

2. 请对"砖检验委托单""烧结空心砖检测报告"进行解读。

砌墙砖的种类很多,按所用原材料分为黏土砖、页岩砖、煤矸石砖、粉煤灰砖、灰砂砖和炉渣砖等;按生产工艺可分为烧结砖和非烧结砖,其中非烧结砖又可分为压制砖、蒸养砖和蒸压砖等;按构造及孔洞率可分为普通砖、多孔砖、空心砖等。

烧结砖:凡以黏土、页岩、煤矸石或粉煤灰为原料,经成型和高温焙烧而制得的用于砌筑承重和非承重墙体的砖统称为烧结砖。烧结砖根据孔洞率的大小分为烧结普通转、烧结多孔砖和烧结空心砖。

6.1.1 烧结普通砖

1.烧结普通砖定义(《烧结普通砖》(GB/T 5101—2017))

烧结普通砖(fired common bricks):以黏土、页岩、煤矸石、粉煤灰、建筑渣土、淤泥(江河湖淤泥)、污泥等为主要原料,经焙烧而成主要用于建筑物承重部位的普通砖。

2.烧结普通砖的种类

(1)按主要原料分类。

烧结普通砖按主要原料分为黏土砖(N)、页岩砖(Y)、煤矸石砖(M)、粉煤灰砖(F)、建筑渣土砖(Z)、淤泥砖(U)、污泥砖(W)和固体废弃物砖(G)。

工业废料(如粉煤灰、煤矸石等)或页岩、建筑渣土砖、淤泥、污泥、固体废弃物等地方性材料用作制砖的原料。它们的化学成分与黏土相近,烧结原理也相似,用这些材料制砖,不仅可节约黏土原料,而且可充分利用工业废料,减少环境污染,降低成本,是墙体材料改革的方向之一。

(2)按燃料分类。

烧结普通砖按燃料可分为内燃砖和外燃砖。内燃砖:为了节约燃料,常将炉渣等含可燃物的工业废渣或农业废物(稻壳、麦秆)作为内燃料掺入黏土中,用以烧制而成的砖。不仅可节省煤、黏土原料,而且体积密度小、保温隔热性好、强度高;同时可以处理工业废渣和农业废物。

(3)按焙烧气氛分类。

红砖:氧化气氛,铁的氧化物是 Fe_2O_3,砖呈淡红色。

青砖:还原气氛,铁的氧化物是 FeO 或 Fe_3O_4,砖呈青灰色(燃料消耗多)。

青砖比红砖结实耐久,但价格较红砖高。

(4)按焙烧温度分类。

过火砖:颜色深、声清脆、孔隙率小、强度高、变形大、导热性强,保温隔热性差。

欠火砖:颜色浅、声哑、孔隙率大,保温隔热性好,强度低,耐久性差。

3.烧结普通砖的等级、规格和标注

(1)规格。

烧结普通砖的外形为直角六面体,其公称尺寸为:长 240 mm、宽 115 mm、高 53 mm(图 6-1)。常用配砖规格:175 mm×115 mm×53 mm,其他配砖规格由供需双方协商确定。

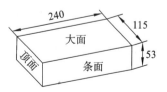

图 6-1 烧结普通砖示意图(单位:mm)

若考虑砖之间 10 mm 厚的砌筑灰缝,则 4 块砖长、8 块砖宽、16 块砖厚均为 1 m。1 m³ 的砖砌体需砖数为:4×8×16 = 512(块)。

(2)强度等级。

烧结普通砖分为 MU30、MU25、MU20、MU15、MU10 五个强度等级。

(3)产品标记。

砖的产品标记按产品名称的英文缩写、类别、强度等级和标准编号顺序编写。

示例:烧结普通砖,强度等级 MU15 的黏土砖,其标记为 FCB N MU15 GB/T 5101。

4. 烧结普通砖的技术要求

(1)尺寸偏差和外观质量要符合标准规定。

(2)强度等级。烧结普通砖强度等级评定方法:通过取 10 块砖试样进行抗压强度试验,计算抗压强度平均值($\overline{f}$)、强度标准值 f_k,按表 6-1 的规定评定砖的强度等级。

表 6-1 烧结普通砖的强度等级

强度等级	抗压强度平均值 $\overline{f}$/MPa,≥	强度标准值 f_k/MPa,≥
MU30	30.0	22.0
MU25	25.0	18.0
MU20	20.0	14.0
MU15	15.0	10.0
MU10	10.0	6.5

样本量 $n=10$ 时强度标准差按式(6-1)计算。

$$S = \sqrt{\frac{10}{9}\sum_{i=1}^{1}(f_i - \overline{f})^2} \tag{6-1}$$

式中:

S——10 块试样的抗压强度标准差(MPa),精确至 0.01 MPa;

f_i——单块试样抗压强度值(MPa),精确至 0.01MPa;

$\overline{f}$——10 块试样的抗压强度平均值(MPa),精确至 0.1 MPa。

样本量 $n=10$ 时的强度标准值 f_k 按式(6-2)计算。

$$f_k = \overline{f} - 1.83S \tag{6-2}$$

(3)抗风化性能。

抗风化性能是烧结普通砖主要的耐久性之一,按划分的风化区采用不同的抗风化指标,风化区用风化指数进行划分。

风化指数大于等于 12700 为严重风化区,风化指数小于 12700 为非严重风化区。严重风化区中的黑龙江省、吉林省、辽宁省、内蒙古自治区、新疆维吾尔自治区的砖必须进行冻融试验,如表 6-2 所示。其他地区的砖的抗风化性能符合表 6-3 的规定时可不进行冻融试验,否则,必须进行冻融试验。淤泥砖、污泥砖、固体废弃物砖应进行冻融试验。

表 6-2　风化区划分

严重风化区		非严重风化区	
黑龙江省		山东省	
吉林省		河南省	福建省
辽宁省		安徽省	台湾省
内蒙古自治区	河北省	江苏省	广东省
新疆维吾尔自治区	北京市	湖北省	广西壮族自治区
宁夏回族自治区	天津市	江西省	海南省
甘肃省	西藏自治区	浙江省	云南省
青海省		四川省	上海市
陕西省		贵州省	重庆市
山西省		湖南省	

表 6-3　抗风化性能

砖种类	严重风化区				非严重风化区			
	5 h 沸煮吸水率/(%),≤		饱和系数,≤		5h 沸煮吸水率/(%),≤		饱和系数,≤	
	平均值	单块最大值	平均值	单块最大值	平均值	单块最大值	平均值	单块最大值
黏土砖	18	20	0.85	0.87	19	20	0.88	0.90
粉煤灰砖	21	23			23	25		
页岩砖	16	18	0.74	0.77	18	20	0.78	0.80
煤矸石砖								

　　冻融试验后,每块砖样不允许出现裂纹、分层、掉皮、缺棱、掉角等冻坏现象;质量损失率不得大于 2%。

　　(4)泛霜。

　　泛霜是可溶盐随着砖内水分蒸发而在砖表面产生的一种盐析现象,一般为白色粉末,常在砖表面形成絮团状斑点。砖泛霜和墙体泛霜如图 6-2 和图 6-3 所示。严重泛霜会破坏建筑结构。标准规定:每块砖不准出现严重泛霜。

图 6-2　砖泛霜

图 6-3　墙体泛霜

（5）石灰爆裂。

石灰爆裂是指砖的坯体中夹杂有石灰石,当砖焙烧时,石灰石分解为生石灰留置于砖中,砖吸水后体内生石灰熟化产生体积膨胀而使砖发生胀裂现象。这种现象影响砖的质量,并降低砌体强度。

标准规定:石灰爆裂应符合规定,即破坏尺寸大于 2 mm 且不大于 10 mm 的爆裂区域,每组砖样不得多于 15 处,其中大于 10 mm 的不得多于 7 处;不准许出现最大破坏尺寸大于 15 mm 的爆裂区域;试验后抗压强度损失不得大于 5 MPa。

（6）欠火砖、酥砖和螺旋纹砖。产品中不准许有欠火砖、酥砖和螺旋纹砖。

（7）放射性核素限量。放射性核素限量应符合 GB 6566 的规定。

5. 检验规则

检验批的构成原则和批量大小按 JC 466 规定。3.5 万～15 万块为一批,不足 3.5 万块按一批计。出厂检验项目为:尺寸偏差（20 块）、外观质量（50 块）、强度等级（10 块）、欠火砖、酥砖和螺旋纹砖（50 块）等。每批出厂产品应进行出厂检验,尺寸偏差、外观质量检验在生产厂内进行。根据检验结果判定为合格或不合格。

6. 运输和贮存

运输时,烧结普通砖产品装卸时要轻拿轻放,避免碰撞摔打。贮存时,产品应按品种和强度等级分别整齐堆放,不得混杂。

7. 应 用

需要指出的是烧结普通砖中的黏土实心砖生产能耗高、砖的自重大、尺寸小、施工效率低、抗震性能差,同时因原料制作工艺,会大量毁坏土地、破坏生态。从节约黏土资源及利用工业废渣等方面考虑,提倡大力发展非黏土砖。因此国家规定从 2003 年 6 月 30 日起,全国 170 个大、中城市禁止使用土黏土实心砖,大力推广新型墙体材料和节能建筑。

6.1.2　烧结多孔砖和多孔砌块

重视烧结多孔砖、烧结空心砖的推广应用,因地制宜地发展新型墙体材料。

1. 定义、分类、规格及标记（《烧结多孔砖和多孔砌块》（GB 13544—2011））

（1）烧结多孔砖和多孔砌块定义。

烧结多孔砖是以黏土、页岩、煤矸石、粉煤灰、淤泥（江河湖淤泥）及其他固体废弃物等为主要原料,经焙烧制成主要用于建筑物承重部位的多孔砖（和多孔砌块）,如图 6-4 所示。

烧结多孔砌块是以黏土、页岩、煤矸石、粉煤灰、淤泥（江河湖淤泥）及其他固体废弃物等为主要原料,经焙烧而成,孔洞率大于或等于 33%,孔的尺寸小而数量多的砌块。主要用于承重部位。

（2）产品分类。

按主要原料分为黏土砖和黏土砌块（N）、页岩砖和页岩砌块（Y）、煤矸石砖和煤矸石砌块（M）、粉煤灰砖和粉煤灰砌块（F）、淤泥砖和淤泥砌块（U）、固体废弃物砖和固体废弃物砌块（G）。

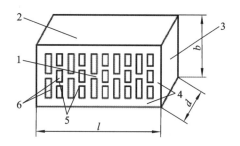

图 6-4　烧结多孔砖示意图

1—大面(坐浆面);2—条面;3—顶面;4—外壁;5—肋;6—孔洞;

l—长度;b—宽度;d—高度

（3）规格。

多孔砖的外形一般为直角六面体,如图 6-5 所示。其规格尺寸一般为:290 mm、240 mm、190 mm、180 mm、140 mm、115 mm、90 mm。

砌块规格尺寸:490 mm、440 mm、390 mm、340 mm、290 mm、240 mm、190 mm、180 mm、140 mm、115 mm、90 mm。其他规格尺寸由供需双方协商确定。

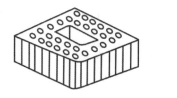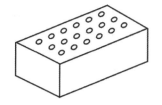

图 6-5　烧结多孔砖常见规格示意图

（4）等级。

①强度等级。根据抗压强度分为 MU30、MU25、MU20、MU15、MU10 五个强度等级,如表 6-4 所示。

表 6-4　烧结多孔砖的强度等级

强度等级	抗压强度平均值 $\bar{f}$/MPa,≥	强度标准值 f_k/MPa,≥
MU30	30.0	22.0
MU25	25.0	18.0
MU20	20.0	14.0
MU15	15.0	10.0
MU10	10.0	6.5

②密度等级。烧结多孔砖的密度等级分为 1000、1100、1200、1300 四个等级。砌块的密度等级分为 900、1000、1100、1200 四个等级。

（5）产品标记。

烧结多孔砖产品标记按产品名称、品种、规格、强度等级、密度等级和标准编号的顺序编写。

例如,规格尺寸为 290 mm×140 mm×90 mm、强度等级为 MU25、密度为 1200 级的黏土烧结多孔砖标记为:烧结多孔砖 N 290×140×90 MU25 1200 GB 13544—2011。

2. 技术要求

烧结多孔砖和多孔砌块的技术要求主要有:尺寸允许偏差,外观质量,密度等级,强度等级,孔型、孔结构及孔洞率,抗风化性能,泛霜和石灰爆裂等。

3. 检验规则

检验批的构成原则和批量大小按 JC 466 规定。3.5 万～15 万块为一批,不足 3.5 万块按一批计。

出厂检验项目为:尺寸允许偏差,外观质量,孔形、孔结构及孔洞率,密度等级和强度等级。根据检验结果判定为合格或不合格。

4. 运输和贮存

产品在运输装卸时,要轻拿轻放,严禁碰撞、扔摔,禁止翻斗倾卸。产品存放时,应按品种、规格、颜色分类整齐存放,不得混杂。

6.1.3 烧结空心砖和空心砌块

1. 定义、分类、规格及标记(《烧结空心砖和空心砌块》(GB/T 13545—2014))

(1)烧结空心砖和空心砌块定义。

烧结空心砖和空心砌块是指以黏土、页岩、煤矸石、粉煤灰、淤泥(江河湖等淤泥)、建筑渣土及其他固体废弃物为主要原料,经焙烧而成,主要用于建筑物非承重部位的空心砖和空心砌块。

(2)分类。

按主要原料分为黏土空心砖和空心砌块(N)、页岩空心砖和空心砌块(Y)、煤矸石空心砖和空心砌块(M)、粉煤灰空心砖和空心砌块(F)、淤泥空心砖和空心砌块(U)、建筑渣土空心砖和空心砌块(Z)、其他固体废弃物空心砖和空心砌块(G)。

(3)规格。

①空心砖和空心砌块的外形为直角六面体(图 6-6),混水墙用空心砖和空心砌块,应在大面和条面上设有均匀分布的粉刷槽或类似结构,深度不小于 2 mm。

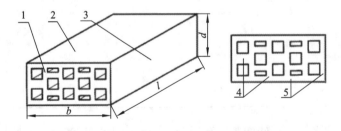

图 6-6 烧结空心砖和空心砌块示意图

1—顶面;2—大面;3—条面;4—肋;5—壁;l—长度;b—宽度;d—高度

②空心砖和砌块的长度、宽度、高度尺寸一般如下。其他规格尺寸由供需双方协商确定。

长度规格尺寸：390 mm、290 mm、240 mm、190 mm、180（175）mm、140 mm、115 mm、90 mm。

宽度规格尺寸：190 mm、180（175）mm、140 mm、115 mm。

高度规格尺寸：180（175）mm、140 mm、115 mm、90 mm。

（4）等级。

①强度等级。按抗压强度分为 MU10.0、MU7.5、MU5.0、MU3.5 四个强度等级，如表 6-5 所示。

②密度等级。按体积密度分为 800 级、900 级、1000 级、1100 级四个等级。

表 6-5　烧结空心砖和空心砌块的强度等级

强度等级	抗压强度/MPa		
	抗压强度平均值 $\bar{f}$，$\geqslant$	变异系数 $\delta \leqslant 0.21$	变异系数 $\delta > 0.21$
		强度标准值 f_k，$\geqslant$	单块最小抗压强度值 f_{min}，$\geqslant$
MU10.0	10.0	7.0	8.0
MU7.5	7.5	5.0	5.8
MU5.0	5.0	3.5	4.0
MU3.5	3.5	2.5	2.8

（5）产品标记。

空心砖和空心砌块的产品标记按产品名称、类别、规格（长度×宽度×高度）、密度等级、强度等级和标准编号顺序编写。

示例：规格尺寸 290 mm×190 mm×90 mm，密度等级 800，强度等级 MU7.5 的页岩空心砖，其标记为：烧结空心砖 Y（290×190×90）800 MU7.5 GB 13545—2014。

（6）应用。

空心砖轻质、强度低、绝热性好，主要用于非承重的填充墙和隔墙，如多层建筑内隔墙或框架结构的填充墙等。

2. 技术要求

烧结空心砖和空心砌块的技术要求主要有：尺寸允许偏差、外观质量、密度等级、强度等级、孔洞排列及其结构、泛霜、石灰爆裂、抗风化性能、欠火砖和酥砖、放射性核素限量等。

3. 检验规则

检验批的构成原则和批量大小按 JC 466 规定。3.5 万～15 万块为一批，不足 3.5 万块按一批计。出厂检验项目为：尺寸允许偏差，外观质量，孔形、孔结构及孔洞率，密度等级和强度等级。根据检验结果判定为合格或不合格。

4. 运输和贮存

产品在运输装卸时，要轻拿轻放、严禁碰撞摔打。贮存时，产品应按类别、规格、强度等级、密度等级分别整齐堆放，不得混杂。

烧结空心砖和空心砌块主要用于非承重墙体，如框架结构填充墙、非承重内隔墙。与烧结普通砖相比，经济效果显著。

【岗位业务训练表单】

砖检验委托单

委托单位		送样人	
工程名称		联系电话	
见证单位		见证人	
施工单位		使用部位	
检验类别	□委托检验　□复验　□见证取样　□抽样检验　抽样人:		
检验项目	□抗压强度　□抗折强度　□干密度 □其他(　　　　　　　　　　)		
材料类别 检验依据	□烧结普通砖:GB/T 5101—2017 □烧结多孔砖和多孔砌块:GB 13544—2011 □烧结空心砖和空心砌块:GB/T 13545—2014 □蒸压灰砂实心砖和实心砌块:GB/T 11945—2019 □蒸压粉煤灰砖:JC/T 239—2014 □(　　　　　　　　　　　　　　　　)		

生产厂牌	样品规格	样品等级	代表数量	送检数量

送样人		样品状态	
收样人		收样日期	
备注			

说明:1. 收样人和送样人应对样品的代表性负责;

2. 本委托单一经双方签字即生效,单方违约应对违约造成的后果承担责任;

3. 本委托单无见证签字无效;

4. 委托方应及时领取报告,逾期 60 天不取视为主动放弃报告。

烧结空心砖检测报告

委托日期:2020 年　6　月　19　日　　　　　　试验编号:　KXZ—2020—0001

报告日期:2020 年　7　月　17　日　　　　　试件编号:　　　　0001　　　　

委托单位:　＊＊＊建筑工程公司　　　　　建设单位:　＊＊＊建筑有限公司

砖的种类:　烧结空心砖(页岩砖 Y)　　　工程名称:　　　　＊＊＊＊

使用部位:　主体砌筑　　　　　　　　　产地或厂名:＊＊＊＊建材有限公司

出厂强度等级、品等:　MU5.0　　　　　进厂数量:　　　15　(万块)

产品合格证编号:　　＊＊＊　　　　　　规格:　240 mm×115 mm×195 mm

见证单位:　＊＊＊监理有限公司　　　　见证人:　＊＊＊　　　送样人:　＊＊＊

抗压强度/MPa				序号	吸水率/(%)	耐久性能		泛霜(有无起粉、掉屑、脱皮)	石灰爆裂	密度/(kg/m³)
						抗冻性				
序号	取值	序号	取值			冻融后外观状态	单块干质量损失/(%)			
1	5.71	6	5.39	1	＊＊	完好	＊＊	轻微	大面 3mm 一处	830
2	4.82	7	5.12	2	＊＊	完好	＊＊	轻微	无	842
3	5.25	8	4.18	3	＊＊	完好	＊＊	轻微	条面 3mm 一处	851
4	5.63	9	6.12	4	＊＊	完好	＊＊	轻微	大面 2mm 一处 小面 2mm 一处	848
5	4.54	10	5.08	5	＊＊	完好	＊＊	轻微	无	840
评定	$\bar{f}=5.18$　$f_{min}=$＊＊ $f_k=4.15$　$\delta=0.11$			评定	＊＊	合格		合格	合格	842

结论:所检项目符合 GB/T 13545—2014 中烧结空心砖 MU5.0 技术要求。

单位工程技术负责人使用意见:

检测单位:　　　　　批准:　　　　　审核:　　　　　试验:

6.1.4　非烧结砖

非烧结砖是指不经焙烧而制成的砖。

非烧结砖是以含钙材料(石灰、电石渣等)和含硅材料(砂、粉煤灰、煤矸石、灰渣、炉渣等)与水拌和,经压制成型,在自然条件下或人工热合成条件下(常压或高压蒸汽养护)反应生成以水化硅酸钙、水化铝酸钙为主要胶结材料的硅酸盐建筑制品,又称免烧砖。根据所用原料不同可分为蒸压灰砂砖、蒸压粉煤灰砖、蒸压炉渣砖等。

1. 蒸压灰砂实心砖和实心砌块 (《蒸压灰砂实心砖和实心砌块》(GB/T 11945—2019))

（1）定义。

蒸压灰砂实心砖是以石灰和砂为主要原料,经磨细、混合搅拌、陈化(熟化)、压制成型和蒸压养护制成。一般石灰占 10%～20%,砂占 80%～90%。

大型蒸压灰砂实心砌块:空心率小于 15%,长度不小于 500 mm 或高度不小于 300 mm 的蒸压灰砂砌块。

（2）分类。

蒸压灰砂实心砖(代号 LSSB)、蒸压灰砂实心砌块(代号 LSSU)、大型蒸压灰砂实心砌块(代号 LLSS),应考虑工程应用砌筑灰缝的宽度和厚度要求,由供需双方协商后,在订货合约中确定其标示尺寸。颜色分为本色(N)和彩色(C)两类。

蒸压灰砂实心砖按抗压强度分为 MU30、MU25、MU20、MU15、MU10 五个强度等级。

（3）标记。

按产品代号、颜色、等级、规格尺寸和标准编号的顺序进行标记。

示例:规格尺寸 240 mm×115 mm×53 mm,强度等级 MU15 的本色实心砖(标准砖),其标记为:LSSB-N MU15 240×115×53 GB/T 11945—2019。

（4）应用时注意:灰砂砖产品不应用于长期受热 200 ℃以上,受急冷急热和有酸性介质侵蚀的建筑部位。当开孔方向与使用承载方向一致时,其孔洞率不宜超过 10%。

2. 混凝土实心砖(《混凝土实心砖》(GB/T 21144—2007))

（1）混凝土实心砖是以水泥、骨料,以及根据需要加入的掺合料、外加剂等,经加水搅拌、成型、养护制成的混凝土实心砖。

（2）规格和等级。

混凝土实心砖主要规格尺寸为 240 mm×115 mm×53 mm,其他规格由供需双方协商确定。

混凝土实心砖密度等级分为 A 级(≥2100 kg/m³)、B 级(1681～2100 kg/m³)和 C 级(≤1680 kg/m³)三个等级。

混凝土实心砖按抗压强度分为 MU40、MU35、MU30、MU25、MU20、MU15 六个强度等级。

（3）代号和标记。

混凝土实心砖的代号为 SCB。

产品按下列顺序进行标记:代号、规格尺寸、强度等级、密度等级和标准编号。

标记示例:规格为 240 mm×115 mm×53 mm、抗压强度等级 MU25、密度等级为 B级、合格的混凝土实心砖标为 SCB 240×115×53 MU25 B GB/T 21144—2007。

（4）检验要求。

主要检验要求包括尺寸偏差、外观质量、密度等级、强度等级、最大吸水率、干缩收缩率和相对含水率、抗冻性、碳化系数和软化系数。试验方法详见相关标准要求。

任务6.2 砌 块

任务描述

1. 岗位业务训练:某住宅工程用墙体材料为蒸压加气混凝土砌块,请依据标准对蒸压加气混凝土砌块进行取样和送检工作,填写砌块试验委托单,并对"蒸压加气混凝土砌块检测报告"进行解读。

2. 请指出轻集料混凝土小型空心砌块标记"LB2 800 MU3.5 GB/T 15229—2011"中各要素的含义。

砌块为规格尺寸比砖大的人造块材,建筑砌块是我国大力推广应用的新型墙体材料之一,品种规格很多。它原材料丰富、制作简单、施工效率较高,且适用性强。

砌块按尺寸和质量的不同分为小型砌块、中型砌块和大型砌块。砌块系列中主规格的高度大于 115 mm 而小于 380 mm 的称作小型砌块,高度为 380～980 mm 的称为中型砌块,高度大于 980 mm 的称为大型砌块。实际工程以中小型砌块居多。

砌块按外观形状可以分为实心砌块和空心砌块。空心率小于 25% 或无孔洞的砌块为实心砌块;空心率不小于 25% 的砌块为空心砌块。

空心砌块有单排方孔、单排圆孔和多排扁孔三种形式,其中多排扁孔对保温较有利。按砌块在组砌中的位置与作用可以分为主砌块和各种辅助砌块。

根据材料不同,常用的砌块主要有混凝土空心砌块(包括小型砌块和中型砌块两类)、蒸压加气混凝土砌块、轻集料混凝土砌块、粉煤灰砌块、煤矸石空心砌块、石膏砌块、菱镁砌块、大孔混凝土砌块等。其中目前应用较多的是混凝土小型空心砌块、蒸压加气混凝土砌块、粉煤灰硅酸盐砌块和石膏砌块。

6.2.1 粉煤灰砌块和粉煤灰小型空心砌块

粉煤灰砌块又称为粉煤灰硅酸盐砌块,是以粉煤灰、石灰、石膏和骨料,经加水搅拌、振动成型、蒸汽养护而制成的实心砌块。粉煤灰砌块的主规格尺寸为 880 mm×380 mm×240 mm,880 mm×430 mm×240 mm,其外观形状如图 6-7 所示,根据外观质量和尺寸偏差可分为一等品(B)和合格品(C)两种。砌块的抗压强度、碳化后强度、抗冻性能应符合《粉煤灰混凝土小型空心砌块》(JC/T 862—2008)的规定。

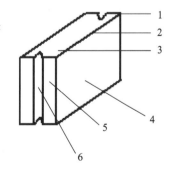

图 6-7 粉煤灰砌块各部位的名称
1—角;2—棱;3—坐浆面;4—侧面;
5—端面;6—灌浆槽

粉煤灰小型空心砌块是指以水泥、粉煤灰、各种轻重骨料为主要材料,也可加入外加剂,经配料、搅拌、成型、养护制成的空心砌块。根据 JC/T 862 的标准要求,按照孔的排数可分为单排孔(1)、双排孔(2)、多排孔(D);按尺寸偏差、外观质量、碳化系数可分为优等品、一等品和合格品三个等级;按平均强度和最小强度可分为 2.5、3.5、5.0、7.5、10.0、15.0 六个强度等级;优等品、一等品和合格品的碳化系数分别不小于 0.80、0.75 和 0.70;其软化系数应不小于 0.75,干燥收缩率不大于 0.060%。其施工应用与普通混凝土小型空心砌块类似。

6.2.2　蒸压加气混凝土砌块

以下内容参考《蒸压加气混凝土砌块》(GB/T 11968—2020)。

蒸压加气混凝土:以硅质材料和钙质材料为主要材料,掺加发气剂及其他调节材料,通过配料浇筑、发气静停、切割、蒸压养护等工艺制成的多孔轻质硅酸盐建筑制品。代号为 AAC。

蒸压加气混凝土砌块:蒸压加气混凝土中用于墙体砌筑的矩形块材,代号为 AAC-B。

1. 分类

(1)砌块按尺寸偏差分为Ⅰ型和Ⅱ型。Ⅰ型适用于薄灰缝砌筑,Ⅱ型适用于厚灰缝砌筑。

(2)按抗压强度分为 A1.5、A2.0、A2.5、A3.5、A5.0 共五个级别,A1.5、A2.0 适用于建筑保温。

(3)按干密度分为 B03、B04、B05、B06、B07 共五个级别。B03、B04 适用于建筑保温。

2. 规格尺寸

蒸压加气混凝土砌块的规格尺寸很多,长度一般为 600 mm,宽度有 100 mm、125 mm、150 mm、200 mm、250 mm、300 mm、120 mm、180 mm、240 mm 九种规格,高度有 200 mm、240 mm、250 mm、300 mm 四种规格。但在实际应用中,尺寸可根据需要进行生产。

3. 产品标记

产品以蒸压加气混凝土砌块代号 AAC-B、强度和干密度分级、规格尺寸和标准编号进行标记。示例:"AAC-B A3.5 B05 600×200×250(Ⅰ)GB/T 11968"表示抗压强度为A3.5、干密度为 B05、规格尺寸为 600 mm×200 mm×250 mm 的蒸压加气混凝土Ⅰ型砌块。

4. 要求

(1)尺寸允许偏差应符合表 6-6 的规定。

表 6-6　尺寸允许偏差

项　　目	Ⅰ 型	Ⅱ 型
长度 L	±3	±4
宽度 B	±1	±2
高度 H	±1	±2

（2）外观质量应符合表 6-7 的规定。

表 6-7 外观质量

项 目		Ⅰ型	Ⅱ型
缺棱掉角	最小尺寸/mm，≤	10	30
	最大尺寸/mm，≤	20	70
	三个方向尺寸不大于 120mm 的掉角个数/个，≤	0	2
裂纹长度	裂纹长度/mm，≤	0	70
	任意面不大于 70 mm 裂纹条数/条，≤	0	1
	每块裂纹总数/条，≤	0	2
损坏深度/mm，≤		0	10
表面疏松、分层、表面油污		无	无
平面弯曲/mm，≤		1	2
直角度/mm，≤		1	2

（3）抗压强度和干密度应符合表 6-8 的规定。

表 6-8 抗压强度和干密度要求

强度级别	抗压强度/MPa		干密度级别	平均干密度/(kg/m³)
	平均值	最小值		
A1.5	≥1.5	≥1.2	B03	≤350
A2.0	≥2.0	≥1.7	B04	≤450
A2.5	≥2.5	≥2.1	B04	≤450
			B05	≤550
A3.5	≥3.5	≥3.0	B04	≤450
			B05	≤550
			B06	≤650
A5.0	≥5.0	≥4.2	B05	≤550
			B06	≤650
			B07	≤750

（4）干燥收缩值应不大于 0.5 mm/m。

（5）应用于墙体的抗冻性应符合表 6-9 的规定。

表 6-9 抗冻性

强度级别		A2.5	A3.5	A5.0
抗冻性	冻后质量平均值损失/(%)		≤5.0	
	冻后强度平均值损失/(%)		≤20	

（6）导热系数应符合表 6-10 的规定。

表 6-10　导热系数

干密度级别	B03	B04	B05	B06	B07
导热系数(干态)/(W/(m·K)),≤	0.10	0.12	0.14	0.16	0.18

5. 检验项目

检验项目包含尺寸允许偏差、外观质量、抗压强度和干密度、干燥收缩、抗冻性和导热系数。

蒸压加气混凝土砌块质量轻,保温性能好,吸声效果好,且具有一定的强度和可加工性,作为围护结构的填充和保温材料,被广泛地应用于建筑中。主要用于建筑物的外填充墙和非承重内隔墙,也可与其他材料组合成为具有保温隔热功能的复合墙,但不宜用于最外层。

6.2.3　轻集料混凝土小型空心砌块

以下内容参考《轻集料混凝土小型空心砌块》(GB/T 15229—2011)。

1. 定义

轻集料混凝土:用轻粗集料、轻砂(或普通砂)、水泥和水等原材料配制而成的表观密度不大于 1950 kg/m³ 的混凝土。

轻集料混凝土小型空心砌块:用轻集料混凝土制成的小型空心砌块。

轻集料混凝土小型空心砌块具有自重轻、保温性能好、抗震性能好、防火及隔声性能好等特点。轻集料混凝土小型空心砌块适用于多层或高层的非承重及承重保温墙、框架填充墙及隔墙。

2. 分类

（1）类别:按排孔数分为单排孔砌块、双排孔砌块、三排孔砌块及四排孔砌块四类。

（2）主规格与普通混凝土小型空心砌块相同,为 390 mm×190 mm×190 mm,为满足一般多层住宅建筑需要,其块型通常有 7～12 种。

（3）砌块密度等级:700 级、800 级、900 级、1000 级、1100 级、1200 级、1300 级和 1400 级八个等级。砌块强度等级:2.5、3.5、5.0、7.5、10.0 五个等级。轻集料混凝土小型空心砌块的强度等级如表 6-11 所示。

表 6-11　轻集料混凝土小型空心砌块强度等级

强度等级	抗压强度/MPa		密度等级范围/(kg/m³)
	平均值	最小值	
2.5	≥2.5	≥2.0	≤800
3.5	≥3.5	≥2.8	≤1000
5.0	≥5.0	≥4.0	≤1200

强度等级	抗压强度/MPa		密度等级范围/(kg/m³)
	平均值	最小值	
7.5	≥7.5	≥6.0	≤1200 ≤1300
10.0	≥10.0	≥8.0	≤1200 ≤1400

（4）标记：轻集料混凝土小型空心砌块（LB）按代号、类别（孔的排数）、密度等级、强度等级、标准编号的顺序进行标记。

示例：符合 GB/T 15229、双排孔、800 密度等级、3.5 强度等级的轻集料混凝土小型空心砌块标记为 LB 2 800 MU3.5 GB/T 15229—2011。

3. 检验规则

（1）检验分类。按检验类型分出厂检验和型式检验。

出厂检验项目包括尺寸偏差、外观质量、密度、强度、吸水率和相对含水率。

型式检验项目包括标准 GB/T 15229—2011 第 6 章规定的全部项目，放射性核素试验在新产品投产和产品定型鉴定时进行。

（2）组批规则。砌块按密度等级和强度等级分批验收。以同一品种轻集料和水泥按同一工艺制成的相同密度等级和强度等级的 300 m³ 砌块为一批，不足 300 m³ 者亦按一批计。

（3）抽样。尺寸偏差、外观质量（32 块），强度（5 块），密度、吸水率和相对含水率（3 块），干燥收缩率（3 块），抗冻性（10 块），软化系数（10 块）和碳化系数（12 块），放射性（2 块）。

（4）判定规则。尺寸偏差、外观质量检验的 32 个砌块中不合格品数少于 7 块，判定该批产品尺寸偏差、外观质量合格；当所有结果均符合标准 GB/T 15229—2011 第 6 章各项技术要求时，则判定该批产品合格。

4. 产品出厂

砌块应在厂内养护 28 d 后方可出厂。砌块出厂前应进行检验，符合标准 GB/T 15229—2011 规定方可出厂。

5. 产品合格证、贮存和运输

（1）产品合格证：砌块出厂时，生产厂家应提供产品质量合格证书。

（2）贮存和运输：砌块应按类别、密度等级和强度等级分批堆放；砌块装卸时，严禁碰撞、扔摔，应轻码轻放，禁止翻斗车倾卸；砌块在堆放和运输时应有防雨、防潮和排水措施。

6.2.4　普通混凝土小型空心砌块

1. 定义

普通混凝土小型空心砌块是以水泥、矿物掺合料、砂、石、水等为原材料，经搅拌并振动成型、养护等工艺制成的小型砌块，包括空心砌块和实心砌块。该砌块是当前建筑的主要墙体材料之一。

主块型砌块:外形为直角六面体,长度尺寸为 400 mm 减砌筑时竖灰缝厚度,砌块高度尺寸为 200 mm 减砌筑时水平灰缝厚度,条面是封闭完好的砌块。

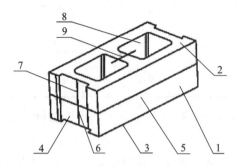

图 6-8　砌块各部位的名称

1—条面;2—坐浆面(肋厚较小的面);
3—铺浆面(肋厚较大的面);4—顶面;
5—长度;6—宽度;7—高度;8—壁;9—肋

辅助砌块:与主块型砌块配套使用的、具有特殊形状与尺寸的砌块,分为空心和实心两种,包括各种异形砌块,如圈梁砌块、一端开口的砌块、七分头块、半块等。

2. 形状、规格

根据《普通混凝土小型空心砌块》(GB/T 8239—2014),砌块的外形宜为直角六面体。常用块型的规格尺寸:长 390 mm;宽 90 mm、120 mm、140 mm、190 mm、240 mm、290 mm;高 90 mm、140 mm、190 mm。混凝土砌块各部位的名称如图 6-8 所示,其中主规格尺寸为 390 mm×190 mm×190 mm。

3. 种类

砌块按空心率分为空心砌块(空心率不小于 25%,代号为 H)和实心砌块(空心率小于 25%,代号为 S)。

砌块按使用时砌筑墙体的结构和受力情况,分为承重结构用砌块(代号为 L,简称承重砌块)、非承重结构用砌块(代号为 N,简称非承重砌块)。

常用的辅助砌块代号:半块——50,七分头块——70,圈梁块——U,清扫孔块——W。

4. 等级

按砌块的抗压强度分级如表 6-12 所示。各强度等级应符合表 6-13 的规定。

表 6-12　砌块的强度等级

砌块种类	承重砌块(L)	非承重砌块(N)
空心砌块(H)	7.5、10.0、15.0、20.0、25.0	5.0、7.5、10.0
实心砌块(S)	15.0、20.0、25.0、30.0、35.0、40.0	15.0、20.0、25.0

表 6-13　混凝土砌块强度等级

强度等级	砌块抗压强度/MPa	
	平均值,不小于	单块最小值,不小于
MU5.0	5.0	4.0
MU7.5	7.5	6.0
MU10.0	10.0	8.0
MU15.0	15.0	12.0
MU20.0	20.0	16.0

强度等级	砌块抗压强度/MPa	
	平均值,不小于	单块最小值,不小于
MU25.0	25.0	20.0
MU30.0	30.0	24.0
MU35.0	35.0	28.0
MU40.0	40.0	32.0

5. 标记

砌块按下列顺序标记:砌块种类、规格尺寸、强度等级(MU)、标准代号。

示例:规格尺寸 390 mm×190 mm×190 mm、强度等级 MU15.0、承重结构用实心砌块,其标记为 LS　390×190×190 MU15.0 GB/T 8239—2014。

6. 组批原则

砌块按规格、种类、龄期和强度等级分批验收。以同一种原材料配制成的相同规格、龄期、强度等级和相同生产工艺生产的 500 m³ 且不超过 3 万块砌块为一批,每周生产不足 500 m³ 且不超过 3 万块砌块按一批计。

7. 产品合格证、堆放和运输

砌块应在养护龄期满 28 天后出厂。砌块出厂时,应提供产品合格证,内容包括:厂名和商标;批量编号和砌块数量(块);产品标记和生产日期;出厂检验报告和有效期内的型式检验报告。

堆放和运输:砌块应按同一标记分别堆放,不得混堆。宜在 10% 以上的砌块上标注标识。砌块在堆放、运输和砌筑过程中,应有防雨水措施;宜采用薄膜包装;砌块装卸时,不应扔摔,应轻码轻放,不应用翻斗倾卸。

【岗位业务训练表单】

砌块试验委托单

(取送样见证人签章)

委托日期:_____ 年 _____ 月 ___ 日　　委托单位:_____

工程名称:_____　　施工单位:_____

建设单位:_____　　见证单位:_____

生产厂家:_____　　使用部位:_____

原品等级:_____　　规格:_____

样品数量:_____ (块)　　代表批量:_____ (万块)

样品状态: □ 符合 □ 不符合 种类:_____

主要检测项目: □ 抗压强度 □ 密度等级 □ 吸水率 □ 抗冻性
其他检测项目: □ □
检测依据: □ GB/T 15229—2011; □ GB/T 8239—2014; □ JC/T 862—2008

送样人: 电话: 收样人: 年 月 日

蒸压加气混凝土砌块检测报告

委托日期:2020 年 3 月 6 日 报告编号:_____AAC-2020-00001_____
报告日期:2020 年 3 月 16 日 试样编号:_____00001_____
委托单位:____××××建筑工程公司____ 建设单位:____××××建筑有限公司____
工程名称:××××车间____ 施工部位:主体_____
种类:____蒸压加气混凝土砌块____ 产地:____××××建材有限公司____
合格证编号:____××××____
强度等级:A7.5 B08 规格:600 mm * 200 mm * 250 mm 进场数量:1万块
送样人:____×××____ 见证单位:××××监理公司____ 见证人:____×××____

抗压强度/MPa			干密度/(kg/m³)		
序号	抗压强度/MPa	评定	序号	干密度/(kg/m³)	平均
1	7.5	$\overline{f}=7.5$ $f_{min}=7.4$	1	801	
2	7.4		2	788	
3	7.7		3	796	
4	7.4	$\overline{f}=7.5$ $f_{min}=7.4$	4	804	
5	7.6		5	776	794
6	7.6		6	795	
7	7.5	$\overline{f}=7.5$ $f_{min}=7.3$	7	791	
8	7.3		8	784	
9	7.7		9	810	

结论:所检项目符合 GB/T 11968—2020 蒸压加气混凝土砌块的相关技术要求。

抗压强度/MPa	干密度/(kg/m³)
单位工程技术负责人使用意见：	

检测单位：　　　　批准：　　　　审核：　　　　试验：

任务6.3　墙用板材

任务描述

1.熟悉墙面板材的种类。了解轻质隔墙条板和大型轻质复合墙板。

2.了解常用几种装配式大型墙板的类型。

6.3.1　概述

以板材为围护墙体的建筑体系具有轻质、节能、施工快捷、开间布景灵活等特点,具有良好的发展前景。种类有承重用的预制混凝土板,质量较轻的石膏板,加气硅酸盐板,植物纤维板,轻质多功能复合板等。

(1)水泥类墙用板材。

水泥类墙用板材以低碱水泥为胶结材料,抗碱玻璃纤维或其网格布为增强材料,膨胀珍珠岩为骨料,并配以发泡剂和防水剂等,经配料、搅拌、浇筑、振动成型,脱水、养护而成。常用于承重墙,主要有预应力混凝土空心墙板、GRC空心轻质墙板。

(2)石膏类墙用板材。

① 纸面石膏板:石膏＋护面纸。

② 石膏纤维板:纤维＋石膏。

③ 石膏空心板:石膏＋轻质板材。

④ 石膏刨花板:石膏＋木质刨花。

(3)植物纤维类石膏板。

① 稻草板:将干燥的稻草热压成密实的板芯,在板芯两侧及四个侧边用胶贴上一层完整的面纸,经加热固化而成。

② 稻壳板:以稻谷和合成树脂为原料经热压而成。

③ 蔗渣板:以蔗渣为原料经热压而成。

④ 麻屑板:由亚麻秆茎＋树脂＋防水剂＋固化剂经热压成型。

(4)复合墙板。

复合墙板主要由承重或传递外力的结构层(多为混凝土或金属板)、保温层及面层(装饰)组成。主要有混凝土夹心板、泰柏墙板、轻型夹心板。

6.3.2　大型预制装配式墙板

在建筑中使用大型预制装配式墙板有利于实现建筑业往建筑工业化、施工机械化方向发展,也是改革传统墙体材料的一个重要方面。

在大型预制装配式墙板建筑中,多采用一间一块的内墙板、外墙板或隔墙板,几种装配式大型墙板的类型如表 6-14 所示。

表 6-14　几种装配式大型墙板的类型

墙板类型	材料	混凝土强度等级	规格	用途
普通混凝土墙板	水泥、砂、石	>C15	一间一块,厚 140 mm	承重内墙板
混凝土空心墙板	水泥、砂、石（或矿渣）	C20	一间一块,厚 150 mm,抽 φ114 孔;厚 140 mm,抽 φ89 孔	内、外墙板
粉煤灰硅酸盐墙板	胶结材料:粉煤灰、生石灰粉、石膏 骨料:硬矿渣、膨胀矿渣	C15 C10	一间一块,厚 140 mm 一间一块,厚 240 mm	承重内墙板 自承重外墙板
加气混凝土夹层墙板（复合材料墙板）	结构层:普通混凝土 保温层:加气混凝土 面层:细石混凝土	C20 C30 C15	厚 100 mm、125 mm 厚 125 mm 厚 25 mm、30 mm	自承重外墙板（一间一块）
轻骨料混凝土墙板	水泥、膨胀矿渣 水泥、膨胀珍珠岩页岩陶粒 水泥、粉煤灰陶粒	>C7.5 C7.5～C10 C15 C10	一间一块,厚 280 mm 一间一块,厚 280 mm 一间一块,厚 160 mm 一间一块,厚 200 mm	自承重外墙板 自承重外墙板 自承重内墙板 自承重外墙板

6.3.3　轻质隔墙条板

轻质隔墙条板是由轻质材料制成的,用作非承重的内隔墙的预制条板,具有轻质、价廉、易施工等特点。通常可制成实心、空心、复合多种形式。

轻质条板按胶结材料可分为石膏类和水泥类。石膏类条板有石膏珍珠岩板、石膏纤维板和耐水增强石膏板等;水泥类条板有玻璃纤维增强水泥(GRC)珍珠岩板,水泥陶粒珍珠岩混凝土板等。

条板规格一般为:长 2500～3500 mm;宽 600 mm;厚 50～120 mm。

各种轻质隔墙板的优缺点比较如表 6-15 所示。

表 6-15　各种轻质隔墙板的优缺点比较

材料类别	材料品种	隔墙板品名	优点	缺点
普通建筑石膏类	普通建筑石膏	普通石膏珍珠岩空心隔墙板、石膏纤维空心隔墙板	1. 质轻、保温、防火性能好； 2. 可加工性好； 3. 使用性能好	1. 强度较低； 2. 耐水性较差
	普通建筑石膏、耐水粉	耐水增强石膏空心隔墙板、耐水石膏陶粒混凝土实心隔墙板	1. 质轻、保温、防火性能好； 2. 可加工性好； 3. 使用性能好； 4. 强度较高； 5. 耐水性较好	1. 成本稍高； 2. 实心板稍重
水泥类	普通水泥	无砂陶粒混凝土实心隔墙板	1. 耐水性好； 2. 隔声性好	1. 双面抹灰量大； 2. 生产效率低； 3. 可加工性差
	硫铝酸盐或铁铝酸盐水泥	GRC 珍珠岩空心隔墙板	1. 强度调节幅度大； 2. 耐水性较好	1. 原材料质量要求较高； 2. 成本较高
	菱镁水泥	菱苦土珍珠岩空心隔墙板	1. 强度较高； 2. 可加工性好	1. 耐水性很差； 2. 长期变形大

　　轻质隔墙条板接缝处易产生裂缝，选用黏结剂时应谨慎。厚度 60mm 及以下的板材宜用于隔声要求不高的卫生间、厨房隔断。

6.3.4　大型轻质复合墙板

　　大型轻质复合墙板是用面层材料、骨架和填充材料复合而成的一种轻质板材，具有质轻保温、施工方便、布局灵活等特点。

1. 轻质龙骨薄板类复合墙板

　　轻质龙骨薄板类复合墙板主要以纸面石膏板和纤维增强水泥板等各种轻质薄板为面层材料，以轻钢龙骨（或木龙骨）为骨架，中间填以保温材料，现场拼装而成的轻质板材，如图 6-9 所示。

　　面层材料除常用纸面石膏板外，还可用玻纤增强水泥板（S-GRC）、纤维增强水泥板（TK 板）、纤维水泥加压板（FC 板）、纤维水泥平板、纤维增强硬石膏压力板（AP 板）等。这些面层材料均具有较好的耐水、防火、隔声性能，且强度较高。常用轻质薄板的主要性能参数如表 6-16 所示。

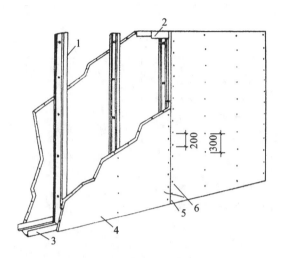

图 6-9　轻钢龙骨纸面石膏隔墙板(单位:mm)

1—竖龙骨;2—沿顶龙骨;3—沿地龙骨;4—石膏板;5—嵌缝;6—自攻螺钉

表 6-16　常用轻质薄板的主要性能参数

材料名称	原材料	表观密度 /(g/cm³)	抗弯强度 /MPa	吸水率 /(%)	耐火极限 /min	隔声量 /dB
纸面石膏板	半水石膏面纸	0.75~0.90		30	10~15	26~28
玻纤增强水泥板(S-GRC 板)	低碱水泥 抗碱玻纤	1.20	6.8~9.8	30~35	—	—
纤维增强水泥板(TK 板)	低碱水泥、中碱 纤维、短石棉	1.66~1.75	9.5~15.0	28~32	47	—
纤维水泥加压板(FC 板)	普通水泥、 天然人造纤维	1.50~1.75	20.0~28.0	17	77	50
纤维水泥平板(埃特利特板)	普通水泥、 矿物纤维	0.90~1.40	8.5~16.0	40~45	75~120	—
纤维增强硬石膏压力板(AP 板)	天然硬石膏、 混合纤维	1.60	25.0~29.0	22~27	—	—
石棉水泥平板	普通水泥、 保温石棉	1.60~1.80	20.0~30.0	22~25	—	—

　　复合墙板的隔声性能、耐火性能均随板的层数增加而改善。

　　纸面石膏板的复合墙板由于石膏板的资源丰富、生产工艺简单、价格较低,且具有调节室内微气候的特殊功能,是目前国内外建筑中使用最多的一种复合墙板。广泛应用于高层住宅、宾馆、办公室的隔墙、贴面墙及曲面墙等。

　　其他薄板类复合墙板则因价格较高、产量较低,主要用于有特殊要求的建筑。如用于耐水、耐火等级要求较高的各类建筑的外墙、内隔墙及曲面墙等。

2. 水泥钢丝网架类复合墙板

水泥钢丝网架类复合墙板是以镀锌细钢丝的焊接网架为骨架,中间填充聚苯乙烯等保温芯材,现场拼装后,二面涂刷聚合物水泥砂浆面层材料而成的一种复合板材,如图6-10所示。它具有轻质、高强、保温、隔声、抗震性能好、耐火性较好的特点,适用于高层建筑的内隔墙、复合保温墙体的外保温层或低层建筑的承重内墙、外墙和楼板、屋面板等。

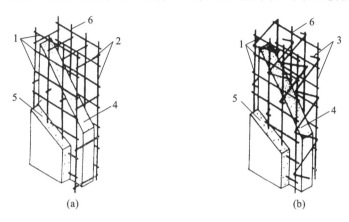

(a)　　　　　　　　　　　　　　　(b)

图 6-10　水泥钢丝网架类复合墙板

(a)矩形桁条夹心板;(b)之字形桁条夹心板

1—横丝;2—矩形桁条;3—之字形桁条;4—轻质芯条;5—水泥砂浆;6—钢丝网架

产品品种有舒乐舍板(以聚苯泡沫板为芯材)、GY板(以岩棉为芯材)、泰柏板(以聚苯泡沫条为芯材)等,其性能指标如表6-17所示。复合墙板的主要规格为 1250 mm×2700 mm×110 mm,按两片钢丝网架的中心间距计算约为 70 mm,两面各铺抹 25 mm 厚聚合物水泥砂浆,板的总厚度为 110 mm。

表 6-17　水泥钢丝网架类复合墙板的主要性能指标

项目名称	单位	性能指标		
		泰柏板	舒乐舍板	GY 板
面密度	kg/m³	＜110	＜110	＜110
中心受压破坏荷载	kN/m	280	300	180～220
横向破坏荷载	kN/m²	1.7	2.7	2.7
热阻值(110 mm 厚)	m²·K/W	0.84	0.879	0.8～1.1
隔声量	dB	45	55	48
耐火极限	h	＞1.3	＞1.3	＞2.5
资料来源		北京亿利达轻体房屋有限公司	山东蓬莱聚氨酯工业公司	北京新型建材总厂

项目六
巩固练习题

项目七　合成高分子材料及其应用

【能力目标】　具备识别合成高分子材料类别的能力；熟悉不同类别建筑塑料、建筑涂料、建筑胶黏剂的特性；具备选用建筑上常用塑料制品、建筑涂料、建筑胶黏剂的能力，能够鉴别合成高分子材料对人类生态环境的影响。

【知识目标】　了解合成高分子化合物的相关概念、命名和分类等基础知识；熟悉建筑塑料、建筑涂料、建筑胶黏剂的组成、分类及常用品种；掌握建筑常用塑料制品、建筑涂料、建筑胶黏剂的性能和应用。

【素质目标】　具有从事本行业应具备的高分子材料的相关理论知识和技能水平；关注合成高分子材料对环境的污染、对生态平衡的破坏带来的影响；具备运用现行检测标准分析问题和解决问题的能力；具备团队协作能力和吃苦耐劳的精神。

任务7.1　合成高分子化合物的基础知识

任 务 描 述

1. 掌握合成高分子化合物的分类和命名。
2. 熟悉两种典型的合成树脂。

7.1.1　合成高分子化合物概述

1. 合成高分子化合物（又称聚合物或高聚物）

由一种或几种低分子化合物聚合而成的相对分子量较高的化合物（也称高聚物），称为高分子化合物。其分子量高达 $10^4 \sim 10^6$。

按照高分子化合物的来源分为天然高分子材料（如淀粉、纤维素、蛋白质、棉花、羊毛、和天然橡胶等）和合成高分子材料（如合成橡胶、合成树脂、合成纤维等）。

合成高分子材料的种类和使用量要远远大于天然高分子材料，在工农业生产和日常生活中有着极为重要的作用，我们日常生活中使用的塑料袋、化纤服装、胶鞋等都是合成高分子材料，合成高分子材料的发展历史不足百年（20世纪30年代建立起高分子材料科学)。按体积计,目前,其世界年产量已经超过金属类,成为重要的材料品种之一。合成高分子材料及其复合材料在国民经济各个方面发挥着越来越重要的作用,已经成为当今社会不可缺少的材料。

2. 合成高分子化合物的命名

合成高分子材料可按原料单体名称前面加"聚"字来命名,例如氯乙烯的聚合物称为聚氯乙烯,苯乙烯的聚合物称为聚苯乙烯等;也可在原料单体名称后加"树脂"来命名,例如酚醛树脂、环氧树脂等。在商业上通常以商品名称命名,例如聚己内酰胺纤维称为"尼龙66",聚对苯二甲酸乙二酯纤维称为"的确良",聚丙烯腈纤维称为"腈纶"等。还可采用英文字母缩写,如PVC、PE、PP等。

3. 高分子化合物的分类

(1)按聚合方式的不同分为加聚物和缩聚物两大类。

①加聚物。加聚物是由有机单体直接结合而形成的高分子化合物,为线型结构,绝大多数具有热塑性,即可反复加热软化,冷却硬化,重复使用。由一种单体加聚而得的称为均聚物,以"聚"+单体名称命名;由两种以上单体加聚而得的称为共聚物,以单体名称+"共聚物"命名。

②缩聚物。缩聚物是有机单体发生聚合时,每两个单体脱去一个小分子所形成的高分子化合物。缩聚物多为体型结构,属热固性树脂,即仅在第一次加热时软化,并且分子间产生交联,以后再加热时也不会软化。此类树脂一般以单体名称+"树脂"来命名。

(2)按照高分子化合物分子链几何形状可分为线型结构和体型结构两大类。

①线型结构。几何形状为线状,有时带有支链,且线状大分子间以分子间力结合在一起。一般来说,具有此类结构的树脂,强度较低、弹性模量较小,变形较大、耐热性差、耐腐蚀性较差,且可溶可熔。

②体型结构。体型结构是高分子链上能起反应的官能团跟别的单体或别的物质发生反应,分子链之间形成化学键产生交联,从而形成的网状结构。线型分子间以化学键交联而形成的具有三维结构的高聚物,称为体型结构。体型结构的合成树脂仅在第一次加热时软化,并且分子间产生化学交联而固化,以后再加热时不会软化,故称为热固性树脂。由于化学键结合强,且交联形成一个"巨大分子",故一般来说此类树脂的强度较高、弹性模量较大、变形小、较脆硬,并且塑性差、耐热性较好、耐腐蚀性较高、不溶不熔。

(3)按受热时的性质分为热塑性和热固性两大类。

①热塑性。热塑性一般为线型结构,在加热时分子活动能力增加,可以软化到具有一定的流动性或可塑性,在压力作用下可加工成各种形状的制品。冷却后分子重新"冻结",成为一定形状的制品。这一过程可以反复进行。其密度、熔点都较低,耐热性较低,刚度较小,抗冲击韧性较好。

②热固性。热固性在成型前分子量较低,且为线型结构,具有可溶、可熔性,在成型时因受热或在催化剂、固化剂作用下,分子发生交联成为体型结构而固化。这一过程不可逆,并成为不溶不熔的物质。这类聚合物的密度、熔点都较高,耐热性较高,刚度较大,质地硬而脆。

(4)按用途分为塑料、橡胶、纤维、涂料、胶黏剂等。

习惯上常将塑料工业中使用的高聚物统称为树脂,有时也将未加工成型的高聚物也统称为树脂。由低分子的有机单体经过聚合而成的高分子化合物称为合成树脂。

合成高分子材料主要是由合成树脂组成,故本书以合成树脂为主。

7.1.2　两种典型的合成树脂

1. 热塑性树脂

主要种类:聚乙烯(PE);聚氯乙烯(PVC);聚丙烯(PP);聚苯乙烯(PS);聚甲基丙烯酸甲酯(PMMA);丙烯腈-丁二烯-苯乙烯共聚物(ABS);氯化聚乙烯(CPE);苯乙烯-丁二烯-苯乙烯嵌段共聚物(SBS)。

2. 热固性树脂

主要种类:酚醛树脂(PF);脲醛树脂(UF);三聚氰胺树脂(MF);不饱和聚酯树脂(UP);环氧树脂(EP);有机硅树脂(SI)。

任务 7.2　建 筑 塑 料

任 务 描 述

1. 掌握建筑塑料的组成和种类。
2. 具备选用建筑上常用塑料制品的能力。

7.2.1　塑料的组成和特点

1. 塑料的组成

塑料是以合成树脂为基本材料,再按一定比例加入填充料、增塑剂、固化剂、着色剂及其他助剂等经加工而成的材料。

(1) 合成树脂。

合成树脂是塑料的主要组成材料,其质量占塑料的 30%～100%,仅有少量的塑料完全由树脂组成。在塑料中起到黏结作用,其决定了塑料的主要性质和应用。

合成树脂按生成时化学反应的不同,可分为聚合树脂和缩聚树脂;按受热时性能变化的不同,又可分为热塑性树脂和热固性树脂。

(2) 填充料。

填充料也叫填料,其种类很多。填充料按其化学组成不同分有机填充料(如木粉、棉布、纸屑)和无机填充料(如石棉、云母、滑石粉、石墨、玻璃纤维)。通常占塑料组成材料的 40%～70%。填料的作用是提高塑料强度和硬度,增加化学稳定性,而且由于填充料价格低于合成树脂,故可以降低成本。

(3) 增塑剂。

增塑剂的作用是提高塑料加工时的可塑性、柔软性、弹性、抗震性、耐寒性及延伸率

等,但会降低塑料的强度与耐热性。常用的增塑剂有邻苯二甲酸二甲酯、邻苯二甲酸二丁
酯、邻苯二甲酸二辛酯、磷酸三苯酯等。

(4)固化剂。

固化剂又称硬化剂,其可使线型高聚物转变为体型高聚物,即使树脂具有热固性。常
用的有乙二胺、二乙烯三胺、间苯二胺、邻苯二甲酸酐、顺丁烯二酸酐和六亚甲基四胺等。

(5)着色剂。

着色剂又称色料,着色剂的作用是使塑料染制成所需要的颜色。按其在着色介质中
或水中的溶解性分为染料和颜料两大类。染料是溶解在溶液中,靠离子化学反应作用产
生着色的化学物质。颜料是基本不溶的微细粉末状物质。

为了改善或调节塑料的某些性能,可在塑料中掺加各种不同的添加剂,如发泡剂、阻
燃剂、稳定剂、润滑剂、抗静电剂、防霉剂等。如发泡剂可以获得泡沫塑料,使用阻燃剂可
以获得阻燃塑料等。

2. 塑料的主要特点

(1)塑料的优点。

塑料与传统材料相比优势较明显,主要是密度小、比强度高;导热系数小;加工性能优
良;装饰性能出色;具有多功能性;经济性良好等。

(2)塑料的缺点。

塑料的缺点主要是耐热性差、易燃、部分有毒性;易老化;热膨胀性大;大部分塑料刚
度小等。

7.2.2 常用建筑塑料及制品

1. 热塑性塑料和热固性塑料的性能及用途

常用的热塑性塑料有:聚乙烯塑料、聚氯乙烯塑料、聚苯乙烯塑料、ABS 塑料、聚甲基
丙烯酸甲酯塑料(有机玻璃)等。常用的热固性塑料有:酚醛塑料、聚酯塑料、有机硅塑料
等。常用塑料的性能及用途如表 7-1 所示。

表 7-1 常用塑料的性能与用途

名 称	性 能	用 途
聚乙烯	柔软性好、耐低温性好,耐化学腐蚀和介电性能优良,成型工艺好,但刚性差,耐热性差(使用温度<50℃),耐老化性差	主要用于防水材料、给排水管和绝缘材料等
聚氯乙烯	耐化学腐蚀性和电绝缘性优良,力学性能较好,具有难燃性,但耐热性较差,升高温度时易发生降解	有软质、硬质、轻质发泡制品。广泛用于建筑各部位,是应用较多的一种塑料
聚苯乙烯	树脂透明、有一定机械强度,电绝缘性好,耐辐射,成型工艺好,但脆性大,耐冲击和耐热性差	主要以泡沫塑料形式作为隔热材料,也用来制造灯具、平顶板等

名　　称	性　　能	用　　途
聚丙烯	耐腐蚀性能优良,力学性能和刚性超过聚乙烯,耐疲劳和耐应力开裂性好,但收缩较大,低温脆性大	管材、卫生洁具、模板等
ABS塑料	具有韧、硬、刚相均衡的优良力学特性,电绝缘性与耐化学腐蚀性好,尺寸稳定性好,表面光泽性好,易涂装和着色,但耐热性不太好,耐候性较差	用于生产建筑五金和各种管材、模板、异形板等
酚醛塑料	电绝缘性能和力学性能良好,耐水性、耐酸性和耐腐蚀性能优良,坚固耐用、尺寸稳定、不易变形	生产各种层压板、玻璃钢制品、涂料和胶黏剂等
环氧树脂	黏结性和力学性能优良,耐化学药品性(尤其是耐碱性)良好,电绝缘性能好,固化收缩率低,可在室温、接触压力下固化成型	主要用于生产玻璃钢、胶黏剂和涂料等产品
不饱和聚酯树脂	可在低压下固化成型,用玻璃纤维增强后具有优良的力学性能,良好的耐化学腐蚀性和电绝缘性能,但固化收缩率较大	主要适用于玻璃钢、涂料和聚酯装饰板等
聚氨酯	强度高,耐化学腐蚀性优良,耐热、耐油、耐溶剂性好,黏结性和弹性优良	主要以泡沫塑料形式作为隔热材料及优质涂料、胶黏剂、防水涂料和弹性嵌缝材料等
脲醛塑料	电绝缘性好,耐弱酸、碱,无色、无味、无毒,着色力好,不易燃烧,耐热性差,耐水性差,不利于复杂造型	胶合板和纤维板,泡沫塑料,绝缘材料,装饰品等
有机硅塑料	耐高温、耐腐蚀、电绝缘性好、耐水、耐光、耐热,固化后的强度不高	防水材料、胶黏剂、电工器材、涂料等

2. 塑料制品在建筑上的应用

塑料制品在建筑上的应用如表 7-2 所示。

表 7-2　塑料制品在建筑上的应用

分　类	主要塑料制品	
装饰材料	塑料地面材料	塑料地砖和塑料卷材地板
		塑料涂布地板
		塑料地毯
	塑料内墙面材料	塑料壁纸
		三聚氰胺装饰层压板
		塑料墙面砖
	建筑涂料	内外墙有机高分子溶剂型涂料
		内外墙有机高分子乳液型涂料
		内墙有机高分子水溶性涂料
		有机无机复合涂料
	塑料门窗	塑料门(框板门,镶板门)
		塑料窗、塑钢窗、塑铝窗
		百叶窗、窗帘
	装修线材:踢脚线、画镜线、扶手、踏步	
	塑料建筑小五金,灯具	
	塑料平顶(吊平顶,发光平顶)	
	塑料隔断板	
水暖工程材料	给排水管材、管件、水落管、铝塑管	
	煤气管	
	卫生洁具:玻璃钢浴缸、水箱、洗脚池等	
防水工程材料	防水卷材、防水涂料、密封材料、嵌缝材料、止水带	
隔热材料	现场发泡泡沫塑料、泡沫塑料	
混凝土工程材料	塑料模板	
墙面及屋面材料	护墙板	异形板材、扣板、折板
		复合护墙板
	屋面板(屋面天窗、透明压花塑料顶棚)	
	屋面有机复合材料(瓦、聚四氟乙烯涂覆玻璃布)	
塑料建筑	充气建筑、塑料建筑物、盒子卫生间、厨房	

3. 塑料在建筑给排水系统中的应用

目前给水系统中常用的塑料管有无规共聚聚丙烯管(PP-R)、交联聚乙烯管(PE-X)、聚丁烯管(PB)、给水用硬聚氯乙烯塑料管(UPVC)等。

(1) 无规共聚聚丙烯管(PP-R)。

聚丙烯管是指以聚丙烯为原料,添加适量助剂,经挤出成型的热塑性管材,已开发的产品有均聚聚丙烯管(β 晶型 PP-H)、嵌段共聚聚丙烯管(PP-B)和无规共聚聚丙烯管(PP-R),也称为一型、二型和三型聚丙烯管,它们已经被广泛应用于冷水和热水系统中。PP-R管是欧洲 20 世纪 80 年代末 90 年代初开发应用的新型塑料管道产品。PP-R 管除具有一般塑料的优点外,还具有卫生、无毒;耐热性好、可耐 100℃ 以上的高温;热胀系数小、耐高压、抗冲击、可与混凝土一起浇筑;可回收性良好,绿色环保;使用寿命长、寿命可达 50 年;连接方式简单、可靠等诸多优点。

PP-R 管主要用于建筑物内冷热水管道系统,包括饮用水和采暖管道系统。建筑工地上 PP-R 管材及其管件进场检验时其物理力学性能具体参照现行标准《冷热水用聚丙烯管道系统　第 2 部分:管材》(GB/T 18742.2—2017)的规定。

(2) 交联聚乙烯管(PE-X)。

交联聚乙烯管是指以密度≥0.94 g/cm³ 的聚乙烯或乙烯共聚物,添加适量助剂,通过化学或物理的方法,使其线型的大分子交联成三维网状结构管材,通常以 PE-X 标记。PE-X 除具有一般塑料的优点外,其耐温性好,耐老化,使用寿命可达 50 年以上;导热系数小,保温性好;可弯曲、不反弹,抗蠕变性能好;切割方便,安装简单。但只能采用金属连接,不能回收重复利用。PE-X 一般采用内外夹紧式管件进行机械连接,主要有卡圈锁紧式管件和卡环式压紧式管件两种类型。

交联聚乙烯管管材分为 S6.3、S5、S4、S3.2 四个管系列,其规格尺寸参照《冷热水用交联聚乙烯(PE-X)管道系统　第 2 部分:管材》(GB/T 18992.2—2003)。PE-X 主要用于建筑内地板辐射采暖系统和冷热水系统。一般口径较小,布管方式多为暗敷。当必须采用明装时,应采取避光措施。

(3) 聚丁烯管(PB)。

聚丁烯管是指由聚丁烯-1 树脂添加适量助剂,经挤出成型的热塑性管材,通常以 PB 标记。PB 管除具有一般塑料的优点外,还具有良好的抗拉、抗压强度和耐冲击性能,是优秀的耐压管;管壁薄,质量小;耐热性能好;极佳的蠕变性能;环保绿色。聚丁烯管从 1995 年至今在全国几十个工程中成功应用,未因质量及接头问题而发生事故。所以采用聚丁烯管材的优势明显。但目前主要依靠进口,因此其价格较高。

PB 管分为 S10、S8、S6.3、S5、S4、S3.2 六个管系列,其规格尺寸参照《冷热水系统用热塑性塑料管材和管件》(GB/T 18991—2003)。PB 管的连接可采用热熔连接、电熔式连接或紧夹式连接。

(4) 给水用硬聚氯乙烯塑料管(UPVC)。

硬聚氯乙烯塑料管是世界上开发最早,应用最广泛的塑料管材,一般以聚氯乙烯树脂为主要原料,经挤出成型,其优点是造价较低,施工方便,但缺点是使用温度不能超过 45℃。其耐低温,应避免受撞击,部分有毒性,需要严格控制生产工艺。

4. 玻璃纤维增强塑料

玻璃纤维增强塑料(GRP),俗称玻璃钢,是由合成树脂胶结玻璃纤维或玻璃纤维布(带、束等)而成的复合材料。常用的树脂为酚醛树脂、不饱和聚酯树脂、环氧树脂等。用量最大的为不饱和聚酯树脂。

玻璃钢的最大优点是轻质、高抗拉强度(抗拉强度可接近碳素钢)、耐腐蚀、耐高温等,而缺点是弹性模量小,变形大。

任务7.3 建 筑 涂 料

任 务 描 述

1. 掌握建筑涂料的分类和组成。
2. 具备选用建筑上常用建筑涂料的能力。

7.3.1 建筑涂料的定义、功能和分类

1. 建筑涂料的定义

建筑涂料是指涂敷于物体表面,能与物体黏结在一起,并能形成连续性涂膜,从而装饰、保护物体或使物体具有某种特殊功能的材料。

2. 建筑涂料的功能

(1)装饰功能。建筑涂料的涂层具有不同的色彩和光泽,它可以带有各种填料,可通过不同的涂饰方法,形成各种纹理、图案和不同程度的质感,以满足各种类型建筑物的不同装饰艺术要求,达到美化环境及装饰建筑物的作用。

(2)保护功能。建筑涂料涂敷于建筑物表面形成涂膜后,使结构材料与环境中的介质隔开,可减缓各种破坏作用,延长建筑物的使用寿命。

(3)其他特殊功能。建筑涂料除了具有装饰、保护功能,一些涂料还具有各自的特殊功能,进一步适应各种特殊使用的需要,如防火、防水、吸声隔声、隔热保温、防辐射等。

3. 建筑涂料的分类

(1)按主要成膜物质的化学成分分为有机涂料、无机涂料、有机-无机复合涂料。

(2)按构成涂膜的主要成膜物质,可将涂料分为聚乙烯醇系列建筑涂料、丙烯酸系列建筑涂料、氯化橡胶外墙涂料、聚氨酯建筑涂料和水玻璃及硅溶胶建筑涂料。

(3)按建筑涂料的使用部位分为外墙涂料、内墙涂料、顶棚涂料、地面涂料等。

(4)按使用分散介质和主要成膜物质的溶解状况分为溶剂型涂料、水溶型涂料和乳液型涂料等。

(5)按使用功能可将涂料分为装饰性涂料、防火涂料、保温涂料、防腐涂料、防水涂料、抗静电涂料、防结露涂料、闪光涂料、幻彩涂料等。

7.3.2 建筑涂料的组成

按涂料中各种材料在涂料的生产、施工和使用中所起作用的不同,可将这些组成材料分为主要成膜物质、次要成膜物质、溶剂和助剂等。

1. 主要成膜物质

主要成膜物质又称基料、胶黏剂或固化剂,它的作用是将涂料中的其他组分黏结在一起,并能牢固地附着在基层表面,形成连续均匀、坚韧的保护膜。具有较高的化学稳定性和一定的机械强度。

建筑涂料所用主要成膜物质有树脂和油料两类。常用的树脂类成膜物质有虫胶、大漆等天然树脂,松香甘油酯、硝化纤维等人造树脂以及醇酸树脂、聚丙烯酸酯、环氧树脂、聚氨酯、聚磺化聚乙烯、聚乙烯醇聚物、聚醋酸乙烯及其共聚物等合成树脂。常用的油料有桐油、亚麻子油等植物油。

2. 次要成膜物质

次要成膜物质是指涂料中所用的颜料和填料,它们是构成涂膜的组成部分,并以微细粉状均匀地分散于涂料介质中,赋予涂膜以色彩、质感,使涂膜具有一定的遮盖力,减少收缩,还能增加膜层的机械强度,防止紫外线的穿透作用,提高涂膜的抗老化性、耐候性。

颜料的品种很多,可分为人造颜料与天然颜料;按其作用又可分为着色颜料、防锈颜料与体质颜料(即填料)。

填料的主要作用在于改善涂料的涂膜性能,降低成本。填料主要是一些碱土金属盐、硅酸盐和镁、铝的金属盐和重晶石粉($BaSO_4$)、轻质碳酸钙($CaCO_3$)、重碳酸钙、滑石粉($3MgO \cdot 4SiO_2 \cdot H_2O$)、云母粉($K_2O \cdot Al_2O_3 \cdot 6SiO_2 \cdot H_2O$)、硅灰石粉、瓷土、石英石粉或砂等。

3. 溶剂(又称稀释剂)

溶剂在涂料生产过程中,是溶解、分散、乳化成膜物质的原料。溶剂有两大类:一类是有机溶剂,如松香水、酒精、汽油、苯、二甲苯、丙酮等;另一类是水。

4. 助剂

辅助材料又称助剂,是为进一步改善或增加涂料的某些性能,在配制涂料时加入的物质,其掺量较少,一般只占涂料总量的百分之几到万分之几,但效果显著。

常用的助剂按功能有催干剂、增塑剂、固化剂、流变剂、分散剂、增稠剂、消泡剂、防冻剂、紫外线吸收剂、抗氧化剂、防老化剂、防霉剂、阻燃剂等。

7.3.3　常用建筑涂料

1. 有机建筑涂料

(1)溶剂型涂料。溶剂型涂料是以高分子合成树脂或油脂为主要成膜物质,有机溶剂为稀释剂,再加入适量的颜料、填料及助剂,经研磨而成的涂料。

溶剂型涂料形成的涂膜细腻光洁而坚韧,有较好的硬度、光泽和耐水性、耐候性,气密性好,耐酸碱,对建筑物有较强的保护性,使用温度可以低至零度。它的主要缺点为:易燃、溶剂挥发对人体有害,施工时要求基层干燥,涂膜透气性差,价格较贵。

常用的品种有:O/W 型及 W/O 型多彩内墙涂料、氯化橡胶外墙涂料、丙烯酸酯外墙涂料、聚氨酯系外墙涂料、丙烯酸酯有机硅外墙涂料、仿瓷涂料、聚氯乙烯地面涂料、聚氨酯-丙烯酸酯地面涂料及油脂漆、天然树脂漆、清漆、磁漆、聚酯漆等。

(2)水溶性涂料。水溶性涂料是以水溶性合成树脂为主要成膜物质,以水为稀释剂,再加入适量颜料、填料及助剂经研磨而成的涂料。这类涂料的水溶性树脂可直接溶于水中,与水形成单相的溶液。它的耐水性差,耐候性不强,耐洗刷性差,一般只用于内墙涂料。

常用的品种有聚乙烯醇水玻璃内墙涂料、聚乙烯醇缩甲醛内墙涂料等。

(3)乳液型涂料。乳液型涂料又称乳胶漆。它是由合成树脂借助乳化剂作用,以 $0.1\sim0.5~\mu m$ 的极细微粒分散于水中构成的乳液,并以乳液为主要成膜物质,再加入适量的颜料、填料助剂经研磨而成的涂料。这种涂料价格便宜,无毒、不燃,对人体无害,形成的涂膜有一定的透气性,涂布时不需要基层很干燥,涂膜固化后的耐水性、耐擦洗性较好,可作为室内外墙建筑涂料,但施工温度一般应在 10℃ 以上,用于潮湿的部位,易发霉,需加防霉剂。

常用的品种有聚醋酸乙烯乳胶漆、丙烯酸酯乳胶漆、乙-丙乳胶漆、苯-丙乳胶漆、聚氨酯乳胶漆等内墙涂料及乙-丙乳液涂料、氯-醋-丙涂料、苯-丙外墙涂料、丙烯酸酯乳胶漆、彩色砂壁状外墙涂料、水乳型环氧树脂乳液外墙涂料等。

2. 无机建筑涂料

无机建筑涂料是以碱金属硅酸盐或硅溶胶为主要成膜物质,加入相应的固化剂,或有机合成树脂、颜料、填料等配制而成,主要用于建筑物外墙。与有机涂料相比,无机涂料的价格低,资源丰富,无毒、不燃,具有良好的遮盖力,对基层材料的处理要求不高,可在较低温度下施工,涂膜具有良好的耐热性、保色性、耐久性等。

3. 无机-有机复合涂料

不论是有机涂料还是无机涂料,在单独使用时,都存在一定的局限性。为克服其缺点,发挥各自的长处,出现了无机和有机复合的涂料。如聚乙烯醇水玻璃内墙涂料就比聚乙烯醇有机涂料的耐水性好。此外,以硅溶胶、丙烯酸系列复合的外墙涂料在涂膜的柔韧性及耐候性方面更能适应气候的变化。

任务7.4 建筑胶黏剂

任 务 描 述

1. 掌握胶黏剂的组成和分类。
2. 熟悉建筑上常用的胶黏剂。

7.4.1 胶黏剂的组成与分类

胶黏剂是一种能使两种相同或不同的材料黏结在一起的材料,又称黏合剂或黏结剂。

胶黏剂的特点是不受胶结物的形状、材质等因素的限制;胶结后具有良好的密封性;胶结方法简便,而且几乎不增加黏结物的重量等。目前,胶黏剂已成为工程上不可缺少的建筑装饰辅助材料。

1. 胶黏剂的组成

胶黏剂的主要组成物有黏结料、固化剂、增塑剂、填料、稀释剂、改性剂等。

(1)黏结料。黏结料也称黏料、黏结物质,它是胶黏剂中的基本组分,起黏结作用,它对胶黏剂的性能,如胶结强度、耐热性、韧性、耐介质性等起重要作用。一般多用各种树脂、橡胶类及天然高分子化合物作为黏结物质。一般建筑工程中常用的黏结物质有热固性树脂、热塑性树脂、合成橡胶类等。

(2)固化剂。固化剂是促使黏结料进行化学反应,加快胶黏剂固化产生胶结强度的一种物质。固化剂也是胶黏剂的主要成分,其性质和用量对胶黏剂的性能起着重要的作用。常用的有胺类或酸酐类固化剂等。

(3)增塑剂。增塑剂也称增韧剂,可以改善胶黏剂的韧性,提高胶结接头的抗剥离、抗冲击能力以及耐寒性等。常用的增塑剂主要有邻苯二丁酯和邻苯二甲酸二辛酯等。

(4)填料。填料也称填充剂,一般在胶黏剂中不与其他组分发生化学反应。其作用是增加胶黏剂的稠度,降低膨胀系数,减少收缩性,提高胶结层的抗冲击韧性和机械强度。常用的填料有金属及金属氧化物的粉末,玻璃、石棉纤维制品以及其他植物纤维等,如石棉粉、铝粉、磁性铁粉、石英粉、滑石粉及其他矿粉等无机材料。

(5)稀释剂。稀释剂又称溶剂,主要起降低胶黏剂黏度的作用,以便于操作,提高胶黏剂的湿润性和流动性。常用的有机溶剂有丙酮、苯、甲苯等。

(6)改性剂。改性剂是为了改善胶黏剂的某一方面性能,以满足特殊要求而加入的一些组分。如为增加胶结强度,可加入偶联剂,还可分别加入防老化剂、防霉剂、防腐剂、阻燃剂、稳定剂等。

2. 胶黏剂的分类

(1)按黏结物质的性质分类。

①有机类。包括天然类(葡萄糖衍生物、氨基酸衍生物、天然树脂、沥青)和合成类(树脂型、橡胶型、混合型)。

②无机类。包括硅酸盐类、磷酸盐类、硼酸盐、硫磺胶、硅溶胶等。

(2)按状态分类。

①溶剂型。常用的有聚苯乙烯、丁苯橡胶等。

②反应型。常用的有环氧树脂、酚醛、聚氨酯、硅橡胶等。

③热熔型。常用的有醋酸乙烯、丁基橡胶、松香、虫胶、石蜡等。

7.4.2 建筑上常用的胶黏剂

1. 热塑性树脂胶黏剂

热塑性树脂胶黏剂主要有聚醋酸乙烯胶黏剂、聚乙烯醇缩甲醛胶黏剂、聚乙烯醇胶黏剂等。

（1）聚醋酸乙烯酯胶黏剂，俗称白乳胶，是由醋酸与乙炔合成醋酸乙烯，再经乳液聚合而制成的一种乳白色、具有酯类芳香的乳状液体。该胶可分为溶液型和乳液型两种。白乳胶的优点是配制方便，固化较快，黏结强度高，耐久性好，不易老化；缺点是耐水性、耐热性差。与水泥混合配制的"乳液水泥"，用于黏结混凝土、玻璃及金属等。

（2）聚乙烯醇缩甲醛胶黏剂，俗称 107 胶，这种胶的外观为无色透明胶体，是以聚乙烯醇与甲醛在酸性介质中进行缩合反应而得的一种透明水溶性胶体。其特点是无臭、无毒、不燃、黏度小、价格低廉、黏结性能好，其黏结强度≥0.9MPa。

2. 热固性树脂胶黏剂

热固性树脂胶黏剂主要有环氧树脂类胶黏剂、酚醛树脂类胶黏剂和聚氨酯类胶黏剂等。

（1）环氧树脂胶黏剂（俗称"万能胶"），目前使用较为广泛的为双酚 A 醚型环氧树脂（国内牌号为 E 型），是以二酚基丙烷和环氧烷在碱性条件下缩聚而成，再加入适量的固化剂，在一定条件下，固化成网状结构的固化物并将两种被黏物体牢牢黏结为一整体。

（2）酚醛树脂胶黏剂是许多黏结剂的重要成分，它具有很高的黏附能力，但由于硬化后性能很脆，所以大多数情况下，用其他高分子化合物（如聚乙烯醇缩丁醛）改性后使用。

3. 合成橡胶胶黏剂

建筑上常用胶黏剂的种类、性能及主要用途如表 7-3 所示。

表 7-3　建筑上常用胶黏剂的种类、性能及主要用途

种　类		性　能	主　要　用　途
热塑性树脂胶黏剂	聚乙烯醇缩甲醛类胶黏剂（107 胶）	黏结强度较高，耐水性、耐油性、耐磨性及抗老化性较好	粘贴壁纸、墙布、瓷砖等，可用于涂料的主要成膜物质，或用于拌制水泥砂浆，能增强砂浆层的黏结力
	聚醋酸乙烯酯类胶黏剂（白乳胶）	常温固化快，黏结强度高，黏结层的韧性和耐久性好，不易老化，无毒、无味、不易燃爆，价格低，但耐水性差	广泛用于粘贴壁纸、玻璃、陶瓷、塑料、纤维织物、石材、混凝土、石膏等各种非金属材料，也可作为水泥增强剂
	聚乙烯醇胶黏剂（胶水）	水溶性胶黏剂，无毒，使用方便，黏结强度不高	可用于胶合板、壁纸、纸张等的胶结

种　类		性　能	主　要　用　途
热固性树脂胶黏剂	环氧树脂类胶黏剂(万能胶)	黏结强度高,收缩率小,耐腐蚀,电绝缘性好,耐水、耐油	黏结金属制品、玻璃、陶瓷、木材、塑料、皮革、水泥制品、纤维制品等
	酚醛树脂类胶黏剂	黏结强度高,耐疲劳,耐热,耐气候老化	用于黏结金属、陶瓷、玻璃、塑料和其他非金属材料制品
	聚氨酯类胶黏剂	黏附性好,耐疲劳,耐油、耐水、耐酸、韧性好,耐低温性能优异,可室温固化,但耐热性差	适于胶结塑料、木材、皮革等,特别适用于防水、耐酸、耐碱等工程中
合成橡胶胶黏剂	丁腈橡胶胶黏剂	弹性及耐候性良好,耐疲劳、耐油、耐溶剂性好,耐热,有好的混溶性,但黏着性差,成膜缓慢	适用于耐油部件中橡胶与橡胶、橡胶与金属、织物等的胶结。尤其适用于黏结软质聚氯乙烯材料
	氯丁橡胶胶黏剂(氯丁胶)	黏附力、内聚强度高,耐燃、耐油、耐溶剂性好,储存稳定性差	用于结构黏结或不同材料的黏结。如橡胶、木材、陶瓷、石棉等不同材料的黏结
	聚硫橡胶胶黏剂	很好的弹性、黏附性。耐油、耐候性好,对气体和蒸汽不渗透,防老化性好	作密封胶及用于路面、地坪、混凝土的修补、表面密封和防滑。用于海港、码头及水下建筑的密封
	硅橡胶胶黏剂	良好的耐紫外线、耐老化性,耐热、耐腐蚀性,黏附性好,防水防震	用于金属、陶瓷、混凝土、部分塑料的黏结。尤其适用于门窗玻璃的安装以及隧道、地铁等地下建筑中瓷砖、岩石接缝间的密封

4. 选择胶黏剂时的注意事项

黏结界面要清洗干净;胶层要匀薄;晾置时间要充分;固化要完全。

项目七
巩固练习题

项目八　建筑功能材料及其应用

【能力目标】　能对建筑功能材料归类和查找建筑功能材料的技术标准；能根据标准查找建筑功能材料的品种、性质和应用；能根据不同的工程特点、建筑部位及其功能要求，合理选用建筑功能材料并能进行检测试验和质量评定。

【知识目标】　了解建筑上使用的防水材料、保温绝热材料、光学材料、装饰材料等功能材料的概念、工作原理及分类；掌握建筑功能材料的常用品种、主要性质和应用；能根据相关标准对建筑功能材料进行质量检测。

【素质目标】　具有从事本行业建筑功能材料的相关理论知识和技能水平；具备运用现行标准分析问题和解决问题的能力；具备团队合作能力和吃苦耐劳的精神。

建筑材料根据建筑用途可分为三类：建筑结构材料、建筑围护材料和建筑功能材料。建筑功能材料是指担负某些建筑功能的、非承重用的材料，它们决定着建筑物的使用功能和建筑品质。

建筑功能材料种类繁多，功能各异。这里主要介绍建筑防水材料、建筑保温绝热材料、建筑光学材料、建筑装饰材料等。

任务8.1　建筑防水材料

任务描述

1. 请选出某住宅工程的哪些部位需要采用防水材料，并选出防水材料的品种。
2. 根据标准，识别防水材料标记"SBS I PY M PE 3 10 GB 18242—2008"。

防水材料是建筑工程中不可缺少的建筑材料之一，建筑防水构造被称为建筑物的"盾牌"。同时防水材料也广泛应用于道路与桥梁、水利、港口等工程中。防水材料的质量直接影响建筑物的耐久性。

在建筑上防水材料主要应用在地下室防潮、防水，浴厕和屋面防水等方面。

8.1.1 石油沥青简介

沥青:由一些极其复杂的高分子碳氢化合物及其非金属(氧、硫、氮等)衍生物组成的黑色或深褐色的固体、半固体或液体的混合物。

沥青是一种憎水性的有机胶凝材料。不仅自身构造致密,而且与砂、石、混凝土、金属等材料能牢固地黏结在一起,具有良好的防潮、防水、抗渗、耐腐蚀、绝缘等性能。沥青作为基础建设材料、原料和燃料,广泛应用在交通运输(道路、铁路、航空等)、建筑业、农业、水利、工业(采掘业、制造业)、民用等各部门。

沥青按获取方式分地沥青和焦油沥青两大类。地沥青包括天然沥青和石油沥青。天然沥青是由地表或岩石中直接采集、提炼加工后得到的沥青。焦油沥青是利用各种有机物(煤、木材、页岩等)干馏加工而得到的焦油,再经分馏加工提炼出各种轻油后而得到的产品。焦油沥青包括煤沥青、木沥青和页岩沥青等。建筑工程中主要使用的是石油沥青。

1. 石油沥青

(1)石油沥青定义。

石油沥青是石油原油经蒸馏等提炼出各种石油产品(如汽油、柴油、润滑油等)后得到的渣油再经加工而得到的一种物质。它能溶于二硫化碳、苯等有机溶剂中,其性质和组成随原油来源和生产方法的不同而变化。

(2)石油沥青的分类。

①按生产方法分为直馏沥青、氧化沥青、乳化沥青、改性沥青等。

②按外观形态分为液体沥青、固体沥青、稀释液、乳化液等。

③按用途分为道路石油沥青、建筑石油沥青、普通石油沥青等。

2. 石油沥青的组分与结构

(1)石油沥青的组分。

石油沥青的化学成分极其复杂。工程上将石油沥青中化学成分和物理力学性质相近的成分或化合物,并且具有某些共同特征的部分,作为一个组分,以便于研究石油沥青的性质。

石油沥青的主要组分有三个:油分、树脂、地沥青质。其主要特性和作用如表 8-1所示。

表 8-1 石油沥青各组分的主要特性和作用

组分	含量	分子量	碳氢比	密度	特 性	作 用
油分	45%~60%	100~500	0.5~0.7	0.7~1.0	淡黄色至红褐色,黏性液体,可溶于大部分溶剂,不溶于酒精	油分是决定沥青流动性的组分。油分多,流动性大,而黏性小,温度敏感性大
树脂	15%~30%	600~1000	0.7~0.8	1.0~1.1	红褐色至黑褐色的黏稠半固体,多呈中性,少量酸性	树脂是决定沥青塑性的主要组分。树脂含量增加,沥青塑性增大,温度敏感性增大

组分	含量	分子量	碳氢比	密度	特　性	作　用
地沥青质	10%~30%	1000~6000	0.8~1.0	1.1~1.5	深褐色至黑褐色的硬而脆的固体粉末微粒,加热后不溶解,而分解为坚硬的焦炭,使沥青带黑色	地沥青质是决定沥青黏性和耐热性的组分。地沥青质含量高,沥青黏性大,温度敏感性小,塑性降低,脆性增加

此外,石油沥青中常含有一定量的固体石蜡,它会降低沥青的黏结性、塑性、温度稳定性和耐热性。

(2)石油沥青的结构。

石油沥青的胶体结构可分为溶胶结构、凝胶结构和溶-凝胶结构三种类型。

①溶胶结构。溶胶结构地沥青质含量较少,胶团间完全没有引力或引力很小,在外力作用下随时间发展的变形特性与黏性液体一样。如直馏沥青的结构多为溶胶结构。

②凝胶结构。凝胶结构地沥青质含量很多,胶团间有引力形成立体网状,地沥青质分散在网格之间,在外力作用下弹性效应明显。如氧化沥青属于凝胶结构。

③溶-凝胶结构。溶-凝胶结构介于溶胶与凝胶之间。大部分优质道路沥青均配成溶-凝胶结构,具有黏弹性和触变性,故亦称弹性溶胶。

3. 石油沥青的技术性质

(1)黏滞性(黏性)。

黏滞性反映沥青材料在外力作用下,其材料内部阻碍产生相对流动的能力。液态石油沥青的黏滞性用黏度表示。半固体或固体沥青的黏性用针入度表示。

黏度是液体沥青在一定温度(25 ℃或 60 ℃)条件下,经规定直径(3.5 mm 或 10 mm)的孔,漏下 50 mL 所需的秒数。其测定示意图如图 8-1 所示。黏度常以符号 C_t^d 表示,其中 d 为孔径(mm),t 为试验时沥青的温度(℃)。C_t^d 代表在规定的 d 和 t 条件下所测得的黏度值。黏度大时,表示沥青的稠度大。

针入度是指在温度为 25 ℃的条件下,以质量 100 g 的标准针,经 5 s 沉入沥青中的深度(0.1 mm 称 1 度)。针入度测定示意图如图 8-2 所示。针入度值大,说明沥青流动性大,黏性差。针入度范围为 5~200 度。

(2)塑性。

塑性是指沥青在外力作用下产生变形而不破坏,除去外力后仍能保持变形后的形状不变的性质。

沥青的塑性用"延度"(也称延伸度)表示。按标准试验方法,制成"8"形标准试件,试件中间最狭处断面积为 1 cm²,在规定温度(一般为 25 ℃)和规定速度(5 cm/min)的条件下在延伸仪上进行拉伸,延伸度以试件拉细而断裂时的长度(cm)表示。沥青的延伸度越大,沥青的塑性越好。延伸度测定示意图如图 8-3 所示。

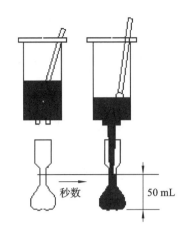

图 8-1　黏度测定示意图

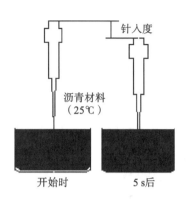

图 8-2　针入度测定示意图

（3）温度敏感性。

温度敏感性是指石油沥青的黏滞性和塑性随温度升降而变化的性能。温度敏感性较小的石油沥青，其黏滞性、塑性随温度的变化较小。

温度敏感性常用软化点来表示，软化点是沥青材料由固体状态转变为具有一定流动性的膏体时的温度。软化点可通过"环球法"试验测定（图 8-4）。该法是将沥青试样注入规定尺寸的金属环（内径(15.9 ± 0.1)mm，高(6.4 ± 0.1)mm）内，上置规定尺寸和重量的钢球（直径 9.53 mm，质量(3.5 ± 0.05)g），放于水（或甘油）中，以(5 ± 0.5)℃/min 的速度加热，至钢球下沉达规定距离（25.4 mm）时的温度，以℃表示。软化点越高，温度稳定性越好。

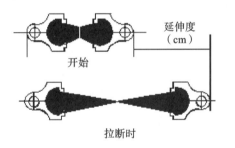

图 8-3　延伸度测定示意图

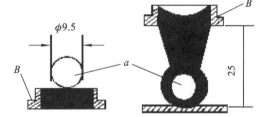

图 8-4　软化点测定示意图（单位:mm）

不同沥青的软化点不同，大致在 25～100℃。软化点高，说明沥青的耐热性能好，但软化点过高，又不易加工；软化点低的沥青，夏季易产生变形，甚至流淌。

针入度、延度、软化点是评价黏稠石油沥青路用性能最常用的经验指标，所以通称为石油沥青的"三大指标"。

（4）大气稳定性。

大气稳定性是指石油沥青在热、阳光、氧气和潮湿等因素的长期综合作用下抵抗老化的性能，它反映沥青的耐久性。大气稳定性可以用沥青的蒸发损失率及针入度比来表示，即试样在 160 ℃温度加热蒸发 5 h 后的质量损失百分率和蒸发前后的针入度比两项指标来表示。蒸发损失率越小，针入度比越大，则表示沥青的大气稳定性越好。

石油沥青中的各组分是不稳定的。在阳光、空气、水等外界因素作用下，各组分之间会不断演变，油分、树脂会逐渐减少，地沥青质逐渐增多，这一演变过程称为沥青的老化。沥青老化后，其流动性、塑性变差，脆性增大，从而变硬，易发生脆裂乃至松散，使沥青失去防水、防腐性能。

（5）闪点和燃点。

闪点是指沥青达到软化点后再继续加热，则会发生热分解而产生挥发性的气体，当该气体与空气混合，在一定条件下与火焰接触，初次产生蓝色闪光时的沥青温度。

燃点又称着火点。当沥青温度达到闪点，温度如再上升，与火接触而产生的火焰能持续燃烧 5 s 以上时，这个开始燃烧的温度即为燃点。各种沥青的最高加热温度都必须低于其闪点和燃点。

（6）溶解度。

沥青的溶解度是指沥青在溶剂中（苯或二硫化碳）溶解的百分率。沥青溶解度是用来确定沥青中有害杂质含量的。沥青中有害物质含量高，主要会降低沥青的黏滞性。一般石油沥青溶解度高于 98%，而天然沥青因含不溶性矿物质，溶解度低。

（7）水分。

水在纯沥青中溶解度为 0.001%～0.01%。沥青吸收的水分取决于所含能溶于水的盐分的多少，沥青含盐分越多，水作用时间越长，水分就越大。

4. 石油沥青的标准及选用

（1）石油沥青的技术标准。

我国石油沥青产品按用途分为道路石油沥青、建筑石油沥青及普通石油沥青等。这三种石油沥青的技术标准如 8-2 所示。

表 8-2　石油沥青的技术标准

项目	品　　种										
	道路石油沥青 NB/SH/T 0522—2010					建筑石油沥青 GB/T 494—2010			普通石油沥青 SY 1665—88		
牌号	200 号	180 号	140 号	100 号	60 号	10 号	30 号	40 号	75	65	55
针入度	200～300	150～200	110～150	80～110	50～80	10～25	26～35	36～50	75	65	55
延度	20	100	100	90	70	1.5	2.5	3.5	2	1.5	1
软化点	30～48	35～48	38～51	42～55	45～58	95	75	60	60	80	100
溶解度	99.0					99.0			98	98	98
闪点	180	200	230			260			230		

从表 8-2 可以看出：建筑石油沥青、道路石油沥青、普通石油沥青主要根据针入度划分牌号。同一品种的石油沥青，牌号越高，则其针入度越大，脆性越小；延度越大，塑性越好；软化点越低，温度敏感性越大。

（2）选用原则。

在选用沥青材料时，应根据工程性质与要求、使用部位、环境条件等来选用不同牌号的沥青。

①道路石油沥青主要用于道路路程面或车间地面等工程，一般拌制成沥青混合料（沥青混凝土或沥青砂浆）使用。道路石油沥青的牌号较多，选用时应注意不同的工程要求、施工方法和环境温度差别。道路石油沥青还可作密封材料和黏结剂以及沥青涂料等。此时，一般选用黏性较大和软化点较高的石油沥青。

②建筑石油沥青针入度较小（黏性较大），软化点较高（耐热性较好），但延伸度较小（塑性较小），主要用于制造防水材料、防水涂料和沥青嵌缝膏。它们绝大多数用于地面和地下防水沟槽防水、防腐蚀及管道防腐工程。

③普通石油沥青含有较多的蜡，故温度敏感性较大，达到液态时的温度与其软化点相差很小。与软化点大体相同的建筑石油沥青相比，其针入度较大（黏度较小），塑性较差，故在建筑工程上不宜直接使用。

（3）沥青的掺配使用。

当单独用一种牌号的沥青不能满足工程的耐热性要求时，可以用同产源的两种或三种沥青进行掺配。两种沥青掺配量可按下式计算：

$$P_1 = \frac{T_2 - T}{T_2 - T_1} \times 100\% \tag{8-1}$$

$$P_2 = 100\% - P_1 \tag{8-2}$$

式中：P_1——较软沥青掺量（%）；

P_2——较硬沥青掺量（%）；

T_1——较软沥青软化点（℃）；

T_2——较硬沥青软化点（℃）；

T——要求达到的软化点（℃）。

根据计算出的掺配比例和其邻近的比例±（5%～10%）进行试配，测定掺配后沥青的软化点，然后绘制掺配比-软化点曲线，从曲线上确定所要求的掺配比例。采用三种沥青时，可先求出两种沥青的掺配，然后再与第三种沥青进行配比计算。

5．改性沥青

普通石油沥青的性能不一定能全面满足使用要求，如容易出现热脆、冷脆、老化、开裂等缺陷，为此，常采取措施对沥青进行改性。

（1）改性沥青定义。

对沥青进行氧化、乳化、催化或掺入橡胶、树脂、矿物纤维材料等物质，使沥青的性能得以改善，这种经过改性的沥青称为改性沥青。

（2）改性沥青种类。

①橡胶改性沥青。主要有氯丁橡胶改性沥青、丁基橡胶改性沥青、再生橡胶改性沥青、SBS热塑性弹性体改性沥青等。

②树脂改性沥青。常用的树脂改性沥青有：古马隆树脂改性沥青、聚乙烯树脂改性沥青、环氧树脂改性沥青、APP改性沥青等。

③橡胶-树脂改性沥青。橡胶和树脂同时用于改善沥青的性质,使沥青具有橡胶和树脂的特性。且树脂比橡胶便宜,两者又有较好的混溶性,故效果较好。

④矿物填料改性沥青。为了提高沥青的能力和耐热性,减小沥青的温度敏感性,经常加入一定数量的粉状或纤维状矿物填充料。常用的矿物粉有滑石粉、石灰粉、云母粉、硅藻土粉等。

8.1.2 建筑防水材料

建筑防水材料是指应用于建筑物与构筑物中,起防水、防潮、防渗、防漏,保护建筑物和构筑物及其构件不受水侵蚀破坏作用的一类功能性建筑材料。

1. 建筑防水材料的种类

建筑防水材料依据其外观形态通常分为柔性防水卷材、刚性防水材料、防水涂料和密封材料四大系列。

(1) 柔性防水卷材。

柔性防水材料指具有一定柔韧性和较大延伸率的防水材料。主要包括沥青防水卷材、高聚物改性沥青防水卷材和合成高分子防水卷材三大类。

①沥青防水卷材。

沥青防水卷材是以沥青为主要浸涂材料所制成的卷材。沥青防水卷材分有胎卷材和无胎卷材两类。常用的有胎沥青防水卷材、玻纤布胎沥青防水卷材、玻纤毡胎防水卷材、麻布胎沥青防水卷材等,现在建筑上应用较少。

②高聚物改性沥青防水卷材。

高聚物改性沥青防水卷材主要品种有 SBS 弹性体改性沥青防水卷材、APP 塑性体改性沥青防水卷材等。

③合成高分子防水卷材。

合成高分子防水卷材是指以合成橡胶、合成树脂或两者共混体为基料,加入适量的化学助剂和填充料等,经不同工序加工而成的可卷曲的片状防水材料。合成高分子防水卷材具有耐高、低温性能好,拉伸强度高,延伸率大,对环境变化或基层伸缩的适应性强,同时耐腐蚀、抗老化、使用寿命长、可冷施工、减少对环境的污染等特点,是一种很好的防水材料。

合成高分子防水卷材也包括弹性体和塑性体防水卷材。弹性体防水卷材有三元乙丙橡胶防水卷材(EPDM)、氯化聚乙烯-橡胶共混防水卷材等;塑性体防水卷材有聚氯乙烯防水卷材、增强氯化氯乙烯防水卷材等。

(2) 刚性防水材料。

刚性防水材料是指采用较高强度无延伸能力的防水材料。刚性防水材料是指以水泥、砂、石为原料或掺入少量外加剂、高分子聚合物等配制成具有一定抗渗透能力的水泥砂浆、混凝土类防水材料,它们组成刚性防水层。

（3）防水涂料。

防水涂料是以高分子材料为主体，在常温下呈无定形液态，经涂布能在结构物表面固化形成具有相当厚度并有一定弹性的防水膜的物料总称。常用的种类有沥青基防水涂料、改性沥青类防水涂料、合成高分子类防水涂料等。

（4）密封材料。

密封材料是能承受位移以达到气密、水密目的而嵌入建筑接缝中的定形和不定形的材料。主要有建筑防水沥青嵌缝油膏、聚氨酯建筑密封膏、聚硫建筑密封膏、硅酮密封胶等。

2. 建筑工程中常用的防水材料品种及应用

建筑上常用防水材料的品种和主要应用如表 8-3 所示。

表 8-3 常用防水材料的品种和主要应用

类 别	品 种	主 要 应 用
刚性防水材料	防水砂浆	屋面及地下防水工程。不宜用于有变形的部位
	防水混凝土	屋面、蓄水池、地下工程、隧道等
沥青基防水材料	纸胎石油沥青油毡	地下、屋面等防水工程
	玻璃布胎沥青油毡	地下、屋面等防水防腐工程
	沥青再生橡胶防水卷材	屋面、地下室等防水工程，特别适合寒冷地区或有较大变形部位
改性沥青基防水卷材	APP 改性沥青防水卷材	屋面、地下室等各种防水工程
	SBS 改性沥青防水卷材	屋面、地下室等各种防水工程，特别适合寒冷地区
合成高分子防水卷材	三元乙丙橡胶防水卷材	屋面、地下室水池等各种防水工程，特别适合严寒地区或有较大变形的部位
	聚氯乙烯防水卷材	屋面、地下室等各种防水工程，特别适合较大变形的部位
	聚乙烯防水卷材	屋面、地下室等各种防水工程，特别适合严寒地区或有较大变形的部位
	氯化聚乙烯防水卷材	屋面、地下室、水池等各种防水工程，特别适合有较大变形的部位
	氯化聚乙烯-橡胶共混防水卷材	屋面、地下室、水池等各种防水工程，特别适合严寒地区或有较大变形的部位

类　别	品　　种	主　要　应　用
黏结及密封材料	沥青胶	粘贴沥青油毡
	建筑防水沥青嵌缝油膏	屋面、墙面、沟、槽、小变形缝等防水密封。重要工程不宜使用
	冷底子油	防水工程的最底层
	乳化石油沥青	代替冷底子油、粘贴玻璃布、拌制沥青砂浆或沥青混凝土
	聚氯乙烯防水接缝材料	屋面、墙面、水渠等的缝隙
	丙烯酸酯密封材料	墙面、屋面、门窗等的防水接缝工程。不宜用于经常被水浸泡的工程
	聚氨酯密封材料	各类防水接缝。特别是受疲劳荷载作用或接缝处变形大的部位,如建筑物、公路、桥梁等的伸缩缝
	聚硫橡胶密封材料	各类防水接缝。特别是受疲劳荷载作用或接缝处变形大的部位,如建筑物、公路、桥梁等的伸缩缝

8.1.3　两种典型的建筑防水卷材

1. 弹性体改性沥青防水卷材(《弹性体改性沥青防水卷材》(GB 18242—2008))

弹性体改性沥青防水卷材简称"SBS 卷材",是以聚酯毡或玻纤毡为胎基,苯乙烯-丁二烯-苯乙烯(SBS)热塑性弹性体作改性剂,两面覆以隔离材料所制成的建筑防水卷材。

(1) 分类与标记。

①类型。按胎基分为聚酯毡(PY)、玻纤胎(G)和玻纤增强聚酯毡(PYG);按上表面隔离材料分为聚乙烯膜(PE)、细砂(S)、矿物粒料(M)。下表面隔离材料为细砂(S)(注:细砂为粒径不超过 0.6 mm 的矿物颗粒)、聚乙烯膜(PE)。按材料性能分为Ⅰ型和Ⅱ型。

②规格。卷材公称宽度为 1000 mm;聚酯毡卷材公称厚度为 3 mm、4 mm、5 mm;玻纤毡卷材公称厚度为 3 mm、4 mm;玻纤增强聚酯毡卷材公称厚度为 5 mm;每卷卷材公称面积为 7.5 m²、10 m²、15 m²。SBS 弹性体改性沥青防水卷材样品及试样制备如图 8-5 所示。

③标记。产品按名称、型号、胎基、上表面材料、下表面材料、厚度、面积和本标准编号顺序标记。示例:10 m² 面积、3 mm 厚上表面为矿物粒料,下表面为聚乙烯膜聚酯胎Ⅰ型弹性体改性沥青防水卷材,标记为 SBS Ⅰ PY M PE 3 10 GB 18242—2008。

④用途。弹性体改性沥青防水卷材主要用于工业与民用建筑的屋面和地下防水工

图 8-5　SBS 弹性体改性沥青防水卷材样品及试样制备

程;玻纤增强聚酯毡卷材可用于机械固定单层防水,但需通过抗风荷载试验;玻纤毡卷材
适用于多层防水中的底层防水;外露使用应采用上表面隔离材料为不透明的矿物粒料的
防水卷材;地下工程防水应采用表面隔离材料为细砂的防水卷材。

(2)要求。

①单位面积质量、面积及厚度。单位面积质量、面积及厚度应符合表 8-4 的规定。

表 8-4　单位面积质量、面积及厚度

规格/mm		3			4			5		
上表面材料		PE	S	M	PE	S	M	PE	S	M
下表面材料		PE	PE、S		PE	PE、S		PE	PE、S	
面积/(m²/卷)	公称面积	10、15			10、7.5			7.5		
	偏差	±0.10			±0.10			±0.10		
单位面积质量/(kg/m²),≥		3.3	3.5	4.0	4.3	4.5	5.0	5.3	5.5	6.0
厚度/mm	平均值≥	3.0			4.0			5.0		
	最小单值	2.7			3.7			4.7		

②外观。成卷卷材应卷紧卷齐,端面里进外出不得超过 10 mm。成卷卷材在(4~
60)℃产品温度下展开,在距卷芯 1000 mm 长度外不应有 10 mm 以上的裂纹或黏结。胎
基应浸透,不应有未被浸渍处。卷材表面应平整,不允许有孔洞、缺边和裂口、疙瘩,矿物
粒料度应均匀一致并紧密地黏附于卷材表面。每卷卷材接头处不应超过一个,较短的一
段长度不应少于 1000 mm,接头应剪切整齐,并加长 150 mm。

③材料性能。SBS 卷材物理力学性能符合表 8-5 的规定。

表 8-5　SBS 卷材物理力学性能(GB 18242—2008)

序号	项目			指标				
				I		II		
				PY	G	PY	G	PYG
1	可溶物含量/(g/mm²),≥		3 mm	2100				—
			4 mm	2900				—
			5 mm	3500				
			试验现象	—	胎基不燃	—	胎基不燃	—
2	耐热性		℃	90		105		
			mm,≤	2				
			试验现象	无流淌、滴落				
3	低温柔性/℃			−20		−25		
				无裂缝				
4	不透水性 30 min			0.3 MPa	0.2 MPa	0.3 MPa		
5	拉力	最大峰拉力/(N/50mm),≥		500	350	800	500	900
		次高峰拉力/(N/50mm),≥		—	—	—	—	800
		试验现象		拉伸过程中,试件中部无沥青涂盖层开裂或与胎基分离现象				
6	延伸率	最大峰时延伸率/(%),≥		30	—	40	—	—
		第二峰时延伸率/(%),≥		—		—		15
7	浸水后质量增加/(%),≤	PE、S		1.0				
		M		2.0				
8	接缝剥离强度/(N/mm),≥			1.5				
9	热老化	拉力保持率/(%),≥		90				
		延伸率保持率/(%),≥		80				
		低温柔性/℃		−15		−20		
				无裂缝				
		尺寸变化率/(%),≤		0.7	—	0.7	—	0.3
		质量损失/(%),≤		1.0				

注:此表只摘编局部项目。

（3）试验方法。

①标准试验条件为（23±2）℃。

②试件制备。样品如图 8-5 所示。将取样卷材切除距外层卷头 2500 mm 后，取 1 m 长的卷材按取样方法均匀裁取试件，卷材性能试件的形状和数量按表 8-6 裁取。

表 8-6　试件形状和数量

序号	试验项目		试件形状（纵向×横向）/mm	数量/个
1	可溶物含量		100×100	3
2	耐热性		125×100	纵向 3
3	低温柔性		150×25	纵向 10
4	不透水性		150×150	3
5	拉力及延伸度		(250～320)×50	纵横向各 5
6	浸水后质量增加		(250～320)×50	纵向 5
7	热老化	拉力及延伸度	(250～320)×50	纵横向各 5
		低温柔性	150×25	纵向 10
		尺寸变化率及质量损失	(250～320)×50	纵向 5
8	接缝剥离强度		400×200（搭接边处）	纵向 2
9	钉杆撕裂强度		200×100	纵向 5
10	矿物粒料黏附性		265×50	纵向 3
11	卷材下表面沥青涂盖层厚度		200×50	横向 3
12	人工气候加速老化	拉力保持率	120×50	纵横向各 5
		低温柔性	120×50	纵向 10

③每个项目的试验方法参见《弹性体改性沥青防水卷材》（GB 18242—2008）相关规定。

（4）检验要求。

①检验批：以同一类型、同一规格 10000 m² 为一批，不足 10000 m² 亦可作为一批。

②检验项目：包括单位面积质量、面积、厚度、外观、可溶物含量、不透水性、耐热性、低温柔性、拉力、延伸率等。

（5）判定规则。

依据《弹性体改性沥青防水卷材》（GB 18242—2008）相关规定执行。

2. 塑性体改性沥青防水卷材（《塑性体改性沥青防水卷材》（GB 18243—2008））

塑性体改性沥青防水卷材简称"APP 卷材"，是以聚酯毡、玻纤毡、玻纤增强聚酯毡为胎基，以无规聚丙烯（APP）或聚烯烃类聚合物（APAO、APO 等）作石油沥青改性剂，两面覆以隔离材料所制成的防水卷材。

（1）分类与标记。

①类型和规格:塑性体改性沥青防水卷材的类型及规格同弹性体改性沥青防水卷材。

②标记:产品按名称、型号、胎基、上表面材料、下表面材料、厚度、面积和本标准编号顺序标记。示例:10 m² 面积、3 mm 厚上表面为矿物粒料,下表面为聚乙烯膜聚酯胎Ⅰ型塑性体改性沥青防水卷材,标记为 APP Ⅰ PY M PE 3 10 GB 18243—2008。

（2）要求。

塑性体改性沥青防水卷材（APP 卷材）的物理力学性能符合表 8-7 的要求。

表 8-7　APP 卷材物理力学性能（GB 18243—2008）

序号	项　目			指标				
				Ⅰ		Ⅱ		
				PY	G	PY	G	PYG
1	可容物含量 /(g/mm²),≥		3 mm	2100				—
			4 mm	2900				—
			5 mm	3500				
			试验现象	—	胎基不燃	—	胎基不燃	
2	耐热性		℃	110		130		
			mm,≤	2				
			试验现象	无流淌、滴落				
3	低温柔性/℃			−7		−15		
				无裂缝				
4	不透水性 30 min			0.3 MPa	0.2 MPa	0.3 MPa		
5	拉力	最大峰拉力/(N/50mm),≥		500	350	800	500	900
		次高峰拉力/(N/50mm),≥		—	—	—	—	800
		试验现象		拉伸过程中,试件中部无沥青涂盖层开裂或与胎基分离现象				
6	延伸率	最大峰时延伸率/(%),≥		25	—	40	—	—
		第二峰时延伸率/(%),≥		—		—		15
7	浸水后质量增加/(%),≤	PE、S		1.0				
		M		2.0				
8	接缝剥离强度/(N/mm),≥			1.0				

续表

序号	项 目		指标				
			I		II		
			PY	G	PY	G	PYG
9	热老化	拉力保持率/(%),≥	90				
		延伸率保持率/(%),≥	80				
		低温柔性/℃	−2		−10		
			无裂缝				
		尺寸变化率/(%),≤	0.7	—	0.7	—	0.3
		质量损失/(%),≤	1.0				

注:此表只摘编局部项目。

（3）试验方法。

①APP 卷材的试验方法与 SBS 卷材基本相同。

②试件制备:将取样卷材切除距外层卷头 2500 mm 后,取 1 m 长的卷材按取样方法均匀裁取试件,卷材性能试件的形状和数量按表 8-8 裁取。

表 8-8 试件形状和数量

序号	试验项目		试件形状(纵向×横向)/mm	数量/个
1	可溶物含量		100×100	3
2	耐热性		125×100	纵向 3
3	低温柔性		150×25	纵向 10
4	不透水性		150×150	3
5	拉力及延伸度		(250~320)×50	纵横向各 5
6	浸水后质量增加		(250~320)×50	纵向 5
7	热老化	拉力及延伸度	(250~320)×50	纵横向各 5
		低温柔性	150×25	纵向 10
		尺寸变化率及质量损失	(250~320)×50	纵向 5
8	接缝剥离强度		400×200(搭接边处)	纵向 2
9	钉杆撕裂强度		200×100	纵向 5
10	矿物粒料黏附性		265×50	纵向 3

序号	试验项目		试件形状(纵向×横向)/mm	数量/个
11	卷材下表面沥青涂盖层厚度		200×50	横向3
12	人工气候加速老化	拉力保持率	120×25	纵横向各5
		低温柔性	120×25	纵向10

③每个项目的试验方法参见《塑性体改性沥青防水卷材》(GB 18243—2008)相关规定。

(4)检验要求和判定规则。

根据《塑性体改性沥青防水卷材》(GB 18243—2008)相关规定执行。

8.1.4 建筑防水材料的选用与验收

1. 防水材料的选用

建筑物和构筑物的防水是依靠具有防水性能的材料来实现的,防水材料质量的优劣直接关系到防水层的耐久年限,防水工程的质量在很大程度上取决于防水材料的性能和质量,材料是防水工程的基础。我们在进行防水工程施工时,所采用的防水材料必须符合国家或行业的材料质量标准,并应满足设计要求。

(1)屋面防水材料的选用。

根据《屋面工程技术规范》(GB 50345—2012),屋面防水工程应根据建筑物的类别、重要程度、使用功能要求确定防水等级,并应按相应等级进行防水设防;对防水有特殊要求的建筑屋面应进行专项防水设计。屋面防水等级和设防要求应按表8-9中有关规定执行。

表8-9 屋面防水等级和设防要求

防水等级	建筑类别	设防要求
Ⅰ	重要建筑和高层建筑	二道防水设防
Ⅱ	一般建筑	一道防水设防

(2)地下工程防水材料的选用。

根据《地下防水工程质量验收规范》(GB 50208—2011)中有关规定,地下工程的防水材料的防水等级分为一级、二级、三级、四级,各级要求如表8-10所示。可根据各等级的设防要求选用相应的防水材料。

表8-10 地下工程防水等级标准

防水等级	防水标准
一级	不允许渗水,结构表面无湿渍

防水等级	防水标准
二级	不允许漏水,结构表面可有少量湿渍; 房屋建筑地下工程:总湿渍面积不应大于总防水面积(包括顶板、墙面、地面)的1/1000;任意100m²防水面积上的湿渍不超过2处,单个湿渍的最大面积不大于0.1 m²; 其他地下工程:总湿渍面积不应大于总防水面积的2/1000;任意100 m²防水面积上的湿渍不超过3处,单个湿渍的最大面积不大于0.2 m²;其中,隧道工程平均渗水量不大于0.05 L/(m²·d),任意100 m²防水面积上的渗水量不大于0.15L/(m²·d)
三级	有少量漏水点,不得有线流和漏泥砂; 任意100 m²防水面积上的漏水或湿渍点数不超过7处,单个漏水点的最大漏水量不大于2.5 L/d,单个湿渍的最大面积不大于0.3 m²
四级	有漏水点,不得有线流和漏泥砂; 整个工程平均漏水量不大于2L/(m²·d);任意100 m²防水面积上的平均漏水量不大于4L/(m²·d)

2. 防水材料的验收

(1)根据《屋面工程质量验收规范》(GB 50207—2012)规定,屋面工程所用的防水、保温材料应有产品合格证书和性能检测报告,材料的品种、规格、性能等必须符合国家现行产品标准和设计要求。产品质量应由经过省级以上建设行政主管部门对其资质认可和质量技术监督部门对其计量认证的质量检测单位进行检测。

防水材料进入施工现场后,应按有关要求进行相关项目的抽样检验,材料的规格尺寸、外观、物理性能指标等应符合相关标准要求,并出具复试检验报告。

(2)检测项目。

目前防水卷材通常要进行的检测项目有规格尺寸、外观质量、常温拉伸强度、常温扯断伸长率、耐热度、低温弯折性、不透水性等。

(3)判定规则。

当防水卷料的规格尺寸、外观质量、物理性能各项指标全部符合标准规定的技术要求时,则判定为合格品。若物理性能有一项指标不符合技术要求,应另取双倍试样进行该项复试,复试结果若仍不合格,则该产品为不合格品。

任务8.2 建筑保温绝热材料

任 务 描 述

1. 能查找建筑保温绝热材料的技术标准;能根据标准查找建筑功能材料的品种、性质和应用。

2. 能根据不同的工程特点、建筑部位及其功能要求,合理选用建筑保温绝热材料并能进行检测检验和质量评定。

建筑保温绝热材料作为一种建筑功能材料,主要用于墙体、屋顶、热工设备及管道、冷藏设备、冷藏库等工程或冬季施工等。它在现代建筑上的合理使用,可以减少热损失,节约能源,减少外墙厚度、减轻屋面体系的自重,对保护环境、实现可持续发展、建设节约型社会都有重要意义。

绝热材料作为减少热传递的一种功能材料,其绝热性能决定于化学成分和(或)物理结构。一般将热导率不大于 0.23 W/(m·K)的材料称为绝热材料;而热导率小于 0.14 W/(m·K)的材料称为保温材料。

8.2.1 保温绝热材料的作用机理

传热是指热量从高温处向低温处的自发流动,是由于温差引起的能量转移。在自然界中无论是在一种介质内部,还是两种介质之间,只要有温差存在,就会出现传热过程。

传热的方式有三种:传导传热、对流传热、辐射传热。

1. 导热系数

衡量材料导热能力的主要指标是导热系数(热导率)λ。导热系数是指单位时间内沿等温面法线方向,单位长度温度降低1 ℃单位面积所传导的热量。λ 值越小,材料的导热能力越差,保温隔热性能越好,因此,设计和生产保温材料主要就是尽量降低材料的导热系数。

建筑保温绝热材料的共同特点是轻质、疏松、呈多孔状或纤维状,以其内部不流动的空气来阻隔热的传导。但不同的保温隔热材料有不同的特性:有的保温隔热材料可以在1000 ℃以上的条件下较长期地使用;有的可以在很低的负温下使用而不脆裂;有的使用温度不到 100 ℃就开始收缩,继续升温会熔化,甚至燃烧;有的易燃;有的根本不燃烧;有的易吸水;有的则几乎不吸水。多数有机保温材料在太阳紫外线较长时间照射下易老化。

2. 影响保温绝热材料性能的因素

(1) 材料的化学组成及结构。

化学成分不同,材料的热导率就有很大的差异。通常,金属热导率最大,一般在2.3～419 W/(m·K)范围内,其中银的热导率最大,其次为非金属,液体较小,气体更小。非金属中有机材料一般有比无机材料导热率小。化学成分相同而结构不同的材料热导率也不同。一般晶体材料的热导率较大,微晶体次之,玻璃体最小。但对于多孔保温材料而言,因孔隙率较高,气体的热导率起主要作用,固体部分对热导率影响较小。

（2）材料的表观密度、孔隙率和孔隙特征。

从材料的基本性质学习中,我们知道表观密度与孔隙率有相关性。由于固体物质的热导率比空气大很多,因此,表观密度小或孔隙率大的材料,其热导率小。当孔隙率相同时,孔隙小而封闭的材料由于空气对流作用减弱,往往比孔隙粗大且连通的材料有更小的热导率。如果孔隙中开口孔隙较多且不做处理,会降低保温隔热性能。

（3）材料所处环境的温度和湿度。

当材料受潮后,由于孔隙中增加了水蒸气的扩散和水分子的传热作用,致使材料热导率增大（$\lambda_{空气}=0.029$ W/(m·K),$\lambda_{水}=0.58$ W/(m·K)）。而当材料受冻后,水变成冰后其热导率将更大（$\lambda_{冰}=2.33$ W/(m·K)）。因此,保温隔热材料使用时要注意防潮防冻。

当温度升高时,材料的热导率将随之增大。但是在 0~50 ℃范围内,这种影响并不明显,只在高温或负温下才考虑温度的影响。

（4）热流方向的影响。

材料如果是各向异性的（如木材等纤维质材料）,当热流平行于纤维延伸方向时受到的阻力小,而垂直于纤维延伸方向时受到的阻力大。

综上,优良的绝热材料应具有较高的孔隙率,以封闭、细小孔隙为佳,以吸湿性、吸水性较小的非金属材料为佳。

8.2.2　常用保温绝热材料

1. 保温绝热材料的分类

（1）按使用温度可分为:耐高温保温绝热材料（700 ℃以上）、耐中温保温绝热材料（100~700 ℃）、常温保温绝热材料（0~100 ℃）、低温保冷材料（-30~0 ℃）、超低温保冷材料（-30 ℃以下）。

（2）按密度可分为:重质保温绝热材料（密度>350 kg/m³）、轻质保温绝热材料（密度为 50~350 kg/m³）、超轻质保温绝热材料（密度<50 kg/m³）。

（3）按材质可分为:有机保温绝热材料、无机保温绝热材料、金属保温绝热材料。

（4）按压缩性能可分为:软质保温绝热材料（可压缩 30%以上）、半硬质保温绝热材料（可压缩 6%~30%）、硬质保温绝热材料（可压缩 6%以下）。

（5）按形态可分为:多孔保温绝热材料、纤维保温绝热材料、粉状保温绝热材料、膏状保温绝热材料。表 8-11 为按形态分类的常用保温绝热材料。

表 8-11　按形态分类的常用保温绝热材料

形　态	材　料　名　称	制　品　形　状
多孔状	聚苯乙烯泡沫塑料	板、块、筒
	聚氯乙烯泡沫塑料	板、块、筒
	泡沫玻璃、聚氨酯泡沫塑料	板、块、筒
	改性菱镁泡沫制品、加气混凝土	板、块
	微孔硅酸钙、珍珠岩制品	板、块、筒

形　态	材料名称	制品形状
纤维状	岩棉、矿渣棉	毡、筒、带、板
	玻璃棉	毡、筒、带、板
	陶瓷纤维、硅酸铝纤维棉	毡、筒、带、板
	稻草板	板
	软木、木丝板、木屑板	板
粉末状	膨胀珍珠岩	粉
	硅藻土、硅酸盐复合保温粉	粉
	膨胀蛭石	粉
膏状	硅酸盐复合保温涂料	膏、浆
层状	金属箔、纸玻纤筋铝箔、铝箔	夹层、蜂窝状、单层
	金属镀膜	多层状、单层
	绝热纸	层状、单层、多层
	绝热塑料反射膜	层状、单层、多层

2. 无机保温绝热材料

无机保温绝热材料是用矿物质原材料制成的保温绝热材料，一般呈散粒状、纤维状、多孔状，可制成板、片、卷材等制品。

（1）散粒状无机保温绝热材料。

常见的材料有膨胀蛭石、膨胀珍珠岩等。

①膨胀蛭石及其制品：蛭石是一种含镁、铁和水铝硅酸盐的天然矿物，由云母类矿物风化而成，具有层状结构，因其在膨胀时像水蛭蠕动而得名蛭石，是一种有代表性的多孔轻质无机绝热材料，具有隔热、耐冻、抗菌、防火、吸声等特性，多在墙壁、楼板、屋面的夹层中作松散填充料，起绝热、隔声作用，但应注意防水防潮。另外，膨胀蛭石也可与水泥、水玻璃、沥青和树脂等胶凝制品配合，制成板，用于建筑构件绝热处理以及冷库保温层。

②膨胀珍珠岩及其制品：膨胀珍珠岩是由天然珍珠岩烧制而成，珍珠岩是由喷出的熔岩冲到地表后急剧冷却而形成的火山玻璃质岩石。其煅烧膨胀后呈现白色或灰白色的蜂窝状。膨胀珍珠岩轻质、绝热、无毒、不易燃、耐腐蚀、施工方便，是一种高效的保温材料，广泛用于保温隔热处理，也可用作吸声材料。

（2）纤维状无机保温绝热材料。

纤维状无机保温绝热材料被广泛应用于建筑物表面。常见的有矿棉、石棉和玻璃棉。

①矿棉及其制品：轻质、绝热、绝缘、吸声、不易燃烧，原料广泛，成本低廉，常被用作墙

体保温、屋面保温和地面保温,一些热力管道的保温处理也常选用此类材料。其缺点是吸水性大、弹性小。

②石棉及其制品:抗拉强度高、耐高温、耐酸碱、隔热、隔声、防腐、防火和绝缘等,是一种优质的绝热材料,多用于绝热工程和防火覆盖等。

③玻璃棉及其制品:无毒、不易燃、轻质、耐腐蚀、绝热、化学稳定性强、憎水性好,导热系数小。其价格与矿棉制品相近,被广泛应用于房屋建筑工程,在一些温度相对较低的热力设备中也常采用玻璃棉制品。

(3)多孔状无机保温隔热材料。

多孔状无机保温隔热材料主要为泡沫类和发气类产品,常见的有泡沫玻璃、微孔硅酸钙制品、泡沫混凝土、加气混凝土和硅藻土。

①泡沫玻璃:导热系数小,抗压强度高,无毒,防水、防火、防蛀、防静电,耐腐蚀,抗冻性好,易加工,与各类泥浆黏结性好。主要用于寒冷地区建筑物墙体及屋顶保温,也用于需要隔声隔热的设备和河渠、护栏的防蛀防漏工程上。

②微孔硅酸钙制品:多用于围护结构及管道保温,效果比水泥膨胀珍珠岩和水泥膨胀蛭石好。

③泡沫混凝土:由水泥、水、松香泡沫剂混合,经加工处理而成。其特性为多孔、轻质、保温、吸声,也可用粉煤灰、石灰、石膏和泡沫剂制成粉煤灰泡沫混凝土。

④加气混凝土:是一种保温隔热性能良好的轻质材料。其表观密度小,导热系数小,耐火性好。24cm厚的加气混凝土墙体的隔热效果好于37cm厚的砖墙。

⑤硅藻土:由水生硅藻类生物的残骸堆积而成,具有良好的绝热性能,多用作填充料。

3.有机保温绝热材料

有机保温绝热材料多以天然的植物材料或高分子材料为原料加工而成,保温效果好,成本低,易于施工。但不耐热、易变质,使用温度不能过高。常见的有机保温绝热材料有软木板、蜂窝板、植物纤维类绝热板、硬质泡沫橡胶、窗用绝热薄膜、泡沫塑料等。

目前,我国市场上的泡沫塑料主要有:聚苯乙烯泡沫塑料、聚氯乙烯泡沫塑料、聚氨酯泡沫塑料等,主要用于复合墙板、屋面板的夹心层及冷藏包装。但这类材料自身存在很大缺陷——易燃。因其呈泡状结构,泡内充满空气,使得外墙保温材料的火焰扩散速度非常快,聚氨酯材料,即使是用打火机点燃亦能在短时间内烧透。燃烧速度快且燃烧过程中会产生溶滴导致火势加速蔓延,同时产生有毒气体,以一氧化碳(CO)为主。

目前,我国高层建筑所采用的保温材料很多都是高分子有机发泡保温板,如模塑聚苯乙烯泡沫板(EPS:以珠粒状可发性聚苯乙烯树脂或其共聚物为主要成分,经加热预发泡后在模具中加热成型而制得的泡沫塑料)和挤塑聚苯乙烯泡沫板(XPS:以聚苯乙烯树脂或其共聚物为主要成分,掺加少量添加剂,通过加热挤塑成型而制成的具有闭孔结构的硬质泡沫塑料)。

任务8.3　建筑光学材料

任 务 描 述

1. 了解玻璃的定义和分类;掌握建筑上常用玻璃的品种。
2. 能查找建筑玻璃材料的技术标准,正确使用建筑玻璃材料。

建筑光学材料是指在建筑采光、照明和饰面工程中对光具有透射或反射作用的材料。其主要作用是控制发光强度,调节室内照度、空间亮度和光色分布,控制眩光,改善视觉条件,创造良好的光环境。目前,建筑光学材料的主要品种是建筑玻璃。

8.3.1　玻璃

1. 玻璃的定义

玻璃是以石英砂、纯碱、长石、石灰石等为主要原料,经高温熔融、成型、冷却固化而成的非结晶无机材料。玻璃有硅酸盐玻璃、硼酸盐玻璃、磷酸盐玻璃等。硅酸盐玻璃指基本成分为 SiO_2 的玻璃,品种多,用途广。

玻璃是一种非晶态的固体,内部没有结晶体,不妨碍光的通过,而且对光很少散射和吸收,具有优良的光学性能,是唯一能利用透光性来控制和隔断空间的材料。

玻璃作为一种现代建筑装饰材料,透明、多彩、有光泽,被大量用于屋面、幕墙、顶棚、墙面等。20世纪中叶,随着玻璃生产技术的发展,新的玻璃品种不断出现:具备采光、遮阳、保温、隔声、装饰的多功能玻璃;具备杀菌、净化环境、光电转化的生态玻璃;具备自洁净、自诊断、自适应、自修补的智能机敏玻璃。这些玻璃极大地增强了建筑的功能,满足人们环保、绿色、节能的要求。

2. 玻璃的性质

(1)密度。

玻璃的密度与化学组成关系密切。在各种玻璃制品中,密度的差别很大。石英玻璃的密度最小,为 2.2 g/cm³,普通钠钙硅玻璃的密度为 2.5～2.6 g/cm³,含大量氧化铅的重火石玻璃密度为 6.5 g/cm³,某些防辐射玻璃的密度高达 8 g/cm³。玻璃的密度随温度升高而下降。

(2)光学性质。

入射到材料上的光通量,一部分被反射,一部分被吸收后变为热能,一部分透过材料,这三部分光通量与入射光通量之比,分别称为反射系数、吸收系数、透光系数,当用百分数表示时,则称为反射率(R)、吸收率(A)和透光率(T),即 $R(\%) + A(\%) + T(\%) = 100\%$。

调整玻璃的化学组成、着色、光照、热处理、涂膜等可以使玻璃具有反射、吸收、透过、变色、防辐射等一系列光学性能。

（3）力学性质。

①机械强度：是指在受力过程中，从开始受载到断裂为止所能达到的最大应力值。一般用抗压强度、抗折强度、抗张强度和抗冲击强度等指标表示。其特点是抗压强度和硬度较高，但抗张、抗折强度不高，并且脆性大。玻璃的机械强度与化学组成、玻璃中的缺陷、玻璃的应力、使用时的温度都有关。为了提高玻璃的机械强度，可采用退火、钢化、表面处理、涂层、微晶化或者与其他材料制成复合材料等方法。

②硬度：是材料抵抗其他物体刻划或压入其表面的能力。玻璃的硬度取决于化学成分，石英玻璃和硼硅酸盐玻璃硬度较大，含铅的或含碱性氧化物的玻璃硬度较小。

③脆性：是指在外力作用下无显著塑性变形直接发生破坏的性质。玻璃是一种典型的脆性物质，通常用它破坏时所受到的冲击强度来表示。

（4）热学性能。

玻璃的热学性能是玻璃的主要物化性质之一，包括热膨胀系数、导热性、热稳定性。

①热膨胀系数。玻璃的热膨胀系数用线膨胀系数和体膨胀系数表示。测定线膨胀系数比体膨胀系数简便，因此在讨论热膨胀系数时，通常都是采用线膨胀系数。当玻璃被加热时，温度从 t_1 升到 t_2，玻璃试样的长度从 L_1 变到 L_2，则玻璃的线膨胀系数 α 可用下式表示：

$$\alpha = (L_2 - L_1)/[(t_2 - t_1)L_1] = \Delta L/(\Delta t \cdot L_1) \tag{8-3}$$

玻璃的热膨胀系数与玻璃的化学组成、温度、热历史等因素有关。

②导热性。物质靠质点的振动把能量从高温处传递至低温处的能力称为导热性。玻璃的导热性用传热系数 λ 表示，λ 反映物质传热的难易程度，它的倒数称为热阻。玻璃是热的不良导体，其传热系数较低。玻璃的传热系数与玻璃的成分、温度、颜色等有关。一般，玻璃的温度越高，传热系数越大，颜色越深，传热系数越大。

③热稳定性。玻璃经受剧烈的温度变化而不破坏的性能称为玻璃的热稳定性。玻璃的热稳定性主要决定于玻璃的线膨胀系数和玻璃的厚度。玻璃的线膨胀系数越大，厚度越大，热稳定性越差。

8.3.2　建筑玻璃的种类

建筑玻璃按其用途可分为两大类：一类是透视采光用的平板玻璃，包括未经深加工的普通玻璃和经过深加工的玻璃制品，如钢化玻璃、夹层玻璃、中空玻璃、镀膜玻璃等；另一类是作为墙体及内墙装饰用的建筑玻璃饰面材料，如玻璃马赛克、微晶玻璃花岗岩饰面板等。

1. 普通平板玻璃

普通平板玻璃是指未经加工的平板玻璃制品，主要用于一般建筑的门窗，起透光、挡风雨、保温和隔声等作用，同时也是特殊功能玻璃的基础材料。

平板玻璃生产方法主要分为三种，即引上法平板玻璃（分有槽/无槽两种）、平拉法平板玻璃和浮法玻璃。引拉法玻璃易产生波纹和波筋。浮法玻璃表面平整，可替代磨光玻璃使用。浮法玻璃厚度均匀、上下表面平整、生产率高、利于管理,逐渐成为玻璃的主流。

浮法生产的平板玻璃,质量应符合《平板玻璃》(GB 11614—2009)的规定。其形状为正方形或长方形;按厚度分为 2 mm、3 mm、4 mm、5 mm、6 mm、8 mm、10 mm、12 mm、15 mm、19 mm 等 10 种;按外观质量分为优等品、一级品和合格品三个等级;按用途分为制镜级、汽车级、建筑级三类。

3～4 厘玻璃(mm 在日常中也称为厘),主要用于画框表面;5～6 厘玻璃,主要用于外墙窗户、门扇等小面积透光造型等;7～9 厘玻璃,主要用于室内屏风等较大面积但有框架保护的造型之中;9～10 厘玻璃,可用于室内大面积隔断、栏杆等装修项目;11～12 厘玻璃,可用于地弹簧玻璃门和一些活动人流较大的隔断之中。15 厘以上玻璃,一般市面上销售较少,往往需要订货,主要用于较大面积的地弹簧玻璃门外墙整块玻璃墙面。

2. 安全玻璃

安全玻璃打碎后的碎渣不易伤人,对某些伤害源起阻挡作用。目前,常用的安全玻璃有钢化玻璃、夹丝玻璃和夹层玻璃等。

3. 功能玻璃

(1)吸热玻璃:也称着色玻璃,是能吸收大量红外线辐射能、并保持较高可见光透过率的平板玻璃。其生产方法是在玻璃的原料中加入着色剂或在玻璃表面喷涂氧化锡、氧化锑、氧化铁等着色氧化物薄膜,颜色有灰色、茶色、蓝色、绿色、古铜色、青铜色、粉红色和金黄色等。我国目前主要生产前三种颜色的吸热玻璃,厚度有 2 mm、3 mm、4 mm、5 mm、6 mm、8 mm、10 mm、12 mm 八种。

(2)热反射玻璃:是有较高的热反射能力而又保持良好透光性的平板玻璃。热反射玻璃主要用于有绝热要求的建筑物门窗、玻璃幕墙、汽车和轮船的玻璃窗等。热反射玻璃又称镜面玻璃或低辐射玻璃、遮阳镀膜玻璃。热反射玻璃主要用于装备有空调系统的办公大楼、宾馆、体育馆或建筑物的幕墙等。

(3)中空玻璃:由两层或两层以上普通平板玻璃构成。四周用高强度、高气密性复合黏结剂,将两片或多片玻璃与密封条、玻璃条黏结密封,中间充入干燥气体,框内充以干燥剂,以保证玻璃片间空气的干燥度。中空玻璃有良好的保温、隔热、隔声性能,用于既要采光,又要隔热保温或隔声的门窗、幕墙、隔断等。

(4)自洁净玻璃:纳米 TiO_2 抗菌自洁净玻璃是一种高附加值的新型功能玻璃,也是 21 世纪玻璃深加工领域处于领先水平的高科技绿色环保玻璃。

4. 装饰玻璃

(1)彩釉钢化玻璃:是将玻璃釉料通过特殊工艺印刷在玻璃表面,然后经烘干、钢化处理而成。

(2)喷砂/磨砂玻璃:磨砂玻璃是在普通平板玻璃上面进行打磨工艺处理,破坏玻璃表面对光线的镜面作用,使玻璃具有透光而不透视的特点。喷砂玻璃是用 0.4～0.7 MPa 的压缩空气或高压风机产生的高速气流将金刚砂、硅砂等细砂吹到玻璃表面上,使玻璃表面产生砂痕而成。

(3)压花玻璃:是采用压延方法制造的一种平板玻璃。其最大的特点是透光不透明,多使用于洗手间等装修区域。

（4）玻璃马赛克：又叫玻璃锦砖或玻璃纸皮砖。它是一种小规格的彩色饰面玻璃。一般规格为 20 mm×20 mm、30 mm×30 mm、40 mm×40 mm，厚度为 4～6 mm，是多种颜色的小块玻璃质镶嵌材料。外观透明或半透明，带金、银色斑点，有花纹或条纹。正面光泽滑润细腻，背面有较粗糙的槽纹以利于与基面黏结。为便于施工，出厂前，将玻璃锦砖按设计图案反贴在牛皮纸上。

（5）玻璃砖：又称特厚玻璃，是用玻璃制成的实心或空心块料。玻璃砖的形状和尺寸多样，内外表面可制成光面或凹凸花纹面，有无色或彩色多种。玻璃砖主要用于高级建筑、体育馆、宾馆、酒楼、商场、体育馆、车站、展厅、民用住宅的外墙、内墙及隔断等。

（6）玻璃幕墙：是以轻金属边框架和功能玻璃预制成模块的建筑外墙单元，镶嵌或挂在框架结构外，作为围护和装饰墙体。由于它大片连续，不受荷载、质轻如幕，故称为玻璃幕墙。国内常见的玻璃幕墙多以铝合金型材为边框，功能玻璃（如中空玻璃、夹层玻璃、吸热玻璃、热反射玻璃、镀膜玻璃）为外敷面，内多以绝热材料作为复合墙体。玻璃幕墙的结构形式主要有明框式幕墙（将玻璃嵌在铝合金边框上）、隐框式幕墙（没有铝合金框格，靠结构胶把玻璃黏在铝型材框架上）、半隐式幕墙。玻璃幕墙作为立面装饰材料，自重轻、保温隔热、隔声、外观华丽，将建筑功能、建筑美学、建筑结构、节能等因素有机结合在一起，目前多用于豪华建筑的外墙装饰。

8.3.3　玻璃的储存与运输

玻璃在湿度大、气温高的条件下长期存放时，常发现玻璃的表面上呈现"雾状"白斑、彩虹等现象，通常称为玻璃发霉。浮法玻璃这种现象更为严重。玻璃发霉会影响玻璃的透光性和外观质量，因此不宜存放太久。

运输时，玻璃应用木箱或集装箱（架）包装，每箱（架）的包装数量应与箱（架）的强度相适应。一箱应装同一厚度、尺寸、级别的玻璃。运输过程中，一定采取防止倾倒、滑动的措施，注意固定和加软护垫。一般建议采用竖立的方法运输。箱（架）的长度方向应平行于运输前进方向，车辆的行驶应该注意保持稳定和中慢速。

人工搬运时，搬运人员均须佩戴手套及安全帽，不得穿系带鞋。

任务8.4　建筑装饰材料

任务描述

1. 掌握建筑装饰材料的常用品种。
2. 能查找建筑装饰材料的技术标准，正确使用建筑装饰材料。

建筑装饰材料指依附于建筑物表面起装饰和美化环境的材料。常用的装饰材料有装饰石材、装饰木材、装饰陶瓷、装饰玻璃等。

8.4.1　装饰石材

石材是最古老的建筑材料之一。由于自重大、抗拉强度低，作为结构材料，正逐步被混凝土材料代替。但因具有特有的色泽纹理，在室内外装饰中广泛应用。随着石材加工水平的提高，石材的装饰效果得到充分展现，普遍被用作高级饰面材料。装饰石材大多为板材，由花岗石、大理石经过锯解和磨光而成，有普通型和异型，主要用于墙面、柱面、地面、楼梯踏步等装饰。

1. 天然石材

天然岩石根据地质形成条件不同，可分为岩浆岩、沉积岩、变质岩三大类。

（1）建筑工程中常用的岩浆岩（也称火成岩）。

①花岗岩。花岗岩是岩浆岩中分布较广的一种岩石，由长石、石英及少量云母或角闪石等组成。花岗岩为全晶质结构，其颜色一般为灰白、微黄、淡红色等，构造致密，孔隙率和吸水率很小，表观密度大于 2700 kg/m³，硬度大，耐磨性好，耐久性为 75～200 年，对硫酸和硝酸有较强的抵抗性。但在高温作用下发生晶型转变，体积膨胀而破坏，耐火性不好。

花岗岩在工程中可用于基础、闸坝、桥墩、墙石、勒脚、台阶、路面、纪念性建筑等。

②玄武岩。玄武岩是喷出岩中分布较广的一种岩石，由斜长石、橄榄石、辉石等组成。玄武岩常为隐晶质结构或玻璃质结构，有时也为多孔状或斑形构造，表观密度为 2900～3500 kg/m³，硬度高，脆性大，抗风化能力强。用于高强混凝土的骨料、道路路面和水利工程等。

③浮石、火山灰。浮石是颗粒状的火山岩。粒径大于 5 mm 的多孔结构，表观密度 300～600 kg/m³，可作轻混凝土的骨料。火山灰是粉状火山岩，粒径小于 5 mm，在常温水中能与石灰反应生成水硬性胶凝材料，可作为水泥的混合材料和混凝土的外掺料。

（2）建筑工程中常用的沉积岩。

①石灰岩。石灰岩又称为灰石或青石，主要矿物为方解石，主要化学成分为 $CaCO_3$。石灰岩的矿物组成、化学成分、致密程度和物理性质等差异很大，石灰岩的吸水率为 2%～10%，表观密度为 2600～2800 kg/m³，抗压强度为 20～160 MPa。颜色一般为灰白色、浅白色，含有杂质时为灰黑、深灰、浅黄、浅红等。石灰石硬度低、易开采，可作为生产水泥和石灰的主要原料，也可用于基础、墙身、台阶、路面，水利工程中的堤岸、护坡等，其碎石还是混凝土常用的骨料。

②砂岩。砂岩是指由石英砂或石灰岩等细小碎屑经沉积并重新胶结而成的岩石，其性质决定于胶结物的种类和胶结的致密程度。以氧化硅胶结而成的是硅质砂岩，以碳酸钙胶结而成的是石灰质砂岩，还有铁质砂岩、黏土质砂岩。砂岩的主要矿物为石英，其他矿物有长石、云母、黏土等。致密的硅质砂岩的性能接近于花岗岩，密度和硬度大、强度高、加工困难，适用于纪念性建筑和耐酸工程等；钙质砂岩的性能类似于石灰岩，硬度低、易开采，抗压强度为 60～80 MPa，可用于基础、台阶和人行道等，但不耐酸的腐蚀；铁质砂岩的性能比钙质砂岩差，较密实的可用于一般的土木工程；黏土质砂岩浸水后易软化，建筑工程和水利工程中不采用。

（3）建筑工程中常用的变质岩。

①大理石。大理石是指由石灰岩或白云岩在压力和温度作用下,重新结晶而成的岩石。质地纯正的大理石颜色一般为雪白色,俗称汉白玉,当含有杂质时为红、绿、黄、黑色等。大理石构造致密,表观密度为 2500～2700 kg/m³,抗压强度为 50～140 MPa,耐久性为 30～100 年,锯切、雕刻性能好,磨光后自然、美观、柔和,但硬度不高,板材的光泽易被酸雨侵蚀,故不宜用作室外装饰,是非常优良的室内装饰材料。

②石英石。石英石是指由硅质砂岩变质而成的岩石。石英石晶体结构均匀致密,抗压强度为 250～400 MPa,耐久性好,但硬度大,加工困难,常用于耐磨耐酸的饰面材料。

③片麻岩。片麻岩是指由花岗岩变质而成的岩石。其矿物成分与花岗岩相似,片状构造,各个方向的物理力学不相同。垂直于层理方向有较高的抗压强度,可达 120～200 MPa,沿层理方向易于开采加工,但抗冻性差,在冻融循环过程中易剥落分离成片状,容易风化。常用作碎石、块石、人行道石板等。

2. 人造石材

人造石材花纹图案可以人为控制,质量轻、强度高、耐腐蚀、易黏结、施工方便,被广泛用于各种室内外装饰、卫生洁具等,是现代装饰材料的重要组成部分。

（1）水磨石。水磨石是以水泥和大理石渣为主要原料制成的一种建筑装饰用人造石材。美观、强度高、施工方便,颜色可根据具体环境需要任意配制,花色品种很多,可以在施工时拼铺成各种不同的图案。水磨石适用于建筑物地面、柱面、窗台、踢脚线、台面、楼梯踏步等。

（2）人造大理石。人造大理石按其所用胶结材料不同,可分为水泥型、聚酯型、复合型、烧结型,具有质量轻、强度高、耐腐蚀、施工方便等优点,广泛用于室内装饰装修工程中。

3. 石材的选用

在建筑设计和施工中主要考虑适用性和经济性。例如用于建筑的基础、墙、柱和水利工程的石材,主要考虑强度等级、耐水性、耐久性;用于围护结构的石材,还应考虑石材的绝热性能;用于寒冷、高温、化学腐蚀地区,应考虑其抗冻、抗裂、抗侵蚀等性能。另外,还要考虑就地取材,减少运输费用,达到技术经济目的。

8.4.2　装饰木材

木材是古老的建筑材料之一,轻质、高强、有较高的弹性韧性、抗震性好、易加工。近年来为了保护生态环境,节约森林资源,木材作为结构材料使用已大幅减少。但木材能使空间产生温暖亲切感,给人以田园般的享受,因而被广泛用于建筑物室内家具制作和装饰装修工程中。

1. 木材的分类

树木按树种可分为针叶树和阔叶树两大类。针叶树树干高大通直,材质软,易加工,称为软木材。它材质均匀,强度较高,干湿变形较小,可用于承重结构。常用的树种有松、杉、柏等。阔叶树树干通直部分一般短,材质硬,难加工,称为硬木材。它一般较重,强度高,但胀缩变形大,易开裂,可制作尺寸较小的构件。阔叶树大多有美丽的纹理,装饰效果好,可用作装饰材料用及制作家具。常用的树种有榆、柞、槐、水曲柳、杨、椴等。

2.与木材有关的几个概念

平衡含水率:木材的水分与空气相对湿度达到平衡时的含水率。木材使用前应干燥至该含水率。

纤维饱和点:木材在干燥过程中,自由水蒸发完毕,而细胞壁中的吸附水仍处于饱和状态时的含水率。常以30%作为纤维饱和点含水率,它是木材诸多性质变化的转折点。

湿胀干缩:会使木结构构件发生翘曲和开裂现象,影响结构的正常使用,解决此问题的根本方法是使木材的含水率与结构所处的环境相适应。

强度:木材常被设计成抗压、抗拉、抗剪、抗弯构件,由于木材的各向异性,抗压、抗拉、抗剪强度又有顺纹强度及横纹强度之分。实际工程中,木材很少用作单纯受拉杆件,而较多用作受压或受弯杆件。

3.几种常见的装饰木材

装饰木材常见的有镶拼地板、护壁板、木花格、木线条、纤维板、胶合板、刨花板等。

(1)镶拼地板:是较高级的室内地面装饰材料,利用木材生产中的短小废料,加工成125 mm×25 mm×10 mm 的小木条,预先贴在一块小布条上,5块木条为一联,施工时用专门的树脂水泥浆作胶结材料,将每联的布面朝外,按一定规则粘贴在已硬化的混凝土地面上,待胶结材料硬化后,除去小布,用电刨刨平后油漆打蜡,可显出美丽的木纹。分双层和单层两种。板材多选用水曲柳、柞木、核桃木、栎木、榆木、槐木等质地优良、不易腐朽开裂的硬木树材。镶拼地板分高、中、低3个档次,高档产品适用于中、高级宾馆和大型会议室等室内地面装修,中档产品适用于办公室、疗养院、托儿所、体育馆、舞厅、酒吧等地面装饰,低档的适用于各类民用住宅的地面装饰。

(2)护壁板:用于有拼花地板的房间,使室内材料协调一致,给人一种和谐的感觉。采用木板、企口条板和胶合板等制成,设计和施工时采用嵌条、拼缝和嵌装等手法构图,以实现装饰意图。护壁板下面的墙面一定要做防潮层,表面宜刷涂清漆,显示木纹饰面。护壁板主要用于高级宾馆、办公室和住宅的室内墙壁装饰。

(3)木花格:是用木板和枋木制成具有若干个分隔的木架。木花格宜选用硬木和杉木制作,要求材质木节少,木色好,无虫蛀和腐朽等缺陷。多用于建筑物室内的花窗、隔断、博古架等,它能调整室内设计的格调,改进空间效能和提高室内艺术质量。

(4)木线条:采用质硬、纹理细腻、材质较好的木材加工而成。主要用作建筑物室内墙面的墙腰饰线、墙面洞口装饰线、护壁板和勒脚的压条饰线、顶棚装饰脚线、楼梯栏杆扶手、墙壁挂画条、门框装饰线、家具镶边等,可增添古朴、高雅、亲切的美感。

(5)纤维板:是普遍使用的木质地板,分空铺和实铺两种。将木质纤维废料或非木质纤维废料研磨成木浆,再经热压成型、干燥处理等工序制成。因成型时温度、压力不同,可分为硬质、中密度、软质三种。硬质纤维板是在高温高压下成型的,在建筑上应用很广,用于室内墙壁、地板(复合木地板)、门窗、家具等,软质纤维板多用于吸声绝热材料。

(6)胶合板:又称层压板,是将原木沿年轮旋切成薄层木片,各薄层按纤维方向相互垂直叠放,用胶黏并加热加压制成,通常以奇数层组合,并以层数命名。能制成幅度较大的板材,消除各向异性,克服节子和裂纹等缺陷的影响。可用于隔墙板、天花板、门芯板、室内装修和家具等。

（7）刨花板：是利用木材加工中大量的刨花、木屑等，经干燥、拌和胶料、加压制成的板材。这类板材表观密度小，强度低，多用作吸声绝热材料，在运输时注意防潮处理。

8.4.3 装饰陶瓷

凡用陶土或瓷土及其他天然矿物原料，经配料、制坯、干燥、焙烧而成的产品统称为陶瓷制品，广泛用于建筑物室内外墙面、地面及卫生设备。陶瓷强度高、耐腐蚀、耐磨、防水、防火、易清洗、装饰性强，可分为陶质、瓷质和炻质。

1. 墙砖

墙砖有外墙砖和内墙砖。外墙砖是镶嵌于建筑物外墙面上的片状陶瓷制品，是采用品质均匀而耐火度较高的黏土经压制成型后焙烧而成，为了与基层墙面能很好黏结，面砖的背面均有肋纹。内墙砖又称釉面砖，是用于建筑物室内装饰的薄型精陶制品，表面施釉，烧成后表面光亮平滑，尺寸多样，颜色丰富，耐久性好，防火，主要用于浴室、厨房、卫生间、实验室、医院等内墙面和工作台面、墙裙等处。还可镶拼成各式壁画，具有独特的装饰效果。

2. 地砖

地砖采用塑性较大且难熔的黏土经精细加工烧制而成，抗压强度接近花岗岩，耐磨性好，质地均匀密实，吸水率小，抗冻性好，花色较多，主要用于商店、酒店大厅或厨房、浴室、走廊等地面。

3. 墙地砖

墙地砖是以优质陶土为原料，再加入其他材料配成生料，经半干法压型后焙烧而成，既可以用于外墙又可用于地面。釉面墙地砖通过釉面着色可制成多种颜色，通过丝网印刷可获得丰富的套花图案；无釉墙地砖通过坯体着色可制得单色、多色等多种制品。一般厚的用作铺地砖，薄的用于外墙饰面。

4. 陶瓷锦砖

陶瓷锦砖俗称马赛克，是指由边长不大于 50 mm、具有多种色彩、不同形状的小块砖镶拼成各种花色图案的陶瓷制品。主要用于室内外墙饰面，并可镶拼成陶瓷壁画，增强装饰效果。

5. 琉璃制品

琉璃制品以难熔黏土作原料，经配料、成型、干燥、素烧等工艺，然后表面涂以琉璃釉料，再经烧制而成。表面光滑，色彩绚丽，造型古朴，坚实耐用，富有民族特色，装饰耐久性好，花色品种很多，主要用于具有民族风格的房屋及建筑园林中的亭台、楼阁等。

6. 卫生洁具

卫生洁具主要用于建筑设备上，如浴室、卫生间的浴缸、洗面器、大小便器等。

在线练习

项目八
巩固练习题

项目九　无机气硬性胶凝材料及其应用

【能力目标】　具备选用石灰、建筑石膏和水玻璃三种气硬性胶凝材料的能力;能根据建筑生石灰、建筑消石灰、建筑石膏的标准进行质量检测和质量评定的能力;熟悉在工程中使用气硬性胶凝材料时应注意的问题,并能采取正确措施处理;具有气硬性胶凝材料在运输和储存方面的常识。

【知识目标】　掌握气硬性胶凝材料的定义及常用品种。熟悉建筑石灰、建筑石膏等气硬性胶凝材料的原料与生产、凝结硬化机理、组成、技术性质及应用;根据不同的建筑要求合理选用和采购气硬性胶凝材料。

【素质目标】　具有从事本行业的无机气硬性胶凝材料的相关理论知识和技能水平;能够分析和处理施工中气硬性胶凝材料的质量原因导致的工程问题;具备团队合作能力和吃苦耐劳的精神。

无机胶凝材料根据其硬化条件不同可分为气硬性胶凝材料和水硬性胶凝材料。

气硬性胶凝材料,只能在空气中硬化,也只能在空气中保持和发展其强度。常用的气硬性胶凝材料有石灰、石膏、水玻璃、菱苦土、黏土等。气硬性胶凝材料一般只适用于干燥环境中,而不宜用于潮湿环境,更不可用于水中。

任务9.1　石　　灰

任 务 描 述

1.掌握石灰的原料与生产、硬化机理;熟悉石灰的常用品种和成分。

2.过火石灰有什么危害? 如何消除过火石灰的危害?

3.掌握石灰的性质和应用。

石灰(lime)是一种传统而又古老的建筑胶凝材料之一。例如,我国古长城上,就有使用石灰作为胶凝材料砌筑的实例。由于其具有原料分布广,生产工艺简单,成本低廉的特点,至今仍是建筑中常用的无机胶凝材料。

明代于谦的《石灰吟》中曾对其吟诵:"千锤万凿出深山,烈火焚烧若等闲。粉骨碎身全不怕,要留清白在人间。"

9.1.1　石灰的原料与生产

石灰的原料主要是以碳酸钙($CaCO_3$)及碳酸镁($MgCO_3$)为主要成分的天然石灰岩,如石灰石、大理石、白云石、白垩、贝壳等,还有化工副产品。

石灰岩煅烧时,石灰岩中碳酸钙和少量碳酸镁分解,生成以氧化钙(CaO)、氧化镁(MgO)为主要成分的块状生石灰和二氧化碳气体。

$$CaCO_3 \xrightarrow{900\sim1100\ ℃} CaO+CO_2 \uparrow \tag{9-1}$$

$$MgCO_3 \xrightarrow{900\sim1100\ ℃} MgO+CO_2 \uparrow \tag{9-2}$$

碳酸钙的理论分解温度达到 900 ℃。但在实际生产中,由于石灰石致密程度、杂质含量及块体大小不同,并考虑煅烧中的热损失,实际的煅烧温度为 1000~1200 ℃,或者更高。

如果煅烧温度较低,碳酸钙不能完全分解,其中生石灰中一部分仍为石块,称为欠火石灰。欠火石灰的产浆量较低,质量较差。如煅烧温度过高或煅烧时间较长,则成为过火石灰。过火石灰的密度较大,表面常被黏土杂质熔化时所形成的玻璃釉状物包裹,因而消解很慢,若使用在工程上,过火石灰颗粒往往会在正常石灰硬化以后仍继续吸湿消解而发生体积膨胀,结构会产生因膨胀而引起崩裂或隆起现象。故过火石灰会降低石灰的品质,影响工程质量。

在正常温度下煅烧良好的块状生石灰,质轻色白,呈疏松多孔结构,CaO 含量较高,密度为 3.1~3.4 g/cm^3,堆积密度为 800~1000 kg/m^3。

9.1.2　石灰的熟化(消化、消解)

石灰使用时,一般先加水,则生石灰消解成氢氧化钙($Ca(OH)_2$),称之为熟石灰或消石灰,这个过程称为石灰的熟化或消化、消解。其反应式为

$$CaO+H_2O \longrightarrow Ca(OH)_2+64.9\ kJ \tag{9-3}$$

石灰在消解过程中,释放出大量的热,因此在储藏和运输过程中,不允许受潮,不准与易燃易爆品放在一起,以免发生火灾与爆炸事故。

石灰消解的理论用水量为生石灰质量的 32%,由于消解过程放热,会使大量的水变为水蒸气而蒸发,所以实际用水量是比较多的。

根据用水量的多少,生石灰可以消解成消石灰粉或石灰浆。

当石灰中含有过火生石灰时,它将在石灰浆体硬化以后才发生水化作用,会产生膨胀而引起崩裂或隆起现象。为消除此现象,应将熟化的石灰浆在消化池中储存 2 周以上,称为"陈伏"。陈伏的目的是减轻或消除过火石灰的危害。因为过火石灰表面带有玻璃状的外壳,消化缓慢,用于建筑结构物中仍能继续消化,以致引起体积膨胀,导致产生裂缝等破

坏现象,危害极大。陈伏的时间越长,石灰消解得越完全。陈伏期间石灰浆面应保持有一水层,使之隔绝空气,以免过早碳化。

不同品质的石灰其熟化速度快慢不等。对于不同熟化速度的石灰,应注意控制熟化时的温度。对放热量大、熟化速度快的石灰要保证充足的水量,并不断搅拌,以保证热量尽快散发;对熟化慢的石灰,加水应少而慢,保持较高的温度,促使熟化尽快完成。

9.1.3 石灰的硬化

石灰浆体在空气中逐渐硬化,是由结晶和碳化两个同时进行的过程来完成的。

(1)结晶作用。石灰浆体中多余水分蒸发或被砌体吸收而使石灰粒子紧密,获得一定强度,随着游离水的减少,氢氧化钙逐渐从饱和溶液中结晶析出,产生一定的强度。

(2)碳化作用。氢氧化钙与空气中的二氧化碳化合生成碳酸钙结晶,释放出水分并被蒸发:

$$Ca(OH)_2 + CO_2 + nH_2O \xrightarrow{碳化} CaCO_3 + (n+1)H_2O \qquad (9-4)$$

石灰浆的硬化主要包括结晶和碳化两个过程,碳化过程长时间只限于表面,结晶过程主要在内部发生。而这两个过程都需在空气中才能进行,所以石灰是气硬性胶凝材料,只能用于干燥的环境中。

石灰浆的硬化进行得非常缓慢,而且在较长时间内处于湿润状态,不易硬化,强度、硬度不高。其主要原因是空气中CO_2含量稀薄,故上述碳化反应速度非常慢,而且表面石灰浆一旦被碳化,形成的$CaCO_3$坚硬外壳阻碍了CO_2的透入,同时又使内部的水分无法析出,影响结晶和碳化过程的进行。故石灰不宜用于长期处于潮湿或反复受潮的环境。具体使用时,往往在石灰浆中掺入填充材料,如掺入砂配成石灰砂浆使用,掺入砂可减少收缩,更主要的是砂的掺入能在石灰浆内形成连通的毛细孔道,使内部水分蒸发并进一步碳化,以加速硬化。为了避免收缩裂缝,常加入纤维材料,制成麻刀石灰、纸筋石灰等。

9.1.4 石灰的技术要求

生石灰的质量是以石灰中活性氧化钙和氧化镁含量高低、过火石灰和欠火石灰及其他杂质含量多少作为主要指标来评价其质量优劣的。按石灰中氧化镁的含量,将生石灰分为钙质石灰($MgO<5\%$)和镁质石灰($MgO\geqslant5\%$);将消石灰粉分为钙质消石灰粉($MgO<4\%$)、镁质消石灰粉($4\%\leqslant MgO<24\%$)和白云石消石灰粉($24\%\leqslant MgO<30\%$)。

石灰根据加工方法不同,常用的有块状生石灰、磨细生石灰粉、消石灰粉、石灰膏等。

生石灰是由石灰石焙烧而成,呈块状、粒状或粉状,化学成分主要为氧化钙,可和水发生放热反应而生成消石灰。根据《建筑生石灰》(JC/T 479—2013),建筑生石灰按加工情况分为建筑生石灰和建筑生石灰粉。建筑生石灰按化学成分分为钙质石灰和镁质石灰。根据化学成分的含量每类分成各个等级,如表9-1所示。

建筑生石灰的化学成分包括氧化钙和氧化镁(CaO+MgO)含量、氧化镁(MgO)含量、二氧化碳(CO_2)含量及三氧化硫(SO_3)含量;建筑生石灰的物理性质包括细度含量及产浆量(指 10kg 生石灰制得石灰膏的体积(dm^3))。

表 9-1　建筑生石灰的分类

类　别	名　称	代　号
钙质石灰	钙质石灰 90	CL90
	钙质石灰 85	CL85
	钙质石灰 75	CL75
镁质石灰	镁质石灰 85	ML85
	镁质石灰 80	ML80

注:上表中"90"是指($CaO+MgO$)百分含量。

生石灰的识别标志由产品名称、加工情况和产品依据标准编号组成。生石灰块在代号后加 Q,生石灰粉在代号后加 QP。

示例:符合 JC/T 479—2013 的钙质生石灰粉 90 标记为"CL90-QP JC/T 479—2013"。

根据《建筑消石灰》(JC/T 481—2013),建筑消石灰的技术要求包括氧化钙和氧化镁($CaO+MgO$)含量、氧化镁(MgO)含量、三氧化硫(SO_3)含量、游离水含量、细度和安定性。建筑消石灰的分类如表 9-2 所示,建筑消石灰的化学成分如表 9-3 所示,建筑消石灰的物理性质如表 9-4 所示。

表 9-2　建筑消石灰的分类

类　别	名　称	代　号
钙质消石灰	钙质消石灰 90	HCL90
	钙质消石灰 85	HCL85
	钙质消石灰 75	HCL75
镁质消石灰	镁质消石灰 85	HML85
	镁质消石灰 80	HML80

表 9-3　建筑消石灰的化学成分

名　称	氧化钙和氧化镁($CaO+MgO$)/(%)	氧化镁(MgO)/(%)	三氧化硫(SO_3)/(%)
HCL90	≥90	≥5	≥2
HCL85	≥85		
HCL75	≥75		
HML85	≥85	<5	≥2
HML80	≥80		
表中数值以试样扣除游离水和化学结合水的干基为基准			

表 9-4　建筑消石灰的物理性质

名　　称	游离水/(%)	细　　　　度		安定性
		0.2 mm 筛余量/(%)	90 μm 筛余量/(%)	
HCL90	≤2	≤2	≤7	合格
HCL85				
HCL75				
HML85				
HML80				

9.1.5　石灰的性质与应用

1. 石灰的性质

(1) 可塑性好。

生石灰熟化为石灰浆时,能自动形成颗粒极细(直径约为 1 μm)的呈胶体分散状态的氢氧化钙,表面吸附一层厚的水膜。因此用石灰调成的石灰砂浆的突出优点是具有良好的可塑性。在水泥砂浆中掺入石灰浆,可使可塑性显著提高。

(2) 凝结硬化慢、强度低。

从石灰浆体的硬化过程可以看出,由于空气中二氧化碳稀薄,碳化甚为缓慢。而且表面碳化后,形成紧密外壳,不利于碳化作用的深入,也不利于内部水分的蒸发,因此石灰是硬化缓慢的材料。

(3) 硬化时体积收缩大。

石灰在硬化过程中,蒸发大量的游离水而引起显著的收缩,所以除调成石灰乳作薄层涂刷外,不宜单独使用。

(4) 耐水性差,不易贮存。

块状类石灰放置太久,会吸收空气中的水分而自动熟化成消石灰粉,再与空气中二氧化碳作用而还原为碳酸钙,失去胶结能力。所以贮存生石灰,不但要防止受潮,而且不宜贮存过久。最好运到后即熟化成石灰浆,将贮存期变为陈伏期。生石灰受潮熟化时放出大量的热,将导致体积膨胀。

此外,石灰具有较强的碱性,在常温下,能与玻璃态的活性氧化硅或活性氧化铝反应,生成有水硬性的产物,产生胶结。因此,石灰还是建筑材料工业中重要的原材料。

2. 石灰的应用

(1) 石灰乳和石灰砂浆。

将消石灰粉或熟化好的石灰膏加入过量的水搅拌稀释,成为石灰乳,是一种廉价的涂料,主要用于内墙和天棚刷白,增加室内美观和亮度。我国农村地区多有应用。石灰乳可加入各种耐碱颜料,调入少量水泥、粒化高炉矿渣或粉煤灰,可提高其耐水性,调入氯化钙或明矾,可减少涂层粉化现象。

石灰砂浆是将石灰膏、砂加水拌制而成,按其用途,分为砌筑砂浆和抹面砂浆。

(2) 石灰土(灰土)和三合土。

石灰与黏土或硅铝质工业废料混合使用,制成石灰土或石灰与工业废料的混合料,加适量的水充分拌和后,经碾压或夯实,在潮湿环境中使石灰与黏土或硅铝质工业废料表面的活性氧化硅或氧化铝反应,生成具有水硬性的水化硅酸钙或水化铝酸钙,适合在潮湿环境中使用。如建筑物或道路基础中使用的石灰土、三合土、二灰土(石灰、粉煤灰或炉灰)、二灰碎石(石灰、粉煤灰或炉灰、级配碎石)等。

(3) 生产灰砂砖等硅酸盐制品。

石灰与天然砂或硅铝质工业废料混合均匀,加水搅拌,经压振或压制,形成硅酸盐制品。为使其获早期强度,往往采用高温高压养护或蒸压,使石灰与硅铝质材料反应速度显著加快,使制品产生较高的早期强度。如灰砂砖、硅酸盐砖、硅酸盐混凝土等制品。

3. 石灰的储存和运输

建筑生石灰是自热材料,不应与易燃、易爆和液体物品混装。在运输与储存时,不应受潮和混入杂物,不宜长期储存。不同类生石灰应分别储存和运输,不得混杂。建筑消石灰在运输与储存时,不应受潮和混入杂物,需在干燥条件下存放。且不宜长期储存,最好在密闭条件下存放。不同类别石灰应分别储存和运输,不得混杂。

石灰膏在存放时表面必须有层水,以防碳化。

任务9.2 石 膏

任务描述

1. 掌握建筑石膏的生产、凝结与硬化;熟悉石膏的常用品种和成分。
2. 掌握建筑石膏的性质和应用。

石膏(gypsum)是单斜晶系矿物,是主要化学成分为硫酸钙($CaSO_4$)的水合物。石膏是一种用途广泛的工业材料和建筑材料,可用于水泥缓凝剂、石膏建筑制品、模型制作、医用食品添加剂、硫酸生产、纸张填料、油漆填料等。

我国石膏矿分布很广,储藏量丰富,已探明的天然石膏矿储量为52亿吨,储量居世界首位。石膏作为建筑材料在世界上有着悠久的应用历史。石膏的优点是原料丰富、生产能耗低、不污染环境等;其主要缺点是强度不高、不耐水,但可以通过改性或复合来加以改进。石膏及其制品是一种绿色建筑材料,主要用于室内的装饰装修工程中。

9.2.1 石膏的原料

生产石膏胶凝材料的原料有天然二水石膏($CaSO_4 \cdot 2H_2O$)、天然无水石膏($CaSO_4$)或含硫酸钙成分的工业废料等。

天然二水石膏又称生石膏,是生产石膏胶凝材料的主要原料。它是一种外观呈针状、片状或板状的白色或透明无色的矿物,密度介于 2.2～2.4 g/cm³ 之间,莫氏硬度为 2。天然石膏因其质地较硬,故又称为硬石膏,常与二水石膏伴生,其密度为 2.9～3.0 g/cm³,莫氏硬度为 3～4。天然石膏中常含有杂质,有时会呈现红、黄、褐、灰等不同的颜色。

化学工业中含有硫酸钙成分的副产品与废渣,也常用作生产石膏的原料,其中应用较多的有磷石膏、氟石膏、硼石膏、芒硝石膏及制盐石膏等。

9.2.2　石膏的生产

石膏胶凝材料的主要生产工序是破碎、加热与磨细。加热的目的是使天然二水石膏脱水,加热在窑炉中进行煅烧,或是在密闭的蒸压釜中进行蒸炼。同一原料,煅烧的温度与条件不同,得到的石膏品种不同,其结构性质也不同。

将天然二水石膏在非密闭的窑炉中煅烧(温度控制为 107～170 ℃),二水石膏脱水可得 β 型半水石膏,其反应式如下:

$$CaSO_4 \cdot 2H_2O \xrightarrow{107\sim170\ ℃} \beta\text{-}CaSO_4 \cdot \frac{1}{2}H_2O + 1\frac{1}{2}H_2O \tag{9-5}$$

β 型半水石膏($\beta\text{-}CaSO_4 \cdot \frac{1}{2}H_2O$)的晶体很细小,又称熟石膏。β 型半水石膏磨细即为建筑石膏。其中杂质含量少、颜色洁白者称模型石膏,主要用于陶瓷的制坯工艺,少量用于装饰浮雕。

天然二水石膏在加压水蒸气的条件下,在 124～150 ℃ 时,得到晶体较粗的 α 型半水石膏。α 型半水石膏与 β 型半水石膏在水中的分散度不一样,将它们调拌成标准稠度的浆体时需水量较少,这使得 α 型半水石膏的硬化体中孔隙较少、结构密实,因而强度较高。将此石膏磨细得到的白色粉末称为高强石膏,其反应式如下:

$$CaSO_4 \cdot 2H_2O \xrightarrow{125\ ℃} \alpha\text{-}CaSO_4 \cdot \frac{1}{2}H_2O + 1\frac{1}{2}H_2O \tag{9-6}$$

温度升至 360 ℃ 时,得到可溶硬石膏。它的标准稠度需水量比半水石膏高 25％～30％,所以强度较低。因此煅烧二水石膏时,应避免加热至能生成可溶硬石膏的程度。

温度继续升至 500 ℃ 时,产物是难溶硬石膏;在温度升至 750 ℃ 时,产物是不溶性硬石膏。难溶硬石膏的水化反应比半水石膏要缓慢得多。不溶性硬石膏在没有激发剂的情况下,几乎没有水化能力。如将不溶性硬石膏磨细,加以石灰等激发剂,可以使它具有一定的水硬能力。这种掺有激发剂的石膏磨细物,称为硬石膏水泥或无水石膏水泥。

煅烧温度达到 800 ℃ 以上时,石膏中除了完全脱水的无水石膏,还有部分 $CaSO_4$ 发生分解而得到游离 CaO,因而不加激发剂也具有水化硬化的能力。虽然这种石膏凝结较慢,但抗水性较好,耐磨性较好,适用于制作地板,故称地板石膏。

石膏品种繁多,但建筑上应用最广泛的仍为建筑石膏,本任务主要介绍建筑石膏的特性及应用。建筑石膏如图 9-1 所示。

图 9-1　建筑石膏

9.2.3　建筑石膏的凝结与硬化

1. 建筑石膏的水化

建筑石膏加水拌和后,与水发生化学反应(简称水化),重新生成二水石膏。其反应式如下:

$$\beta\text{-}CaSO_4 \cdot \frac{1}{2}H_2O + 1\frac{1}{2}H_2O \longrightarrow CaSO_4 \cdot 2H_2O \qquad (9\text{-}7)$$

此反应实际上也是半水石膏的溶解和二水石膏沉淀的可逆反应,因为二水石膏的溶解度比半水石膏的溶解度小得多,所以二水石膏不断从过饱和溶液中以胶体微粒析出并沉淀,二水石膏的析出又促使上述反应不断进行,使此反应总体表现为向右进行,直到半水石膏全部转变为二水石膏为止。这一过程可持续 7~12 min。

2. 建筑石膏的凝结硬化

随着浆体中自由水分的水化消耗、蒸发及被水化产物吸附,自由水不断减少,浆体逐渐变稠而失去可塑性,这一过程称为凝结。在失去可塑性的同时,随着二水石膏沉淀的不断增加,二水石膏胶体微粒逐渐变为晶体,结晶体的不断生成和长大,晶体颗粒之间便产生了摩擦力和黏结力,造成浆体的塑性开始下降,这一现象称为石膏的初凝;而后随着晶体颗粒间摩擦力和黏结力的逐渐增大,浆体的塑性很快下降,直至消失,这种现象为石膏的终凝。

石膏终凝后,其晶体颗粒仍在不断长大和连生,随着晶体颗粒间相互搭接、交错、共生(两个以上晶粒生长在一起),形成相互交错且孔隙率逐渐减小的结构,其强度也会不断增大,直至水分完全蒸发,形成硬化后的石膏结构,这一过程称为石膏的硬化,如图 9-2 所示。

石膏浆体的凝结和硬化,实际上是交叉进行的。这个过程实质上是一个连续进行的过程,在整个进行过程中既有物理变化又有化学变化。

9.2.4　建筑石膏的技术要求

建筑石膏的密度为 2.5~2.8 g/cm³,表观密度为 800~1000 kg/m³。建筑石膏的技术要求主要有强度、细度和凝结时间。

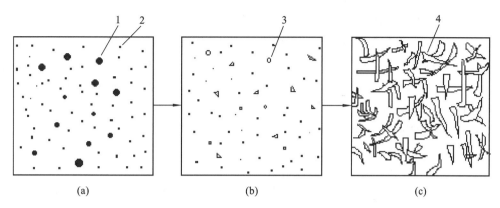

图 9-2 建筑石膏凝结硬化示意图

(a)胶化；(b)结晶开始；(c)结晶长大与交错

1—半水石膏；2—二水石膏胶体微粒；3—二水石膏晶体；4—交错的晶体

根据《建筑石膏》(GB/T 9776—2008)的规定,建筑石膏的主要技术要求有强度、细度和凝结时间。并按强度和细度分为优等品、一等品和合格品三个等级。具体技术指标如表 9-5 所示。

表 9-5 建筑石膏的技术指标

技术指标		等级		
		优等品	一等品	合格品
强度/MPa	抗折强度(不小于)	2.5	2.1	1.8
	抗压强度(不小于)	4.9	3.9	2.9
细度/(%)	0.2 mm 方孔筛筛余不大于	5.0	10.0	15.0
凝结时间/min	凝结时间(不小于)	6		
	终凝时间(不大于)	30		

9.2.5 建筑石膏的性质与应用

1. 建筑石膏的性质

(1)凝结硬化快。建筑石膏在加水拌和后,浆体在几分钟内便开始失去可塑性,30 min内完全失去可塑性而产生强度。这对成型带来一定的困难,因此在使用过程中,一般需要加入缓凝剂,如硼砂或柠檬酸、亚硫酸盐纸浆废液、酒精废液、动物胶(需用石灰处理)等,其中硼砂缓凝剂效果好,用量为石膏质量的 0.2%～0.5%。

(2)凝结时体积微膨胀。多数胶凝材料在硬化过程中一般都会产生收缩变形,而石膏浆体在凝结硬化初期会产生微膨胀,膨胀率为 0.5%～1%,这种膨胀不会对石膏造成危害。这一性质使石膏制品的表面光滑、细腻、尺寸精确、形体饱满,装饰性好。

(3)硬化后的孔隙率大,重量轻,但强度低。建筑石膏水化反应的理论需水量仅为其质量的 18.6%,但在使用时,为获得良好的流动性,在拌和时往往加入大量的水(占建筑石膏质量的 60%～80%)。因此,石膏在硬化过程中由于大量水分的蒸发,使原来的充水部分空间形成孔隙,造成石膏内部的大量微孔,使其重量减轻,但是抗压强度也因此下降。通常石膏硬化后的表观密度为 800～100 kg/m^3,抗压强度为 3～5 MPa。

(4)良好的隔热、吸声和"呼吸"功能。石膏硬化体中大量的微孔,使其传热性显著下降,因此具有良好的隔热能力;石膏的大量微孔,特别是表面微孔对声音传导或反射的能力也显著下降,使其具有较强的吸声能力。热容量大、孔隙率大及开口结构,使石膏具有呼吸水蒸气的功能,故在室内小环境条件下,能在一定程度上调节环境的温、湿度,使室内环境更符合人类生理需要,有利于人体健康。

(5)防火性好,但耐火性差。硬化后石膏的主要成分是二水石膏($CaSO_4 \cdot 2H_2O$),其中的结晶水在常温下是稳定的,但当受到高温作用时或遇火后会脱出 21% 左右的结晶水,并能在表面蒸发形成水蒸气幕,一方面延缓石膏表面温度的升高,另一方面水蒸气幕可有效地阻止火势的蔓延,起到了良好的防火作用。但二水石膏脱水后,强度下降,因此耐火性差。

(6)耐水性差、抗冻性差。建筑石膏制品的孔隙率大,且二水石膏微溶于水,遇水后强度大大降低,其软化系数仅有 0.2～0.3,是不耐水材料。若石膏制品吸水后受冻,会因孔隙中水分结冰膨胀而破坏。因此石膏制品不宜用在潮湿寒冷的环境中。

(7)具有良好的装饰性和可加工性。石膏制品表面光滑饱满,再加上石膏本身颜色洁白、质地细腻,因而具有良好的装饰性,特别适合制作建筑装饰制品。微孔结构使其脆性有所改善,所以硬化石膏可锯、可刨、可钉,具有良好的可加工性。

2. 建筑石膏的应用

建筑石膏主要用来制作各种石膏板,常用的有纸面石膏板、石膏装饰板、纤维石膏板、石膏空心条板、石膏空心砌块和石膏夹心砌块。石膏还可用来生产各种浮雕和装饰品,如浮雕饰线、艺术灯圈、角花等。

3. 建筑石膏的运输及贮存

建筑石膏在运输和贮存时不得受潮和混入杂物。不同等级应分别贮运,不得混杂。自生产之日起,贮存期为三个月。贮存期超过三个月的建筑石膏,应重新进行检验,以确定其等级。

任务9.3 水 玻 璃

任务描述

1.了解水玻璃的应用。

2.请将石灰、建筑石膏、水玻璃的硬化条件、硬化速度、性质和应用方面进行比较。

水玻璃俗称泡花碱,是一种能溶于水的硅酸盐,由不同比例碱金属氧化物和二氧化硅组成。其化学通式为 $R_2O \cdot nSiO_2$。根据碱金属氧化物的不同,分为硅酸钠水玻璃($Na_2O \cdot nSiO_2$)和硅酸钾水玻璃($K_2O \cdot nSiO_2$)等。建筑中通常使用的是硅酸钠水玻璃的水溶液,是由固体水玻璃溶解于水而得,因所含杂质不同而呈青灰色、黄绿色,以无色透明的液体为佳。

水玻璃分子式中 n 为 SiO_2 与碱金属氧化物 R_2O 的摩尔数比值,称为水玻璃的模数,一般在 $1.5 \sim 3.5$ 之间,水玻璃的模数与其黏度、溶解度有密切的关系。n 值越大,水玻璃中胶体组分(SiO_2)越多,水玻璃黏性越大,越难溶于水。模数为 1 时,水玻璃可溶解于常温的水中;模数为 2 时,只能溶解于热水中;当模数>3 时,要在 4 个大气压以上的蒸汽中才能溶解。相同模数的水玻璃,其密度和黏度越大,硬化速度越快,硬化后的黏结力与强度也越高。工程中常用的水玻璃模数为 $2.6 \sim 2.8$,其密度为 $1.3 \sim 1.5$ g/cm^3。水玻璃模数的大小可根据要求配制。往水玻璃溶液中加入氢氧化钠可降低水玻璃模数,溶入硅胶可提高模数,或用两种不同模数的水玻璃掺配使用。根据水玻璃模数的不同,又分为"碱性"水玻璃($n<3$)和"中性"水玻璃($n \geqslant 3$)。实际上中性水玻璃和碱性水玻璃的溶液都呈明显的碱性反应。

9.3.1　水玻璃的生产及硬化

1. 水玻璃的生产

生产水玻璃的方法分为湿法和干法两种。湿法生产硅酸水玻璃是将石英砂和苛性钠溶液在压蒸锅内用蒸汽加热($0.2 \sim 0.3$ MPa)并加以搅拌,使之直接反应生成液体水玻璃。干法生产硅酸钠水玻璃是将石英砂和碳酸钠磨细拌匀,在熔炉中于 $1300 \sim 1400$ ℃温度下煅烧至熔化,按下式反应生成固体水玻璃。固体水玻璃于水中加热溶解而生成液体水玻璃。

$$Na_2CO_3 + nSiO_2 \longrightarrow Na_2O \cdot nSiO_2 + CO_2 \tag{9-8}$$

水玻璃为青灰色或淡黄色黏稠状液体。

2. 水玻璃的硬化

液体水玻璃在空气中吸收二氧化碳,形成无定形硅酸凝胶,并逐渐干燥脱水成为二氧化硅而硬化,其反应式如下:

$$Na_2O \cdot nSiO_2 + CO_2 + mH_2O \Longrightarrow Na_2CO_3 + nSiO_2 \cdot mH_2O \tag{9-9}$$

$$SiO_2 \cdot H_2O \longrightarrow SiO_2 + H_2O \tag{9-10}$$

由于空气中 CO_2 浓度较低,所以在自然过程中这个过程进行得很慢。为了加速硬化和提高硬化后的防水性,常加入氟硅酸钠 Na_2SiF_6 作为促硬剂,促使硅酸凝胶加速析出。氟硅酸钠的适宜用量为水玻璃质量的 $12\% \sim 15\%$。若掺量少于 12%,则其凝结硬化慢、强度低,并且存在没有参加反应的水玻璃,当遇水后,残余水玻璃易溶于水;若掺量超过 15%,则凝结硬化速度快,水玻璃硬化后的早期强度高而后期强度降低。

加入氟硅酸钠后,水玻璃的初凝时间可缩短到 $30 \sim 60$ min,终凝时间可缩短到 $240 \sim 360$ min,7 d 基本达到最高强度。

9.3.2　水玻璃的技术性质

1.黏结力强、强度较高

水玻璃硬化后具有较高的黏结强度、抗拉强度和抗压强度。水玻璃浆体的抗压强度以边长 70.7 mm 的立方体试块为准。水玻璃混凝土则以边长 150 mm 的立方体试件为准。用水玻璃配制的混凝土的抗压强度可达 15~40 MPa。另外,水玻璃硬化析出的硅酸凝胶还有堵塞毛细孔隙而防止水分渗透的作用。

2.耐酸性好、耐热性高

硬化后的水玻璃,其主要成分是 SiO_2,具有高度的耐酸性能,能抵抗除氢氟酸、过热磷酸外几乎所有无机酸和有机酸的作用。但其不耐碱性介质侵蚀。水玻璃不燃烧,硬化后形成 SiO_2 空间网状骨架,在高温下硅酸凝胶干燥得更加强烈,强度并不降低,甚至有所增加。可用于配制水玻璃耐热混凝土、耐热砂浆、耐热胶泥等。

3.耐碱性和耐水性差

水玻璃加入氟硅酸钠后仍不能完全硬化,仍有一定量的水玻璃 $Na_2O \cdot nSiO_2$。由于 $Na_2O \cdot$ 和 $Na_2O \cdot nSiO_2$ 均可溶于碱,而且 $Na_2O \cdot nSiO_2$ 可溶于水,所以水玻璃硬化后不耐水、不耐碱。为提高耐水性,常采用中等强度的酸对已硬化的水玻璃进行酸洗处理。

9.3.3　水玻璃的应用

1.涂刷建筑材料表面,提高密实度和抗风化能力

用水将水玻璃稀释,多次涂刷或浸渍材料表面,可提高材料的抗风化能力或使其密实度和强度提高。这是因为生成硅酸钠胶体,可填充毛细孔隙,使材料致密。如果在液体水玻璃中加入适量尿素,在不改变其黏度情况下可提高黏结力 25% 左右。此方法对黏土砖、硅酸盐制品、水泥混凝土等含 $Ca(OH)_2$ 的材料效果良好。但需注意:硅酸钠水玻璃不能用于涂刷或浸渍石膏制品,因为硅酸钠($Na_2O \cdot nSiO_2$)与硫酸钙($CaSO_4$)反应生成硫酸钠(Na_2SO_4),并在制品孔隙中结晶,结晶时体积膨胀,引起制品开裂破坏。

水玻璃还可用于配制内墙涂料或外墙涂料。选用不同的耐火填料,还可配制不同耐热度的水玻璃耐热涂料。

2.配制速凝防水剂

以水玻璃为基料加入两种、三种或四种矾,可配制所谓的二矾、三矾、四矾速凝防水剂。这种防水剂可以掺入硅酸盐水泥砂浆或混凝土中,以提高砂浆或混凝土的密实性和凝结硬化速度。这类防水剂适用于堵塞漏洞、缝隙等局部抢修工程。由于凝结过速,不宜调配用作屋面或地面的刚性防水层的水泥防水砂浆。

3.加固土壤

将模数为 2.5~3 的液体水玻璃和氯化钙溶液通过金属管道交替灌入地下,两种溶液发生化学反应,可析出吸水膨胀的硅酸胶体,这些胶体包裹土壤颗粒并填充其空隙,起胶结作用。另外,硅酸胶体因吸收地下水经常处于膨胀状态,阻止水分的渗透并使土壤固结,因而不仅可以提高地基的承载力,而且可以提高其不透水性。用这种方法加固的砂土地基,抗压强度可达 3～6 MPa。

4. 配制水玻璃砂浆,修补砖墙裂缝

将液态水玻璃、粒化高炉矿渣粉、砂和氟硅酸钠按一定比例配合成砂浆,压入砖墙裂缝,可起到黏结和增强的作用。掺入的矿渣粉不仅起到填充和减少砂浆收缩作用,而且还能与水玻璃反应,增加砂浆的强度。

5. 配制耐酸砂浆、耐酸混凝土、耐热混凝土

用水玻璃作为胶凝材料,以氟硅酸钠为固化剂,掺入砂、石和不同性质的粉状填料,经混合搅拌、振捣成型、干燥养护及酸化处理等加工而成的复合材料,可用作不同功能的水玻璃混凝土。如选择耐酸骨料,可配制满足耐酸工程要求的耐酸砂浆、耐酸混凝土。

水玻璃耐热混凝土是以水玻璃做胶结料,掺入氟硅酸钠作为促硬剂,与耐热粗、细骨料按一定比例配合而成,能承受一定的高温作用而强度不降低,可用于耐热工程。

项目九
巩固练习题

参考文献 *

[1] 赵宇晗.建筑材料[M].上海:上海交通大学出版社,2014.
[2] 赵宇晗,李生勇.建筑材料[M].北京:中国水利水电出版社,2011.
[3] 杨茜,李柱,赵辰.建筑材料实训指导[M].上海:上海交通大学出版社,2014.
[4] 杨帆.建筑材料[M].北京:北京理工大学出版社,2017.
[5] 刘祥顺.建筑材料[M].4版.北京:中国建材工业出版社,2015.
[6] 蒋庆华,杨永利.环境与建筑功能材料[M].北京:化学工业出版社,2007.
[7] 黄晓明,赵永利,高英.土木工程材料[M].南京:东南大学出版社,2007.
[8] 李亚杰,方坤河.建筑材料[M].5版.北京:中国水利水电出版社,2007.
[9] 王春阳.建筑材料[M].北京:高等教育出版社,2007.

* 本书在编写过程中参考了我国现行主要建筑材料技术标准、规范和规程。部分标准、规范和规程在编写时正值讨论稿期间,如《通用硅酸盐水泥》(GB 175—20××)征求意见稿,特此说明。